Matzler/Müller-Seeger/Hautz/Mooradian

Strategisches Management

Strategisches Management

Konzepte und Methoden

Univ.-Prof. Dr. Kurt Matzler
Universität Innsbruck

Prof. Dr. Julia Müller-Seeger
Martin-Luther-Universität Halle-Wittenberg

Univ.-Prof. Dr. Julia Hautz
Universität Innsbruck

Univ.-Prof. Todd Mooradian
University of Louisville College of Business

3. Auflage

Linde international

Zitiervorschlag: *Matzler/Mooradian/Müller-Seeger/Hautz*, Strategisches Management[3] (2021) Seite

Bibliografische Information der Deutschen Nationalbibliothek

Die Deutsche Nationalbibliothek verzeichnet diese Publikation in der Deutschen Nationalbibliografie; detaillierte bibliografische Daten sind im Internet über http://dnb.d-nb.de abrufbar.

Hinweis: Aus Gründen der leichteren Lesbarkeit wird auf eine geschlechtsspezifische Differenzierung verzichtet. Entsprechende Begriffe gelten im Sinne der Gleichbehandlung für alle Geschlechter.

ISBN 978-3-7143-0365-0 (Print)
ISBN 978-3-7094-1164-3 (E-Book-PDF)
ISBN 978-3-7094-1165-0 (E-Book-ePub)

1210 Wien, Scheydgasse 24, Tel.: 01/24 630
www.lindeverlag.at

Druck: Hans Jentzsch & Co GmbH
1210 Wien, Scheydgasse 31
Dieses Buch wurde in Österreich hergestellt.

Gedruckt nach der Richtlinie des Österreichischen Umweltzeichens „Druckerzeugnisse", Druckerei Hans Jentzsch & Co GmbH, UW-Nr. 790

202021002
PRINTED IN AUSTRIA

mit biologischen Druckfarben jentzsch

Inhaltsverzeichnis

Literaturverzeichnis

Aaker, David (2008), Strategic Market Management (8. Auflage). Hoboken, NJ.

Abernathy, William J. & *Wayne, Kenneth* (1974), Limits of the learning curve. Harvard Business Review (September–October), 109–119.

Adler, Nancy J. & *Bartholomew, Susan* (1992), Managing Globally Competent People. Academy of Management Executive, 6(3), 52–65.

Alilyyani, Wong, Cummings (2018), Antecedents, mediators, and outcomes of authentic leadership in healthcare: A systematic review 2018. International Journal of Nursing Studies, 83(7), 34–64.

Ambrosini, Veronique & *Bowman, Cliff* (2009), What are dynamic capabilities and are they a useful construct in strategic management?. International journal of management reviews, 11, 29–49.

Anderson, Chris (2007), The long tail: How endless choice is creating unlimited demand. Random House.

Anderson, Chris (2012), Makers: The New Industrial Revolution. New York: Crown Business.

Andrews, Kenneth R. (1971), The concept of corporate strategy. Homewood, IL.

Ansoff, Harry I. (1957), Strategies for diversification. Harvard Business Review (September–October), 113–124.

Ansoff, Harry I. (1965), Corporate Strategy. New York, NY: McGraw-Hill.

Ashkenas, Ron (1999), Creating the boundaryless organization. Business Horizons, 42, 5–10.

Auer, Kurt (2008), Jahresabschluss erstellen – verstehen – analysieren (2. Auflage). Götzens.

Avolio, Bruce J., Bass, Bernard M. & Jung, Dong I. (1999), Re-examining the components of transformational and transactional leadership using the multifactor leadership questionnaire. Journal of Occupational and Organizational Psychology, 72, 441–462.

Bagozzi, Richard P. & *Dholakia, Utpal M.* (2006), Open Source Software User Communities: A Study of Participation in Linux User Groups. Management Science, 52, 1099–1115.

Bailom, Franz, Matzler, Kurt & *Tschemernjak, Dieter* (2007), Enduring success. What top-companies do differently. New York.

Bailom, Franz, Matzler, Kurt, & *Tschemernjak, Dieter* (2013), Was Top-Unternehmen anders machen: Mit Strategie, Innovation und Leadership zum nachhaltigen Erfolg. Linde Verlag.

Barney, Jay B. & *Hesterly, William S.* (2006), Strategic Management and Competitive Advantage. Upper Saddle River, New Jersey.

Bartlett, Christopher A., Ghoshal, Sumantra & *Birkinshaw, Julian* (2004), Transnational Management (4. Auflage). Boston.

Bass, Bernard M. (1985), Leadership and performance beyond expectations, New York, Free Press.

Becker, Gary S. (1993), Nobel Lecture: The economic way of looking at behavior, Journal of Political Economy, 101(3), 385–406.

Becker, Jochen (2001), Marketing-Konzeption. München.

Bellini, Emiliano (2020), World now has 583.5 GW of operational PV. PV Magazine.

Bergen, Mark & Peteraf, Margaret A (2002), Competitor identification and competitor analysis: a broad-based managerial approach. Managerial Decision Economics, 23, 157–169.

Bernstein, Ethan & Nohria, Nitin (revised 2016), Note on Organizational Structure. Harvard Business School Background Note (February 1991), 491–083.

Bernstein, Ethan, Bunch, John, Canner, Niko & Lee, Michael (2016), Beyond the Holacracy HYPE. Harvard Business Review, 94, 38–49.

Best, Roger J. (2009), Market-based Management. Upper Saddle River, New Jersey.

Blank, Steve (2013), Why the lean start-up changes everything, Harvard Business Review, 91, 63–72.

Borison, Adam & Hamm, Gregory (2010), Prediction Markets: A new tool for strategic decision making. California Management Review, 52, 125–141.

Boudreau, Kevin J. & Lakhani, Karim R. (2013), Using the crowd as an innovation partner, Harvard Business Review, 91, 60–69, 140.

Bowman, Cliff, & Ambrosini, Véronique (2000), Value creation versus value capture: Towards a coherent definition of value in strategy. British Journal of Management, 11, 1–15.

Bratzel, Stefan, Thömmes, Jürgen & Tellermann, Ralf. (2017), Marktentwicklung von Elektrofahrzeugen für das Jahr 2030: Deutschland, EU, USA und China. Eine Szenarioanalyse. Bergisch Gladbach: Center of Automotive Management.

Brockhaus (1990), Enzyklopädie in 24 Bänden (19. Auflage). Mannheim.

Brynjolfsson, Erik, Hu, Yu & Simester, Duncan (2011), Goodbye pareto principle, hello long tail: The effect of search costs on the concentration of product sales. Management Science, 57, 1373–1386.

Brynjolfsson, Erik, Hu, Yu & Smith, Michael D. (2003), Consumer surplus in the digital economy: Estimating the value of increased product variety at online booksellers. Management Science, 49, 1580–1596.

Brynjolfsson, Erik, Hu, Yu Jeffrey & Smith, Michael D. (2006), From niches to riches: Anatomy of the long tail. Sloan Management Review, 47, 67–71.

Buzzell, Robert D. (2004), The PIMS program of strategy research: A retrospective appraisal. Journal of Business Research, 57 (5), 478–483.

Campbell, Andrew & Yeung, Sally (1991), Creating a sense of mission. Long Range Planning, 24(4), 10–20.

Cândido, Carlos J. F. & Santos, Sérgio P. (2015), Strategy implementation: What is the failure rate?. Journal of Management & Organization, 21, 237–262.

Capgemini Consulting (2010), Change Management Studie 2010 – Business Transformation – Veränderungen erfolgreich gestalten. München: Capgemini Consulting.

Casadesus-Masanell, Ramon, & Ricart, Joan E. (2010). From strategy to business models and onto tactics. Long Range Planning, 43,195–215

Cȧvusgil, Salih T., Knight, Gary A. & Riesenberger, John R. (2008), International Business. Strategy, Management and the New Realities. Upper Saddle River, New Jersey.

Chandler, Alfred D. (1962), Strategy and Structure: Chapters in the History of the American Industrial Enterprise. Cambridge, MA: M.I.T. Press.

Chen, Ming-Jer (1996), Competitor analysis and interfirm rivalry: Toward a theoretical integration. Academy of management review, 21, 100–134.

*Christensen, Clayton (*1997), The innovator's dilemma: when new technologies cause great firms to fail: Harvard Business Review Press. Cambridge, MA: Harvard Business Press.

Christensen, Clayton M. & Raynor, Michael E. (2003), The Innovator's solution. Boston.

Christensen, Clayton M., & Kagermann, Henning (2008), Reinventing your business model. Harvard Business Review, (December), 2–10.

Christensen, Clayton M., & Tedlow, Richard (2000). Patterns of disruption in retailing. Harvard Business Review, (January-February), 42–45.

Christensen, Clayton M., McDonald, Rory, Altman, Elisabeth J., & Palmer, Jonathan (2016), Disruptive innovation: Intellectual history and future paths: Harvard Business School, Cambridge, MA.

Christensen, Clayton, Matzler, Kurt, & Friedrich von den Eichen, Stephan (2011), The Innovator's Dilemma. Warum etablierte Unternehmen den Wettbewerb um bahnbrechende Innovationen verlieren. München: Vahlen Verlag.

Coelho, Manuel P. & Mendes, José Z. (2019), Digital music and the „death of the long tail". Journal of Business Research, 101, 454–460.

Collins, James C. & Porras, Jerry I. (1991), Organizational vision and visionary organizations. California Management Review, (Fall), 30–52.

Collins, James C. & Porras, Jerry I. (1995), Visionen im Management. Visionary Companies. Artemis & Winkler Verlag.

Collins, James C. & Porras, Jerry I. (1996), Building your company's vision. Harvard Business Review, 74(5), 65–77.

Collins, James C. & Porras, Jerry I. (2005), Immer erfolgreich. Die Strategien der Top-Unternehmen. Deutscher Taschenbuch Verlag.

Collis, *David J., Anand, Bharat N. & Field, Soldiers* (2021), The virtues and limitations of dynamic capabilities. Strategic Management Review, 2(1), 47–78.

Cooper, Robert G. (2001), Winning at new products (3. Auflage). Cambridge, MA.

Cooper, Robert G. (2019), The drivers of success in new-product development. Industrial marketing management, 76, 36–47.

Cooper, Robert G., Edgett, Scott J. & Kleinschmidt, Elko J. (2002), Optimizing the Stage-Gate process: What best-practice companies do-I. Research Technology Management, (September-October), 21–27.

Cravens, David W. & Piercy, Nigel F. (2006), Strategic Marketing (8. Auflage). Boston MA: McGraw-Hill/Irwin.

Dahan, Ely & Hauser, John R. (2001), Product development – managing a dispersed process, in Handbook of Marketing, Weitz, Barton & Wensley, Robin, (Hg.). Thousand Oaks, CA.

Dahlander, Linus & Magnusson, Mats G. (2005), Relationships between open source software companies and communities: Observations from Nordic firms. Research Policy, 34, 481–493.

Day, George (1997), Assessing competitive arenas: Who are your competitors?. In: *Day, George & Reibstein, David J. & Gunther, Robert E.*, (Hg.): Wharton on dynamic competitive strategy,. Hoboken, New Jersey.

Day, George S., Shocker, Allan D. & Srivastava, Rajendra K. (1979), Customer-oriented approaches to identifying product-markets. Journal of Marketing, 43 (Fall), 8–19.

Domizlaff, Hans (2006). Die Gewinnung des öffentlichen Vertrauens. Hamburg.

Drucker, Peter (1994). The theory of the business. Harvard Business Review, 95–104.

Felin, Teppo, Foss, Nicolai J. & Ployhart, Robert E. (2015), The microfoundations movement in strategy and organization theory. Academy of Management Annals, 9(1), 575–632.

Feloni, Richard (2016), Zappos CEO Tony Hsieh reveals what it was like losing 18% of his employees in a radical management experiment – and why it was worth it. Business Insider.

Fiedler, Fred E. & Garcia, Joseph E. (1987), New approaches to leadership: Cognitive resources and organizational performance. NY, Wiley.

Fiedler, Fred E. (1967), A theory of leadership effectiveness. New York, McGraw Hill.

Füller, Johann & Matzler, Kurt (2007), Virtual product experience and customer participation – A chance for customer-centred, really new products. Technovation, 27, 378–387.

Gale, Bradley T. (1994), Managing Customer Value. New York.

Gälweiler, Aloys (1987), Strategische Unternehmensführung. Frankfurt a. M.

Gast, Arne & Zanini, Michele (2012), The social side of strategy. McKinsey Quarterly, May, 1–15.

Gattermeyer, Wolfgang & Ayad, Al-Ani (2001): Changemanagement und Unternehmenserfolg (2. Auflage). Wiesbaden.

Goleman, Daniel (1995), Emotionale Intelligenz. dtv Verlagsgesellschaft.

Goold, Michael & Campbell, Andrew (1998), Desperately seeking synergy. Harvard Business Review, (September–October), 131–143.

Goold, Michael, Campbell, Andrew, & Alexander, Marcus (1994), Corporate Level Strategy. John Wiley & Sons.

Gottfredson, Mark, Schaubert, Steve & Saenz, Hernan (2008), The new leader's guide to diagnosing the business. Harvard Business Review, (February), 63–73.

Graen, George, Novak, Michael, & Sommerkamp, Patricia (1982), The effects of leader-member exchange and job design on productivity and satisfaction: Testing a dual attachment model. Organizational Behavior and Human Performance, 30, 109–131.

Grant, Robert M. & Nippa, Michael (2006), Strategisches Management – Analyse, Entwicklung und Implementierung von Unternehmensstrategien (5. aktualisierte Auflage). München.

Grant, Robert M. (2008), Contemporary strategy analysis (6. Auflage). Malden, Oxford, Carlton.

Grant, Robert M. (2016a), Contemporary strategy analysis: Text and cases edition. Chichester: John Wiley & Sons.

Grant, Robert M. (2016b), Contemporary Strategy Analysis. 9th edition. Chichester: Wiley.

Grant, Robert M. (2018), Contemporary strategy analysis: Text and cases edition. 10th edition. Hoboken, NJ: John Wiley & Sons.

Griffin, Abbie (1997), PDMA research on new product development practices: updating trends and benchmarking best practice. Journal of Product Innovation Management, 14(6), 429–458.

Griffin, Jill & Lowenstein, Michael W. (2001), Customer WinBack: How to recapture lost customers – and keep them loyal. New Jersey.

Haberberg, Adrian, & Rieple, Alison (2008), Strategic Management. Theory and application. Oxford: Oxford University Press.

Hambrick, Donald C. & Fredrickson, James W. (2001), Are you sure you have a strategy?. Academy of Management Executive, 15(4), 48–59.

Hamel, Gary & Zanini, Michele (2016), Top-Down Solutions Like Holacracy Won't Fix Bureaucracy. Harvard Business Review Digital Articles, 2–5.

Harmon, Christopher (2000), Experience curves of photovoltaic technology. Institute of Applied Systems Analysis, Laxenburg, Austria.

Harreld, James B., O,Reilly III, Charles A. & Tushman, Michael L. (2007), Dynamic capabilities at IBM: Driving strategy into action. California Management Review, 49, 21–43.

Harvey, Michael G., Buckley, M.R., Heames, Joyce T., Zinko, Robert, Bourer, Robyn L. & Ferris, Gerald R. (2007), A Bully as an Archetypal Destructive Leader. Journal of Leadership and Organizational Studies, 14, 117–129.

Hautz, Julia (2017), Opening up the strategy process – a network perspective. Management Decision, 55, 1956–1983.

Hautz, Julia, Matzler, Kurt, Sutter, Jonas, Hutter, Katja & Füller, Johan (2019), Practices of Inclusion in Open Strategy. In: *D. Seidl, R. Whittington & G. Von Krogh* (Hg.): Cambridge Handbook of Open Strategy. Cambridge, UK: Cambridge University Press, 87–105.

Hautz, Julia, Mayer, Michael C. J., & Stadler, Christian (2013), Ownership Identity and Concentration: A Study of their Joint Impact on Corporate Diversification. British Journal of Management, 24(1), 102–126.

Hautz, Julia, Seidl, David & Whittington, Richard (2017), Open Strategy: Dimensions, Dilemmas, Dynamics. Long Range Planning, 50, 298–309.

Hedley, Barry (1977), Strategy and the „Business Portfolio". Long Range Planning, 10 (February), 9–15.

Henderson, Bruce (1974), The experience curve – reviewed The Boston Consulting Group Perspectives, (124), 1–2.

Heppelmann, Stefan, & Hoffleith, Marco (2008), Holding-Struktur – Vom Conglomerate Discount zum Management Value Added. Stern Steward Research, 38.

Hersey, Paul, Blanchard, Kenneth (1982), Management of Organizational Behavior (4. Auflage). New York 1982.

Hill, Terry & Westbrook, Roy (1997), SWOT Analysis: It's time for a product recall. Long Range Planning, 30(1), 46–52.

Hinterhuber, Hans H. & Krauthammer, Eric (2005), Leadership – mehr als Management. Wiesbaden, Gabler.

Hinterhuber, Hans H. & Matzler, Kurt (2001), Strategie, in Lexikon Qualitätsmanagement – Handbuch des Modernen Managements auf Basis des Qualitätsmanagements, Zollondz, H.-D., (Hg.). München, Wien.

Hinterhuber, Hans H. & Matzler, Kurt (2003), Kundenzufriedenheit durch Kernkompetenzen (2. Auflage). Wiesbaden.

Hinterhuber, Hans H. & Stadler, Christian (2006), Leadership und Strategie als intangible Assets. In: *Matzler, Kurt, Hinterhuber, Hans H., Renzl, Birgit & Rothenberger, Sandra* (Hg.) Immaterielle Vermögenswerte – Handbuch der intangible Assets. Berlin: Erich Schmidt Verlag.

Hinterhuber, Hans H. (2004a), Strategische Unternehmungsführung, Band 2 (7. Auflage). Berlin. New York.

Hinterhuber, Hans H. (2004b), Strategische Unternehmungsführung, Band 1 (7. Auflage). Berlin, New York.

Hinterhuber, Hans H. (2007), Leadership. Strategisches Denken systematisch schulen von Sokrates bis heute (4. Auflage). Frankfurt a.M.

Hinterhuber, Hans H. (2010), Die 5 Gebote für exzellente Führung. Frankfurt a. M.

Hinterhuber, Hans H. (2020), Strategische Unternehmungsführung. Walter de Gruyter GmbH & Co KG.

Hitt, Michael A., Ireland, R. Duane & Hoskisson, Robert E. (2005), Strategic management. Competitiveness and globalization. Mason, Ohio.

Hofstede, Geert (2001), Culture's consequences – Comparing values, behaviors, institutions, and organizations across nations (2. Hg.). Thousand Oaks.

Hollensen, Jens (2003), Marketing Management. A relationship approach. Edinburgh Gate: Pearson Education LimitHg.

House, Robert J. (1971), A path-goal theory of leader effectiveness. Administrative Science Quarterly, 16, 321–328.

House, Robert J. (1977), A 1976 theory of charismatic leadership. In: *Hunt, James G. & Larson, Lars L.* (Hg.): Leadership: The Cutting Edge. Carbondale, 189–207.

Howe, Jeff (2008), Crowdsourcing: How the power of the crowd is driving the future of business. Random House.

Jeppesen, Lars B. & Lakhani, Karim R. (2010), Marginality and Problem-Solving Effectiveness in Broadcast Search. Organization Science, 21, 1016–1033.

Johnson, Gerry, Scholes, Kevan, & Whittington, Richard (2008), Exploring corporate strategy. Text & cases. Harlow, England: Prentice Hall.

Kano, Noriaki (1984), Attractive Quality and Must Be Quality, Hinshitsu (Quality), 14(2), 147–156 (in Japanese).

Kaplan, Robert S. & Norton, David P. (1997), Balanced Scorecard. Strategien erfolgreich umsetzen. Stuttgart.

Kaplan, Robert S. & Norton, David P. (2002), The Balanced Scorecard – Translating Strategy into Action. Boston.

Kengelbach, Jens, Farag, Hady, Schwetzler, Bernhard & Rudolph, Christin (2014), Invest wisely, divest strategically: Tapping the power of diversity to raise valuations. Boston Consulting Group.

KfW Mittelstandspanel 2020, Oktober 2020.

Kim, Chan W. & Mauborgne, Renée (1999), Creating new market space. Harvard Business Review, 83–93.

Kim, Chan W. & Mauborgne, Renée (2004), Blue Ocean Strategy. Harvard Business Review, 76–84.

Kim, Chan W. & Mauborgne, Renée (2005), Blue Ocean Strategy: How to create uncontested market space and make the competition irrelevant. Harvard Business School Press.

Kohavi, Ron & Thomke, Stefan (2017), The surprising power of online experiments. Harvard Business Review, 95, 74–82.

Kotler, Philip & Keller, Kevin L. (2009), Marketing management (13. Auflage). Upper Saddler River, New Jersey.

Kotter, John P. (1990), A force for change: How leadership differs from management, New York, Free Press.

Kotter, John P. (1995), Leading Change – Why Transformation Efforts Fail. Harvard Business Review (March–April).

Krames, Jeffrey A. (2002), The Jack Welch Lexicon of Leadership: Over 250 terms, concepts, strategies & initiatives of the legendary leader. New York.

Kumar, Vineet (2014), Making „freemium" work. Harvard Business Review, 92, 27–29.

Lambin, Jean-Jacques (2007), Market-driven management. Houndmills, Basingstoke, Hampshire.

Langworth, Richard M. (2008), Churchill by Himself: The Definitive Collection of Quotations, Jackson, Tennessee.

Lee, Hyunjung & Markham, Stephen K (2016), PDMA comparative performance assessment study (CPAS): Methods and future research directions. Journal of Product Innovation Management, 33, 3–19.

Lehmann, Donald R. & Winer, Russell S. (2008), Analysis for marketing planning. New York.

Levitt, Theodore (1983), The Globalization of Markets. Harvard Business Review, 61(3), 92–102.

Lewin, Kurt (1947), Frontiers in group dynamics. In: *Cartwright, Dorwin* (Hg.): Field Theory in Social Science. London: Social Science Paperbacks.

Libert, Barry, Wind, Yoram & Fenley, Megan (2014), What Airbnb, Uber, and Alibaba have in common. Harvard Business Review, 11, 1–9.

Lindgardt, Zhenya, Reeves, Martin, Stalk, George, & Deimler, Michael S. (2009), Business model innovation. When the game gets tough, change the game. The Boston Consulting Group.

Mann, Adam (2016), The power of prediction markets. Nature News, 538, 308.

Martilla, John A. & James, John C. (1977), Importance-Performance Analysis. Journal of Marketing, 41(1), 77–79.

Matzler, Kurt & Hinterhuber, Hans H. (1998), How to Make Product Development Pro-jects More Successful by Integrating Kano's Model of Customer Satisfaction into Quality Function Deployment. Technovation, 18 (1), 25–38.

Matzler, Kurt (2020), Crowd Innovation: The Philosopher's Stone, a Silver Bullet, or Pandora's Box?. NIM Marketing Intelligence Review, 12, 10–17.

Matzler, Kurt, Bailom, Franz, Friedrich von den Eichen, Stephan & Anschober, Markus (2016), Digital Disruption. Wie Sie Ihr Unternehmen auf das digitale Zeitalter vorbereiten. München: Vahlen Verlag.

Matzler, Kurt, Friedrich von den Eichen, Stephan, Bailom, Franz, & Kohler, Thomas (2013), Business Model Innovation. Journal of Business Strategy, 34(2): 30–37.

Matzler, Kurt, Hinterhuber, Hans H., Bailom, Franz & Sauerwein, Elmar (1996), How to Delight Your Customers. Journal of Product and Band Management, 5(2), 6–18.

Matzler, Kurt, Mooradian, Todd A., Füller, Johann, & Anschober, Markus (2014), Unlocking laggard markets: innovation without high tech. Journal of Business Strategy, 35(2), 19–25.

McGrath, Rita G. (2011), When your business model is in trouble. Harvard Business Review(January–February), 96–98.

McTaggart, Jim & Longford, Ron (2011), Economics of breakups: Conglomerate discounts and premiums. Marakon commentary. https://www.marakon.com/insights/economics-of-breakups-conglomerate-discounts-and-premiums/

Mercer, David (1995), Scenarios Made Easy. Long Range Planning, 28(4), 81–86.

Mintzberg, Henry (1987), The Strategy Concept 1: Five Ps for Strategy. California Management Review, 30(1), 11–24.

Mintzberg, Henry (1990), The Design School: Reconsidering the Basic Premises of Strategic Management. Strategic Management Journal, 11, 171–195.

Mintzberg, Henry, Bruce, Ahlstrand & Lampel, Joseph (2009), Strategy Safari – Your Complete Guide Through the Wilds of Strategic Management, (2. Auflage), FT Publishing International.

Mirow, Michael (2003), Wertsteigerung durch Innovationen. In: *Max J. & Henzler, Herbert A. & Mirow, Michael* (Hg.): Perspektiven der strategischen Unternehmensführung. Theorien, Konzepte, Anwendungen. Ringsletter Wiesbaden.

Mooradian, Todd, Matzler, Kurt & Ring, Lawrence (2009), Strategic Marketing. Upper Saddle River, New Jersey.

Müller-Stewens, Günter & Lechner, Christoph (2005), Strategisches Management – Wie Strategische Initiativen zum Wandel führen (2. aktualisierte Auflage). Stuttgart.

Müller-Stewens, Günter, & Brauer, Matthias (2009), Corporate Strategy & Governance. Stuttgart: Schäffer-Pöschel.

Munyaka, Sharon A., Boshoff, Adre B., Pietersen, Jacques, Snelgar, Robin (2017), The relationships between authentic leadership, psychological capital, psychological climate, team commitment and intention to quit. Journal of Industrial Psychology, 43 (0), e1–e11.

Nestlé-Nespresso (2010), Leidenschaftliches Streben nach Höchstleistungen.

Newell, Sue, Pan, Shan, Galliers, Robert & Huang, Jimmy (2001), The Myth of the Boundaryless Organization. Communications of the ACM, 44, 74–76.

O'Connor, Thea (2017), Was collective fear the reason for Nokia's downfall? IntheBlack, https://www.intheblack.com/articles/2017/03/01/nokia-outsmarted-collective-fear, March 1.

O'Reilly, Charles A. III & Tushman, Michael L. (2004), The ambidextrous organization. Harvard Business Review, 82 (April), 74–83.

O'Reilly, Charles A. III, Chatman, Jennifer A., & Caldwell, David F. (1991), People and organizational culture: a profile comparison approach to assessing person-organization fit. Academy of Management Journal, 34(3), 487–516.

Osterwalder, Alexander & Pigneur, Yves (2010), Business model generation: a handbook for visionaries, game changers, and challengers. John Wiley & Sons.

Palmer, Camilla (2002), Saatchi creates Lexus ‚cocoon'. Campaign, 17 (May 3rd), 6.

Parker, Geoffrey G., Van Alstyne, Marshall W. & Choudary, Sangeet Paul (2016), Platform revolution: How networked markets are transforming the economy and how to make them work for you. WW Norton & Company.

Pearce, Craig L. & Conger, Jay A. (2003), All those years ago: the historical underpinnings of shared leadership. In: *Pearce, C. L. & Conger, J. A.* (Hg.) Shared leadership: Reframing the hows and whys of leadership Thousand Oaks: Sage Publication.

Peters, Thomas J., & Waterman, Robert H. (1982), In search of excellence. Reading, MA: Warner Books.

Pitelis, Christos N. (2009), The co-evolution of organizational value capture, value creation and sustainable advantage. Organization Studies, 30(10), 1115–1139.

Plotnikova, Anna, Pandza, Krsto & Sales-Cavalcante, Heraldo (2020), How strategy professionals develop and sustain an online strategy community–The lessons from Ericsson. Long Range Planning, in press.

Porter, Michael E. (1985), Competitive Advantage – Creating and Sustaining Superior Performance (2. Hg.). New York.

Porter, Michael E. (1996), What is strategy?. Harvard Business Review, (November-December), 61–78.

Porter, Michael E. (2008), The five competitive forces that shape strategy. Harvard Business Review, (January), 78–93.

Porter, Michael E. (2013), Wettbewerbsstrategie: Methoden zur Analyse von Branchen und Konkurrenten. Campus Verlag.

Quelch, John (2007), When your product becomes a commodity.

Quinn, Robert E. (1988), Beyond rational management: Mastering the paradoxes and competing demands of high performance. San Francisco: Jossey-Bass.

Reichheld, Frederick F. (1996), The loyalty effect. The hidden force behind growth, profits, and lasting value. Boston: Harvard Business School Press.

Reichheld, Frederick F., & Sasser, W. E. (1990), Zero Defections: Quality Comes to Services. Harvard Business Review, 68(4), 105–111.

Reynolds, Paul D. (1986), Organizational culture as related to industry, position and performance: A preliminary report. Journal of Management Studies, 23(3), 333–345.

Ries, Al, & Trout, Jack (2012), Positioning. Wie Marken und Unternehmen in übersättigten Märkten überleben. München: Vahlen Verlag.

Rigby, Darrell (2003), Management Tools 2003. An Executive's Guide. Two Copley Place, Boston: Bain & Company.

Robinson, S, Hichens, R. & Wade, D. (1978), The directional policy matrix – Tool for strategic planning. Long Range Planning, 11(3), 8–15.

Schein, Edgar H. (1995), Unternehmenskultur: Ein Handbuch für Führungskräfte. Frankfurt a.M., New York: Campus.

Schein, Edgar. H. (1985), How culture forms, develops, and changes. In: *R. H. Kilmann, M. J. Saxton, & R. Serpa* (Hg.), Gaining control of the corporate culture. San Francisco: Jossey-Bass, 17-43.

Schreiber, Dirk & Clement, Rainer (2016), Internet-Ökonomie: Grundlagen und Fallbeispiele der vernetzten Wirtschaft. Springer Gabler.

Schreyögg, Georg & Steinmann, Horst (1987), Strategic control: a new perspective. Academy of Management Review, 12(1), 91–103.

Seidl, David, von Krogh, Georg & Whittington, Richard (2019), Defining open strategy: Dimensions, practices, impacts, and perspectives. In: *D. Seidl, G. von Krogh & R. Whittington* (Hg.), Cambridge Handbook of Open Strategy. Cambridge, Uk: Cambridge University Press, 9–26.

Shin, Jiseon, Taylor, M. S & Seo, Myeong-Gu (2012), Resources for change: The relationship of organizational inducements and psychological resilience to employee attitudes and behavior toward organizational change. Academy of Management Journal, 55(3), 727–748.

Shoemaker, Paul J. H. (1995), Scenario Planning: A Tool for Strategic Thinking. Sloan Management Review, 36(2), 25–40.

Silvermann, Rachel E. (2015), At Zappos, Banishing the Bosses Brings Confusion. The Wall Street Journal.

Smith, Adam (1993), Der Wohlstand der Nationen (6. Auflage). München.

Stadler, Christian, Hautz, Julia, Matzler, Kurt & Friedrich von den Eichen, Stephan (2021), Open Strategy: Mastering Disruption from Outside the C-Suite. Cambridge, MA: The MIT Press.

Stadler, Christian, Rajwani, Tazeeb & Karaba, Florence (2014), Solutions to the exploration/exploitation dilemma: Networks as a new level of analysis. International Journal of Management Reviews, 16, 172–193.

Stieger, Daniel, Matzler, Kurt, Chatterjee, Sayan & Ladstaetter-Fussenegger, Florian (2012), Democratizing Strategy: How crowdsourcing can be used for strategy dialogues. California Management Review, 54, 44–68.

Stogdill, Ralphs M. (1948), Personal factors associated with leadership. Journal of Psychology, Bd. 25, 35–71.

Stolzenberg, Kerstin & Heberle, Krischan (2006): Change Management, Heidelberg.

Surowiecki, James (2006), In Praise of Third Place, The New Yorker, December 4.

Szymanski, David M., Bharadway, Sundar G. & Varadarajan, P. Rajan (1993), An Analysis of the Market Share-Profitability Relationship. Journal of Marketing, 57(3), 1–18.

Tannenbaum, Robert & Schmidt Warren H. (1958): How to Choose a Leadership Pattern. Harvard Business Review, March–April 1958.

Teece, David J. (2007), Explicating dynamic capabilities: the nature and microfoundations of (sustainable) enterprise performance. Strategic Management Journal, 28, 1319–1350.

Teece, David J. (2010), Business models, business strategy and innovation. Long Range Planning, 43(2–3), 172–194.

Teece, David J., Pisano, Gary & Shuen, Amy (1997), Dynamic capabilities and strategic management. Strategic Management Journal, 18, 509–533.

Timmons, Jeffrey A. & Spinelli, Stephen (2004), New Venture Creation: Entrepreneurship for the 21st Century. New York.

Trott, Paul (2008), Innovation management and new product development (4. Auflage). Harlow, England.

Van Alstyne, Marshall W., Parker, Geoffrey G. & Choudary, Sangeet P. (2016a), 6 Reasons platforms fail. Harvard Business Review, 31, 2–6.

Van Alstyne, Marshall W., Parker, Geoffrey G. & Choudary, Sangeet P. (2016b), Pipelines, Platforms, and the New Rules of Strategy. Harvard Business Review, 94, 54-60.

Vuori, Timo O. & Huy, Quy N. (2016), Distributed Attention and Shared Emotions in the Innovation Process: How Nokia Lost the Smartphone Battle. Administrative Science Quarterly, 61, 9–51.

Weber, Max (1980), Wirtschaft und Gesellschaft. Grundriss der verstehenden Soziologie. Tübingen.

Weil, Henry B. (1996), Commoditization of technology-based products and services: A generic model of market dynamics. Working Paper No 144–96, The Inter-national Center for research on the Management of Technology, Sloan School of Management, MIT.

Whittington, Richard, Cailluet, Ludovic & Yakis-Douglas, Basak (2011), Opening Strategy: Evolution of a Precarious Profession. British Journal of Management, 22, 531–544.

Will, Matthias G & Mueller, Julia (2018), Towards a Micro-Foundation of Organizational Change: Conceptual Requirements for a Micro-Macro Framework of Change. International Journal of Learning and Organizational Change. Forthcoming.

Will, Matthias G. & Mueller, Julia (2019), Change Management: The organization as a micro-macro-system. In: *R. B. Mellor* (Hg.), Management for Scientists. Bingley UK: emerald, 99–112.

Woodruff, Robert B. (1997), Customer value: The next source for competitive advantage. Journal of the Academy of Marketing Science, 25(2), 139–153.

Wright, Peter L., Pringle, Charles D. & Kroll, Mark J. (1992), Strategic Management Text and Cases.

Wunder, Thomas (2016), Essentials of strategic management: Effective formulation and execution of strategy. Schäffer-Poeschel.

Yavitz, Boris & Newman, William H. (1982), Strategy in Action: The Execution, Politics and Payoff of Business Planning. New York, London.

Zeithaml, Valerie A. (1988), Consumer Perceptions of Price, Quality, and Value: A means-end model and synthesis of evidence. Journal of Marketing, 52 (July), 2–22.

ZeppelinRental-CrowdWorx Zeppelin Rental zapft das lokale Marktwissen aus über 100 Standorten an. CrowdWorx Case study Series, https://www.crowdworx.com/resources/case-studies/.

Zook, Chris, & Allen, James (2010), Profit from the core. Boston: Harvard Business Press.

1. Strategisches Management – ein Überblick

1.1. Was ist Strategie?

Der Begriff der Strategie entstand im militärischen Kontext etwa zwischen dem 6. und 5. Jahrhundert vor Christus in Griechenland. Der Begriff Strategie leitet sich von dem griechischen Wort *strategos* (Feldherr, Heerführer) ab. In der Kriegskunst versteht man darunter die Kunst oder die Lehre der höheren Truppenführung. Es entstanden einige bedeutende Werke über Militärstrategie, die auch heute noch in der Strategieliteratur gerne zitiert werden. Dazu gehören „Die Kunst des Krieges“ vom Militärstrategen und Mathematiker *Sun Tzu* (544 bis 496 vor Christus), „Il Principe“ (Der Fürst) und „Die Kunst des Krieges“ des italienischen Staatsphilosophen *Niccoló Macchiavelli* (1496–1527), „Das Buch der fünf Ringe“ des japanischen Samurai *Miyamoto Musashi* (1584–1645) und das Hauptwerk des preußischen Generalmajors *Carl von Clausewitz* (1780–1831) mit dem Titel „Vom Kriege“. Diese Lehrbücher der Strategie enthielten bereits einige Strategieprinzipien, die bis heute Bestand haben (siehe Abbildung 1).[1]

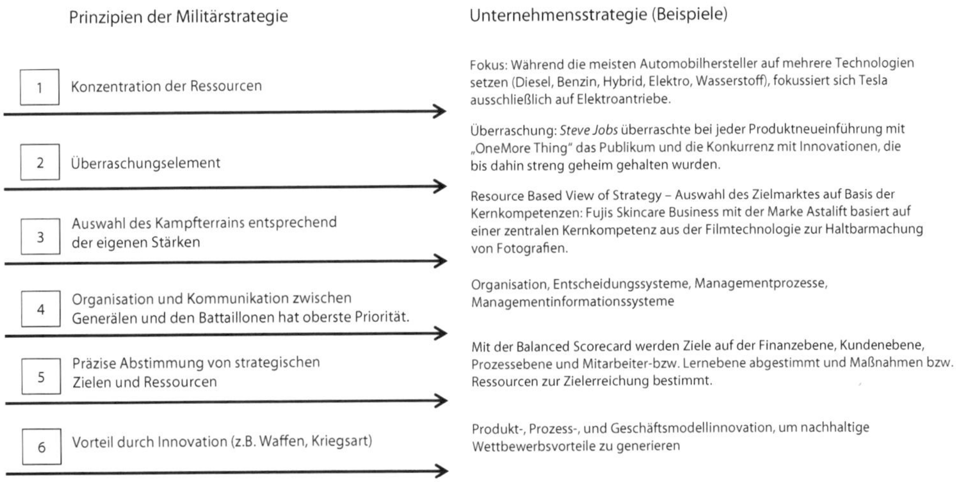

Abbildung 1: Wichtige Prinzipien der Militärstrategie (in Anlehnung an *Wunder*, 2016)

Im wirtschaftlichen Bereich betrifft Strategie die innerhalb einer bestimmten Zeit einzunehmende Zielposition. Taktik dagegen behandelt die Mittel, die zur Zielerreichung notwendigen sind; die Strategie konzentriert sich auf das Wo – wo will das Unternehmen innerhalb einer gegebenen Zeit ankommen? –, die Taktik auf das Wie. Eine einheitliche und vollumfassende Definition für Strategie gibt es nicht und ist schwer erreichbar, da in der Praxis Strategie und Aktionspläne vielfach ineinander übergreifen und sich daher zwingend beeinflussen. Am kürzesten und daher für die meisten Fälle ausreichend ist das Konzept von Strategie nach Generalfeldmarschall *Helmuth Graf von Moltke* (1800–1891): „Die Strategie ist die Fortbildung des ursprünglich leitenden Gedankens, entsprechend den stets sich ändernden Verhältnissen.“

1 *Wunder*, 2016.

Der leitende Gedanke im wirtschaftlichen Bereich ist die Vision. Diese umfasst die Vorstellung von der Rolle, die das Unternehmen in der Umwelt langfristig einnehmen soll. Eine Strategie basiert auf einer Kernkompetenz und/oder einem unternehmerischen Konzept, mit dem sich das Unternehmen mit einer bestimmten Geschäftseinheit in einem Marktsegment von seinen Konkurrenten abheben und eine Position der Einzigartigkeit erreichen kann. Kernkompetenzen sind dabei integrierte und durch organisationale Lernprozesse koordinierte Gesamtheiten von Technologien, Know-how, Prozessen und Einstellungen, die für den Kunden erkennbar wertvoll, gegenüber der Konkurrenz einmalig und schwer imitierbar sind sowie potenziell den Zugang zu einer Vielzahl von Märkten eröffnen.[2]

Im Militärkontext heißt es „Strategie handelt vom Gewinnen"[3] und genauso geht es im strategischen Management um das „Gewinnen am Markt", also das Übertreffen der Mitbewerber im Markt. Um dies erreichen zu können, benötigen Militärstrategen sowie Managerinnen und Manager:[4]

- einfache, konsistente und langfristige Ziele,
- ein profundes Verständnis der Wettbewerbssituation,
- eine objektive Bewertung der Ressourcen und
- eine effiziente Umsetzung.

Dabei hat die Bedeutung des strategischen Managements im Gegensatz zum operativen Management zugenommen. Um ein Unternehmen langfristig erfolgreich zu führen, müssen fünf zentrale Aufgaben wahrgenommen werden (siehe Abbildung 2):

(1) Liquidität: Kurzfristig (ca. ein bis sechs Monate): Die erste Aufgabe besteht darin, zu jeder Zeit die Liquidität (Zahlungsfähigkeit) sicherzustellen. Die attraktivsten Erfolgspotenziale helfen nur wenig, wenn es dem Unternehmen nicht gelingt, seinen laufenden Zahlungsverpflichtungen nachzukommen. Daher ist kurzfristig Finanzmanagement z.B. anhand von Liquiditätskennzahlen oberstes Gebot.

(2) Rentabilität: Mittelfristig (ca. sechs Monate bis zwei Jahre): Die Sicherstellung der Liquidität reicht nicht aus. Mittelfristig muss es gelingen, zufriedenstellende Gewinne und angemessene Renditen zu erzielen, so dass die Kapitalgeber weiterhin Interesse haben, ihr Kapital in das Unternehmen zu investieren. Erfolgsindikatoren für diese Aufgabe sind Rentabilitätskennzahlen wie z.B. ROI (Return on Investment), ROS (Return on Sales), EVA (Economic Value Added), Deckungsbeiträge und der Break-even Point. Die Sicherstellung der Liquidität und Erzielung einer ausreichenden Rentabilität gehören zum operativen Management.

(3) Exploitation: Langfristig (ab ca. ein bis zwei Jahren): Zu den strategischen, langfristigen Aufgaben des Managements gehört es, Wettbewerbsvorteile in bestehenden Märkten aufzubauen und zu nutzen, um die Grundlage für die Rentabilität zu schaffen. Die Marktposition (z.B. Marktanteil), Kundenzufriedenheit, Wachstumsrate und die Markenstärke sind Beispiele wichtige Erfolgsindikatoren.

2 *Bailom, Matzler* & *Tschemernjak*, 2013.
3 *Grant*, 2016a.
4 *Grant*, 2016a.

(4) Exploration: Langfristig (ab ca. drei bis fünf Jahre): Die zweite strategische Aufgabe besteht darin, rechtzeitig neue Wettbewerbsvorteile aufzubauen. Hier geht es um die Entwicklung neuer Technologien, Geschäftsmodelle oder neuer Märkte. Die Entwicklung von einzigartigen, wertvollen und schwer imitierbaren Fähigkeiten und Ressourcen (Kernkompetenzen) ist dabei entscheidend. Wichtige Erfolgsindikatoren sind dafür einzigartige Kernkompetenzen und die Innovationsfähigkeit des Unternehmens.

(5) Vision: Unbefristet. Die Vision legt den Unternehmenszweck und das visionäre Ziel des Unternehmens fest. Sie beantwortet die Frage, wo das Unternehmen langfristig stehen soll, was erreicht werden soll und was die Kernaufgabe ist. Entscheidend für eine visionäre Führung sind eine motivierende, inspirierende und sinnstiftende Unternehmensaufgabe.

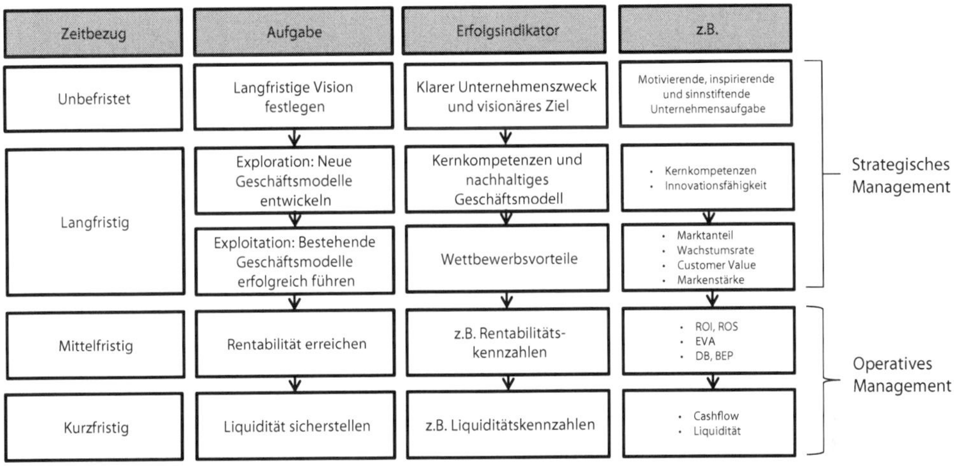

Abbildung 2: Zusammenhang zwischen operativem und strategischem Management (in Anlehnung an *Gälweiler*, 1987)

Exploitation (Wettbewerbsvorteile in bestehenden Geschäftsmodellen aufbauen bzw. bestehende Erfolgspotenziale nutzen) unterscheidet sich fundamental von Exploration (neue Technologien oder Geschäftsmodelle entwickeln bzw. neue Erfolgspotenziale aufbauen) hinsichtlich einer Reihe von Kriterien (Tabelle 1).

	Exploitation	Exploration
Strategischer Fokus	Kosten, Gewinn	Innovation, Wachstum
Kritische Aktivitäten	Produktion, Effizienz, inkrementelle Innovation	Anpassungsfähigkeit, radikale und disruptive Innovation
Kompetenzen	Optimierung von Prozessen und Aktivitäten	Unternehmerisches Handeln
Struktur	Formal, mechanistisch	Informell, Netzwerk
Kontrollgrößen und Anreize	Marken und Produktivität	Langfristige Meilensteine und langfristiges Wachstum
Kultur	Effizienz, Risikovermeidung, Qualität, Kunden	Risikobereitschaft, Geschwindigkeit, Flexibilität und Experimentieren
Führung	Autorität, Top-down	Visionär

Tabelle 1: Exploitation versus Exploration[5]

Exploitation legt den Fokus auf Kosten und Erträge, es geht um Effizienz und inkrementelle Innovation, um die Optimierung aller betrieblichen Aktivitäten. Die Struktur des Unternehmens ist eher formal und mechanistisch, reibungslose und effiziente Prozesse stehen im Vordergrund. Margen und Produktivität sind zentrale Kontrollgrößen und die Kultur des Unternehmens ist auf Effizienz, geringes Risiko, Qualität und auf die Kundengruppen ausgerichtet. Führung ist eher top-down orientiert.

Exploration hingegen fokussiert sich auf Innovation und langfristiges Wachstum durch neue Technologien, Produkte oder Geschäftsmodelle. Von zentraler Bedeutung sind radikale oder disruptive Innovationen und die Organisation ist sehr unternehmerisch geprägt, die Struktur ist eher informell und langfristige Meilensteine sowie langfristiges Wachstum stehen im Vordergrund. Risikobereitschaft, Geschwindigkeit, Flexibilität und Experimentieren prägen die Unternehmenskultur und die Führung ist visionär.

Aus der Gegenüberstellung von Exploitation und Exploration wird klar, dass diese zwei strategischen Aufgaben nur sehr schwer gleichzeitig erfüllt werden können, da sie sich grundsätzlich voneinander unterscheiden. In der Praxis haben sich vier Möglichkeiten durchgesetzt, wie mit diesem Dilemma umgegangen werden kann:[6]

(1) Strukturelle Trennung: Innerhalb eines Unternehmens wird die Verantwortung für Exploitation und Exploration separaten Organisationseinheiten zugewiesen, die räumlich voneinander getrennt sind. Dies war beim Stahlhändler Klöckner der Fall, als man ein digitales Plattformgeschäftsmodell für den Stahlhandel entwickelte. Die Verantwortung dafür wurde einem Startup in Berlin (Klöckner.i) übertragen.

5 In Anlehnung an *O'Reilly* & *Tushman*, 2004.
6 *Stadler, Rajwani* & *Karaba*, 2014.

(2) Aufgabentrennung: Mitarbeiterinnen, Mitarbeiter und Teams wechseln zwischen Exploitation und Exploration. Bei Google beispielsweise wird erwartet, dass Ingenieure 20 % ihrer Arbeitszeit für innovative Ideen verwenden, die nichts mit ihrer Kernaufgabe zu tun haben und kurzfristig keine Erträge erwarten lassen, aber langfristig möglicherweise große Chancen bieten können.
(3) Systemische Trennung: Eine Organisationseinheit spezialisiert sich auf Exploitation, eine andere auf Exploration. Im Rahmen der digitalen Transformation greifen viele Unternehmen auf Innovation Labs zurück. Diese arbeiten außerhalb der klassischen Unternehmensstruktur und haben die Aufgabe, mit eigenen Methoden, Strukturen und einer eigenen Kultur neue Lösungen und Geschäftsmodelle zu entwickeln: „In manchen Publikationen wird ein Innovation Lab auch als virtueller oder physischer Raum definiert, in dem Mitarbeiterinnen und Mitarbeiter einer oder mehrerer Unternehmen kreativ und gemeinsam tätig werden.“[7] Beispiele sind die Audi Denkwerkstatt oder das SAP Innovation Center Network.
(4) Zeitliche Trennung: Exploitation und Exploration werden im Unternehmen zeitlich voneinander getrennt. Zunächst wird eine neue Technologie oder ein neues Geschäftsmodell entwickelt (Exploration). Danach verlagert sich der Schwerpunkt auf Exploitation, bis eine neuerliche Phase von Exploration nötig wird, um auf geänderte Rahmenbedingungen mit neuen Geschäftsmodellen zu reagieren. Die Automobilindustrie befindet sich jetzt gerade in dieser Phase. Nach Jahrzenten von Exploitation geht es jetzt darum, neue Geschäftsmodelle (Elektromobilität, Autonomes Fahren, „Transportation as a Service“) zu entwickeln.

Was bedeutet aber nun „Strategie“ für ein Unternehmen im Detail? Strategie wird als Plan des Top-Managements definiert, der der Erreichung der Ziele des Unternehmens dient („top management's plans to attain outcomes consistent with the organization's missions and goals“).[8] Unternehmensstrategien entstehen jedoch nicht immer nach einem bestimmten Schema. Es lassen sich vielmehr verschiedene Denkschulen in der Entwicklung der Strategieformulierung bzw. des strategischen Managements unterscheiden.[9] Gemäß *Mintzberg* greift eine Definition von Strategie als Plan zu kurz. Stattdessen ist es sinnvoll, verschiedene Definitionen (Five Ps: Plans and Patterns, Position and Perpective, Ploy) für die Strategieformulierung zu betrachten:[10]

(1) Strategie als Plan (Plan): Strategie gibt die Richtung vor und leitet die Initiativen, die ein Unternehmen in der Zukunft ergreift. Sie beschreibt also den Weg, um zum Ziel zu gelangen. Allerdings zeigt sich in der Realität oft, dass dieser Plan nicht ausgeführt werden konnte. Vielleicht gerade deshalb, weil der Plan oder die Muster aus der Vergangenheit für die Zukunft fortgeschrieben werden.
(2) Strategie als Muster (Pattern): Eine Strategie ist ein Plan für die Zukunft, beinhaltet aber gleichzeitig Muster, die aus der Vergangenheit stammen. Deshalb wird oft der Unterschied zwischen „beabsichtigter“ (intended) und „realisierter“ (realized) Stra-

7 https://t2informatik.de/wissen-kompakt/innovation-lab/.
8 *Wright* et al., 1992.
9 *Mintzberg* et al., 2009.
10 *Mintzberg*, 1987.

tegie sichtbar. Strategien, die beabsichtigt und von langer Hand geplant sind, kann man auch „bewusste" Strategie (deliberate strategy) nennen. Allerdings gibt es im Unternehmensalltag auch Strategien, die nicht beabsichtigt sind, sondern sich aus der Situation und oft durch Zufall ergeben. Diese nennt man „emergente" Strategien. Abbildung 3 zeigt den Zusammenhang zwischen durchdachten und emergenten Strategien.

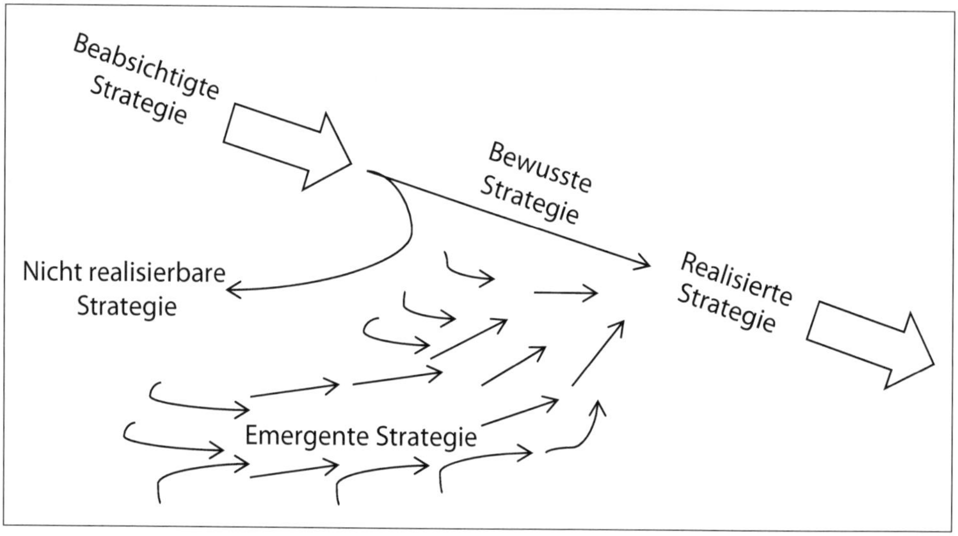

Abbildung 3: Zusammenhang zwischen beabsichtigter und realisierter Strategie (Quelle: *Mintzberg*, 1987)

(3) Strategie als Position: Strategie handelt oft von der Positionierung im Markt, beispielsweise, welche Marktsegmente ein Produkt bedienen soll.
(4) Strategie als Perspektive: Die Perspektiven-Sichtweise zielt darauf ab, dass Strategien auch ein Wegweiser dafür sind, wie in einem Unternehmen mit Situationen umgegangen wird bzw. wie Gewinne (mit Hilfe von Geschäftsmodellen) generiert werden.
(5) Strategie als Manöver (Ploy): Diese klassische Sichtweise zielt darauf ab, dass in einer Strategie spezifische Manöver oder Maßnahmen enthalten sind, um die Konkurrenz zu übertreffen.

1.2. Der Prozess des strategischen Managements

Das Konzept der Strategie hat keine universal eindeutige Definition im strategischen Management. Im Strategieformulierungsprozess kann nicht alles geplant werden. Es ist aber ohne Zweifel hilfreich, systematisch vorzugehen und sich an einigen Schritten zu orientieren. Der Prozess des strategischen Managements mit seinen Instrumenten hilft dabei. In der Praxis folgt dieser Prozess nicht immer der theoretisch vorgegebenen Reihenfolge. Nichtsdestotrotz sind all diese Schritte des Managementprozesses entscheidend, um zu einer nachhaltigen Strategie zu gelangen (Abbildung 4).

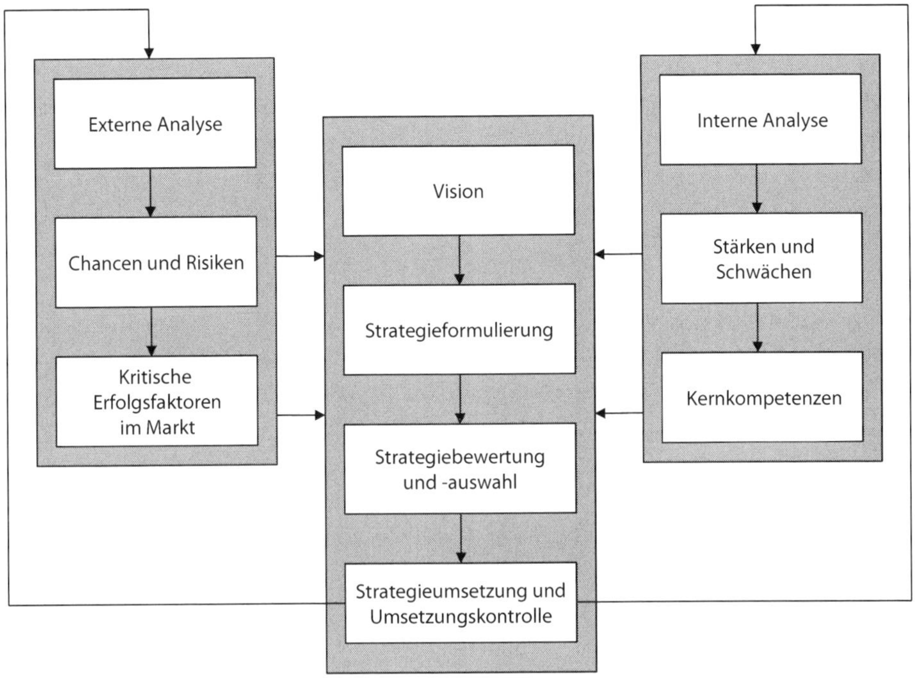

Abbildung 4: Prozess des strategischen Managements

Die Vision, die Strategie und das Geschäftsmodell sind entscheidend dafür, dem Unternehmen die Ziele und die Richtung vorzugeben. Die strategischen Prinzipien, die auf empirischen Erkenntnissen zu Produktlebenszyklen sowie Erfahrungskurven- und Größeneffekten aufbauen, geben dabei die Rahmenbedingungen und internen Möglichkeiten zur Strategieformulierung vor.

Unternehmensstrategien werden in Strategien auf der Ebene des Gesamtunternehmens und Strategien auf der Ebene der strategischen Geschäftseinheiten unterteilt. Ziel auf Unternehmensebene ist es, ein ausgewogenes strategisches Gesamtportfolio von strategischen Geschäftseinheiten aufzubauen, das zu einer nachhaltigen und langfristigen Wertsteigerung des Unternehmens führt. Die Aufgabe der Unternehmensleitung ist es, dieses Portfolio in Hinblick auf den Cashflow und die Risiken auszubalancieren sowie Kernkompetenzen des Unternehmens und Synergieeffekte zwischen ihnen zu nutzen. Auf der Ebene der strategischen Geschäftseinheiten gilt es, jene Produkt-Markt-Segmente zu bestimmen, in denen aufbauend auf die Kernkompetenzen des Unternehmens auf Dauer haltbare Wettbewerbsvorteile erreicht werden können und für diese Strategien und Maßnahmen zu entwickeln.[11]

Ausgangspunkt für die Formulierung einer Strategie ist die sorgfältige Analyse der Ausgangsposition und des Unternehmens selbst. Hier wird zwischen externer Analyse und interner Analyse unterschieden.

11 *Hinterhuber*, 2020.

Erstere umfasst Analyse und Prognose der externen Umwelt des Unternehmens, der Märkte, in denen das Unternehmen tätig ist, und der relevanten direkten, indirekten und potenziellen Konkurrenten. Es werden Chancen und Risiken identifiziert durch Analyse von

(1) politischen, gesellschaftlichen, wirtschaftlichen und technischen Entwicklungen,
(2) Branchenstruktur (Branchenanalyse) und
(3) Stellung des Unternehmens im Industriesektor.

Es werden allgemeine externe Faktoren, die einen Einfluss auf die gegenwärtigen und zukünftigen Arbeitsgebiete sowie auf die strategische Flexibilität des Unternehmens haben, identifiziert und prognostiziert. Diese Entwicklungen liegen im Regelfall außerhalb des Einflussbereiches des Unternehmens. Die Analyse der Branchenstruktur hat weiters die Aufgabe, jene Wettbewerbskräfte zu analysieren, die das Gewinnpotenzial und die Entwicklungsperspektiven der Branche beeinflussen. Ergebnis dieser Branchenstrukturanalyse sind die Gewinn- und Wachstumsperspektiven und die kritischen Erfolgsfaktoren in einer Branche. Die Konkurrenzanalyse liefert Ansatzpunkte zur Stellung des Unternehmens im Markt.

In der internen Analyse werden auf Basis der in der Umweltanalyse und -prognose ermittelten kritischen Erfolgsfaktoren Stärken/Schwächen-Profile im Vergleich zu den jeweiligen stärksten Konkurrenten für die einzelnen strategischen Geschäftseinheiten erstellt. Weiters werden aktuelle und potenzielle Kernkompetenzen sowie dynamische Kompetenzen identifiziert und analysiert.

Die Gegenüberstellung der Chancen und Gefahren (Umweltanalyse) und des Unternehmensprofils (Stärken/Schwächen und Kernkompetenzen) wird ergänzt durch eine Analyse der kulturellen Maßstäbe und Ideale der Unternehmensleitung. Die Hauptressourcen eines Unternehmens sind neben den Kernkompetenzen und den finanziellen Ressourcen seine Führungskräfte. Deren Ideale, Einstellungen und Ziele haben einen Einfluss auf die Möglichkeiten des Unternehmens im Rahmen der externen Chancen und Risiken und der internen Potenziale. Die persönlichen Werte, Ziele und Ideale der Unternehmensleitung beeinflussen die Strategien des Unternehmens.

Jedes Unternehmen übernimmt schließlich Verantwortung gegenüber der Gesellschaft, die über das Mindestmaß der gesetzlichen Verpflichtungen hinausgeht. Durch den Gewinn und die Unternehmenswertsteigerung schafft es die Voraussetzungen, um soziale Verpflichtungen wahrzunehmen und die Ansprüche der „Stakeholder“, der Aktionäre, Abnehmer, Mitarbeitergruppen, Lieferanten usw., zu erfüllen. Durch die Übernahme sozialer Verantwortung und Verpflichtungen verdient sich das Unternehmen die Unterstützung der Gesellschaft. Die strategische Führung eines Unternehmens verlangt von allen Führungskräften, auch über die Interessen der Allgemeinheit nachzudenken und sie in den Strategien zu berücksichtigen.[12]

Auf Basis dieser Analysen lässt sich der strategische Handlungsspielraum eines Unternehmens bestimmen. Dieser legt das Terrain fest, auf dem das Unternehmen mit seinen Geschäftseinheiten in Zukunft operieren wird (Abbildung 5).

12 *Hinterhuber & Matzler*, 2001.

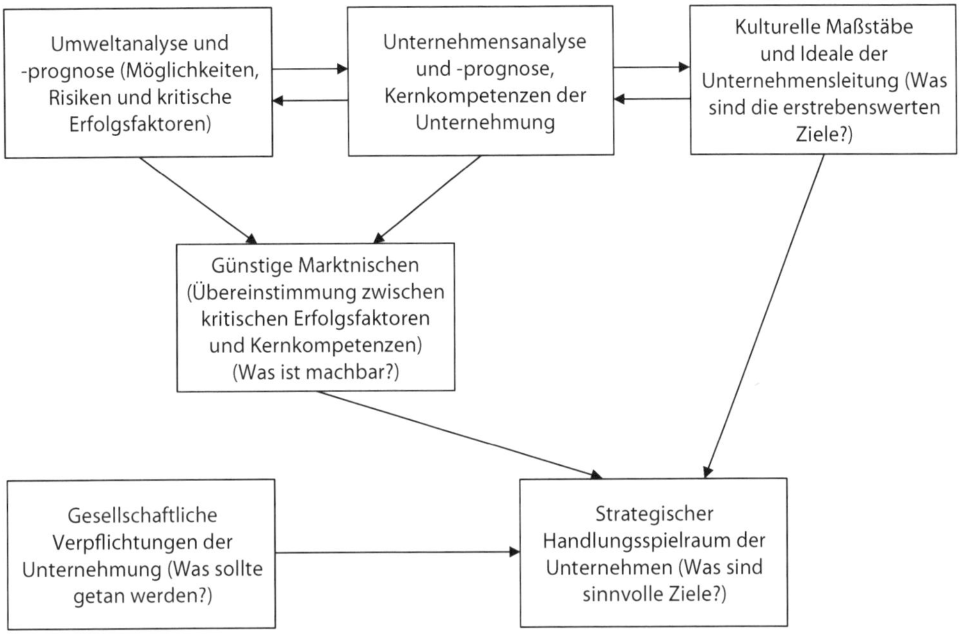

Abbildung 5: Der strategische Handlungsspielraum des Unternehmens (Quelle: *Hinterhuber*, 2004b)

Die Erkenntnisse aller Analysen fließen in die Formulierung strategischer Ziele und in die Strategieformulierung, die einerseits auf der Unternehmensebene, andererseits auf der Ebene der Geschäftseinheiten vorgenommen werden muss, ein. Den letzten Schritt bilden die Strategieumsetzung und die Umsetzungskontrolle, deren Ergebnisse die Ausgangsbasis für eventuelle Anpassungen der Strategie in einem neuen Prozess sind.

Für jeden dieser Schritte des Prozesses des strategischen Managements gibt es Instrumente, die Managerinnen und Manager unterstützen können. Diese Instrumente sind in Abbildung 6 aufgeführt und werden in den Kapiteln dieses Buches wie folgt behandelt:

Kapitel 2 befasst sich mit Vision, Strategien und dem Geschäftsmodell. Dabei werden Grundlagen aufgezeigt, die für Unternehmen in der Entwicklung einer Vision, eines Leitbildes und der Strategieformulierung entscheidend sind. Bevor die eigentliche Strategie formuliert werden kann, wird noch kurz erklärt, dass diese Strategieformulierung auf drei unterschiedlichen Ebenen stattfinden kann und wie Strategie und Geschäftsmodell zusammenhängen.

Kapitel 3 zeigt strategische Prinzipien, auf denen Strategieentscheidungen beruhen sollten. Unternehmen profitieren davon, zu wissen, in welchem Stadium im Produktlebenszyklus sie sich befinden, wie Erfahrungskurveneffekte, Economies of Scale und Economies of Scope eingesetzt werden können, wie ROI und Marktanteil zusammenhängen und welchen Stellenwert Preis und Qualität in der sogenannten Value Map haben. Es wird auch diskutiert, was Netzwerkeffekte in der Plattformökonomie bedeuten und wie das Internet Umsatzkonzentrationen (Long Tail) verändert hat.

Kapitel 4 inkludiert die eigentliche strategische Analyse. Für die externe und interne Analyse der Unternehmensumwelt bzw. des Unternehmens selbst werden verschiedene Instrumente vorgestellt: der Prozess der Marktdefinition (um relevante Märkte genau eingrenzen zu können), die PESTEL-Analyse (die sich mit politischen, ökonomischen, sozialen, technologischen, ökologischen und legislativen Änderungen befasst), die Branchenanalyse (in der Porters fünf Kräfte eine zentrale Rolle spielen), die Konkurrenzanalyse (um Vergleiche mit Mitbewerbern ziehen zu können), die Stärken/Schwächen- und Kernkompetenzanalyse (die sich mit der inneren Ressourcenausstattung befasst), die Wertekettenanalyse (die auf Porters primäre und sekundäre Aktivitäten zurückgeht), die SWOT-Analyse (um externe und interne Analyse zu kombinieren), der Trendradar (um Trends hinsichtlich der Fristigkeit einteilen zu können) und die Szenario-Analyse (die von veränderten Rahmenbedingungen ausgeht).

Kapitel 5 setzt den nächsten Schritt und leitet aus der strategischen Analyse strategische Ziele ab. Dafür sind Prognosen über zukünftige Veränderungen wichtig. Die Staircase-Analyse erleichtert durch ihr schrittweises Vorgehen bis zur Kaufentscheidung die Formulierung von Zielen, um Marktanteile nicht zu verlieren. Außerdem ist die Budgetierung entscheidend für realistisch gesetzte Ziele.

Kapitel 6 beschäftigt sich mit der Strategieformulierung, die einerseits auf der Unternehmensebene, andererseits auf der Ebene der strategischen Geschäftseinheiten stattfinden kann. Für die Unternehmensstrategie sind die Portfolio-Matrix (von der Boston Consulting Group oder von General Electric), die Wachstums-Matrix (von Ansoff) sowie das Wachstum aus dem Kerngeschäft relevant. Für die Strategieformulierung auf der Ebene der Geschäftseinheiten helfen das Geschäftsmodell, der Strategie-Diamant (von Hambrick), die generischen Wettbewerbsstrategien (von Porter) sowie die Customer-Value-Analyse. Außerdem werden spezifische Strategien im Marketing- bzw. im Neuproduktentwicklungsbereich exemplarisch herausgegriffen und disruptive evolutionären Innovationen gegenübergestellt. Darüber hinaus werden die „Blue Ocean"-Strategie und das Konzept von Open Strategy erläutert.

Kapitel 7 beschreibt die Strategieumsetzung und Umsetzungskontrolle. Dabei hat sich die Balanced Scorecard neben der Fortschrittskontrolle mit Hilfe von Kennzahlen als geeignetes Mittel erwiesen, um eine ganzheitliche Evaluation der Strategieumsetzung zu erreichen. Nach erfolgter Beurteilung ist natürlich die Anpassung der Strategie an die geänderten Rahmenbedingungen zentral. Dazu wird das Change Management aus der strategischen Perspektive sowie aus der Mikroperspektive anhand von Modellen vorgestellt.

Kapitel 8 befasst sich mit dem Zusammenhang von Strategie und Organisation. Um Strategien umsetzen zu können, ist es wichtig, die Unternehmenskultur zu beachten und gegebenenfalls Organisationsstrukturen zu ändern.

Kapitel 9 beschäftigt sich mit der Rolle der Führungskräfte im strategischen Management. Dabei wird definiert, was Leadership bedeutet und welche Aufgaben Führungskräfte wahrnehmen müssen. Exemplarisch werden neuere Ansätze der Führung erläutert, die sich auf die Person der Führenden, die Person der Geführten und die Führungssituation beziehen.

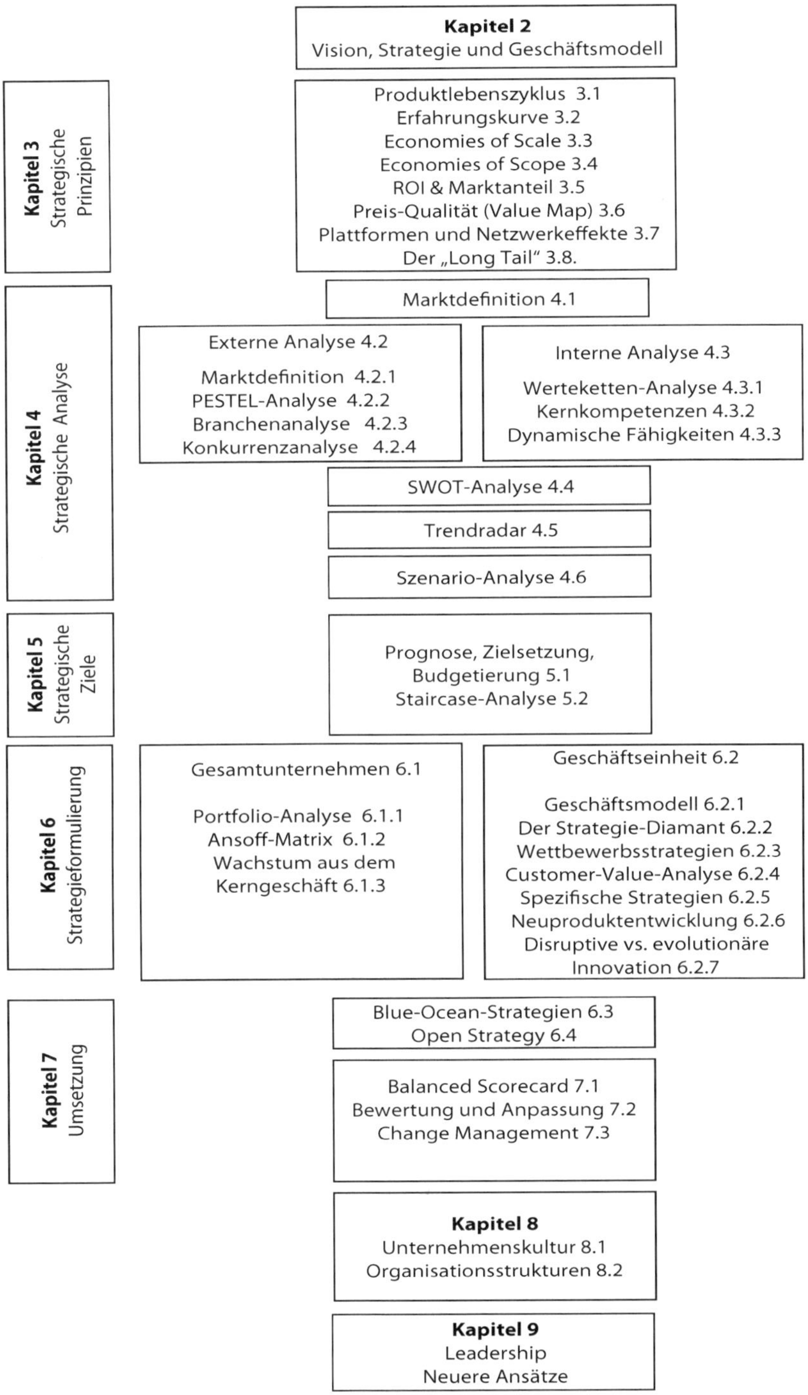

Abbildung 6: Aufbau des Buches

2. Vision, Strategie und Geschäftsmodell

Eine Strategie – im weitesten Sinne – beschäftigt sich mit der Planung, welche Ziele das Unternehmen erreichen will. Es gibt drei Ebenen der Strategie: Unternehmensstrategie, Strategien der Geschäftseinheiten und funktionale Strategien (z.B. Marketing, F&E, Personalmanagement, Produktion). Eine klare Vision und sorgfältig formulierte Ziele sind Erfolgsfaktoren in einem kompetitiven Umfeld. Deshalb sollte die Beurteilung des Unternehmens auch die Evaluation der Vision, der Strategien und des Geschäftsmodells umfassen. Im Folgenden werden deshalb die Grundbegriffe zu Vision, Strategie und Geschäftsmodell erläutert.

2.1. Vision

„Die Veränderung ist die einzige Konstante unserer Zeit.“[13] Diese Weisheit beschreibt trefflich, mit welchen Herausforderungen Unternehmen konfrontiert sind: Flexibilität, Anpassungsfähigkeit und Veränderungsbereitschaft. Um die Reaktionsfähigkeit und Schnelligkeit zu steigern, werden Entscheidungen immer mehr dezentralisiert und delegiert. Dies kann zu einer Situation führen, die in der klassischen Mechanik als Zentrifugalkraft bekannt ist: Eine Kraft, die einen bewegten Körper von einem Zentrum nach außen zieht. Ähnlich ist es in Unternehmen mit Eigentümern und Führungskräften ohne gemeinsame Vision und Zielvorstellungen, jeder zieht in eine andere Richtung – weg vom Kern.

Wie können Unternehmen nun gleichzeitig Entscheidungen dezentralisieren, flexibel und schnell auf neue Chancen und Herausforderungen reagieren und sicherstellen, dass alle an einem Strick in die gleiche Richtung ziehen? Eine schriftlich formulierte Vision, die allen bekannt und von allen geteilt wird, kann hier eine klare Ausrichtung schaffen und Zentrifugalkräfte verhindern.

Die Anekdote der drei Steinmetze verdeutlicht diese Mechanismen: Drei Steinmetze arbeiten auf einer Baustelle. Ein Passant bleibt stehen und fragt sie, was sie hier tun. Der erste Steinmetz räumt mürrisch Steine zusammen und sagt: „Ich verdiene meinen Lebensunterhalt“, der zweite Steinmetz klopft mit wichtiger Miene weiter auf seinen Stein und antwortet: „Ich liefere die beste Steinmetzarbeit weit und breit.“ Und der dritte schaut den Fragenden mit glänzenden Augen an und sagt: „Ich baue eine Kathedrale.“ Der erste erkennt keinen Sinn in seiner Arbeit. Der zweite ist stolz auf seine Arbeit, weiß aber nicht, was das große Ziel ist. Und der dritte hat eine klare Vision, die ihn begeistert.

Der französische Autor Antoine de Saint-Exupéry schrieb: „Wenn du ein Schiff bauen willst, so trommle nicht Leute zusammen, um Holz zu beschaffen, Werkzeuge vorzubereiten und die Arbeit einzuteilen, sondern wecke in ihnen die Sehnsucht nach dem endlosen, weiten Meer.“

Diese Anekdoten geben eine treffende Beschreibung, was eine Unternehmensvision erreichen soll: Sie soll den Unternehmern, Führungskräften und der Belegschaft das große

13 Diese Aussage geht auf den griechischen Philosophen *Heraklit* (ca. 520–460 v. Chr.) zurück.

Ziel des Unternehmens näherbringen und sie dafür begeistern. Sie soll ihre Energie kanalisieren und Sinn vermitteln und dem Unternehmen eine klare Ausrichtung geben.

Die zwei amerikanischen Bestseller-Autoren *James Collins* und *Jerry Porras*[14] untersuchten Unternehmen, die über Jahrzehnte überdurchschnittlich erfolgreich waren. Eine ihrer zentralen Erkenntnisse: Diese Unternehmen verbinden zwei scheinbare Gegensätze. Sie halten an Bewährtem fest und entwickeln sich gleichzeitig weiter, ihr Kernzweck und ihre Werte überdauern Jahre oder Jahrzehnte, die Strategien und Praktiken passen sich den sich ändernden Verhältnissen an.[15] Die meisten dieser Unternehmen haben klare – meist schriftlich festgehaltene – Antworten auf folgende Fragen (siehe auch Abbildung 7):

(1) den Kernzweck des Unternehmens
(2) die Kernwerte des Unternehmens
(3) das visionäre Ziel
(4) die lebhafte Beschreibung der Zukunft

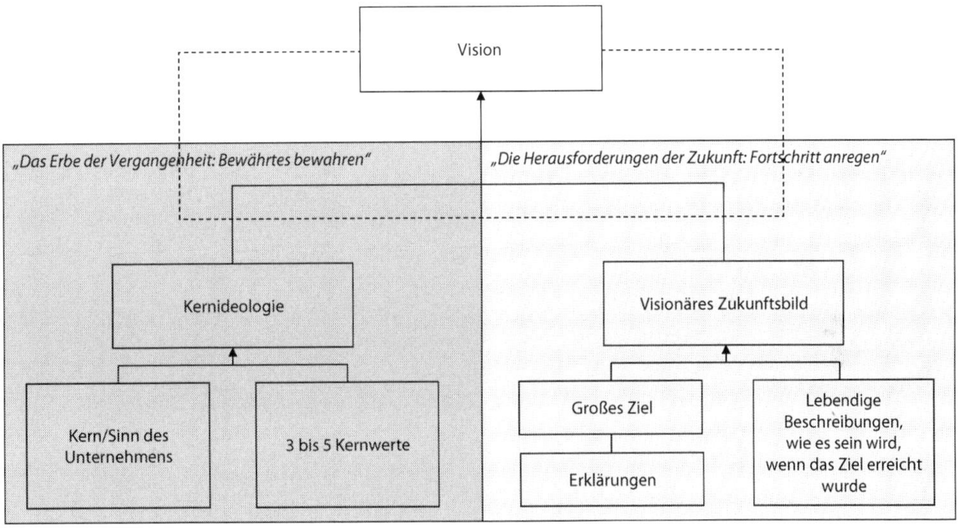

Abbildung 7: Elemente einer Unternehmensvision und eines Leitbildes (modifiziert nach *Collins* & *Porras*, 1996)

Kernzweck

Der Kernzweck eines Unternehmens gibt Antworten auf Fragen wie z.B.:

- Wofür steht das Unternehmen?
- Was ist die Existenzgrundlage des Unternehmens?
- Warum sollten das Management und die Belegschaft ihre Energie für das Unternehmen einsetzen und sich über das Minimum hinaus engagieren?[16]

---

14 *Collins* & *Porras*, 2005, 1995.
15 *Collins* & *Porras*, 1996.
16 *Campbell* & *Yeung*, 1991.

Der Kernzweck umfasst schnell und klar, warum ein Unternehmen existiert. Durch Abzielen auf ein höheres Ziel wirkt er motivierend und inspirierend. Deshalb sollte er möglichst breit, fundamental und dauerhaft formuliert sein.

Beispiele

„Die Beschleunigung des Übergangs zu nachhaltiger Energie" (Tesla)

„Organize the world's information and make it universally accessible and useful." (Google)

„Wir geben in Not geratenen Kindern eine Familie. Wir helfen ihnen, ihre Zukunft selbst zu gestalten. Wir tragen zur Entwicklung ihrer Gemeinden bei." (SOS Kinderdorf)

Kernwerte

Kernwerte sind die Überzeugungen und moralischen Prinzipien, die die Unternehmenskultur formen und das Verhalten von Mitarbeiterinnen und Mitarbeitern beeinflussen. Sie definieren, wofür ein Unternehmen steht, wie Geschäfte gemacht werden sollen und was unantastbar ist. *Anita Roddick*, die Gründerin von The Body Shop, formulierte das bereits vor vielen Jahren für ihr Unternehmen folgendermaßen:

Beispiel

„Wir sind der Meinung, dass Tierversuche in der Kosmetikindustrie weder notwendig noch moralisch vertretbar sind.

Wir beziehen natürliche Inhaltsstoffe und Accessoires von kleinen Herstellern weltweit und bauen langfristige und faire Handelsbeziehungen zu diesen Produzenten auf.

Wir sind der Meinung, dass jeder Mensch schön ist, jeder auf seine Weise. Seien Sie stolz auf Ihre Individualität.

Die Achtung der Menschenrechte gehört zu den fundamentalen Dingen im Leben, auf die jeder Mensch Anspruch hat. Setzen Sie sich für die Menschen ein, denen dieses Recht verweigert wird.

Wir glauben, dass Unternehmen die Verantwortung haben, unsere natürlichen Ressourcen zu schonen – weltweit und lokal. Wir möchten, dass auch unsere Kinder eine lebenswerte Welt vorfinden." (The Body Shop)

Kernwerte, die aus drei bis fünf zeitlosen Prinzipien mit intrinsischem Wert bestehen, brauchen keine externe Rechtfertigung.[17]

Der Kernzweck und die Kernwerte formen gemeinsam die Kernideologie eines Unternehmens. Diese bildet den Klebstoff, um das Unternehmen in rauen Zeiten zusammenzuhalten.[18] Gemeinsam bewahren sie den authentischen Kern des Unternehmens. Aber ein Unternehmen kann nur langfristig erfolgreich sein, wenn es sich weiterentwickelt. Deshalb beschäftigt sich das zweite Element einer Vision und eines Leitbildes mit Fortschritt und Entwicklung. Es beschreibt die Zukunft in einem visionären Ziel und bietet eine lebhafte Beschreibung der Situation, wenn das Ziel erreicht wurde.

17 *Collins* & *Porras*, 1996.
18 *Collins* & *Porras*, 1996.

Visionäres Ziel

Das visionäre Ziel ist klar und fesselnd und umfasst tangible und inspirierende Elemente mit einer – zumindest virtuellen – Ziellinie. Es ist herausfordernd und ehrgeizig genug, damit die Vernunft sagt, „es ist möglich" und die Intuition sagt „wir können es trotzdem tun".[19] Es sollte hoch genug sein, damit die Belegschaft motiviert ist, maximalen Einsatz zu zeigen, um es zu erreichen, und niedrig genug, damit eine realistische Chance erkennbar ist, es zu erreichen. Deshalb sollte das visionäre Ziel so inspirierend sein, dass Mitarbeiterinnen und Mitarbeiter für sich feststellen: „Der Einsatz ist es wert; ich will Teil davon sein!"

Beispiele

„I believe that this nation should commit itself to achieving the goal, before this decade is out, of landing a man on the moon and returning him safely to the earth." (Präsident *Kennedy*, 1961)

„We aim to be Earth's most customer centric company. Our mission is to continually raise the bar of the customer experience by using the internet and technology to help consumers find, discover and buy anything, and empower businesses and content creators to maximize their success." (Amazon)

„Jedes Kind wächst als Teil einer Familie auf, jedes Kind wird geliebt, geachtet und behütet." (SOS Kinderdorf)

Lebhafte Beschreibungen

Um die Vision und das Leitbild eines Unternehmens für alle Mitarbeiterinnen und Mitarbeiter verständlich zu machen, sollte es in lebhafte Bilder und Worte übertragen werden, die beschreiben, wie die Zukunft aussieht. So können das Herz und die Seele der Leute angesprochen werden. Dazu muss die Vision authentisch, leidenschaftlich und überzeugend sein.[20]

Beispiele

„Ich will ein Auto bauen für die große Menge. Es soll groß genug sein für die Familie, aber klein genug für den Einzelnen zum Fahren und zum Unterhalten. Es soll konstruiert werden aus den besten Materialien, hergestellt durch die besten Arbeiter, nach dem einfachsten Design, das moderne Ingenieurkunst vermag. Der Preis wird so gering sein, dass jeder mit einem durchschnittlichen Einkommen in der Lage sein wird, es zu kaufen und mit seiner Familie glückliche Stunden der Freude in Gottes großer Natur zu verbringen. Wenn ich mein Ziel erreicht habe, wird sich jedermann ein Auto leisten können und jeder eines besitzen. Das Pferd wird von der Straße verschwunden sein und das Auto zur Selbstverständlichkeit geworden sein ... und wir werden einer großen Zahl von Menschen eine Beschäftigung geben können mit guter Entlohnung." (*Henry Ford*, 1908).

Die Vision von Sony aus den 1950er Jahren wurde folgendermaßen beschrieben: „We will create products that become pervasive around the world ... We will be the first Japanese company to go into the U.S. market and distribute directly ... We will succeed with innovations that U.S. companies have failed at – such as the transistor radio ... Fifty years from now, our brand name will be as well known as any in the world ... and will signify innovation and quality that rival the most innovative companies anywhere ... ‚Made in Japan' will mean something fine, not something shoddy."[21]

19 *Collins* & *Porras*, 1991.
20 *Collins* & *Porras*, 1996.
21 *Collins* & *Porras*, 1996.

Zusammen mit dem visionären Ziel ist die lebhafte Beschreibung der Teil der Vision und des Leitbildes, der den Fortschritt stimuliert und sicherstellt. Anhand folgender Kriterien können die Vision und das Leitbild eines Unternehmens evaluiert werden:

(1) Ist der Kernzweck klar und fesselnd?
(2) Spricht der Kernzweck das Herz und den Verstand der Unternehmensmitglieder an?
(3) Sind die Werte motivierend und zielen sie auf einen höheren Zweck ab?
(4) Sind sie breit, fundamental und langfristig?
(5) Sind sie authentisch und ehrenhaft?
(6) Sind sie zeitlos und fähig, das Verhalten zu beeinflussen?
(7) Können Management und Belegschaft diesen Werten gerecht werden?
(8) Können Management und Belegschaft diese Werte akzeptieren und verteidigen?
(9) Ist das visionäre Ziel langfristig, inspirierend und herausfordernd?
(10) Inspiriert das visionäre Ziel die Menschen?
(11) Sind die lebhaften Beschreibungen geeignet, die Vorstellungen über die Zukunft zu kommunizieren?

2.2. Ebenen der Strategie

Strategien in einem Unternehmen werden auf drei unterschiedlichen Ebenen formuliert (siehe Abbildung 8):

- auf der Gesamtunternehmensebene (Corporate Level),
- auf der Ebene der strategischen Geschäftseinheiten (Business Unit Level) und
- auf Ebene der Funktionsbereiche.

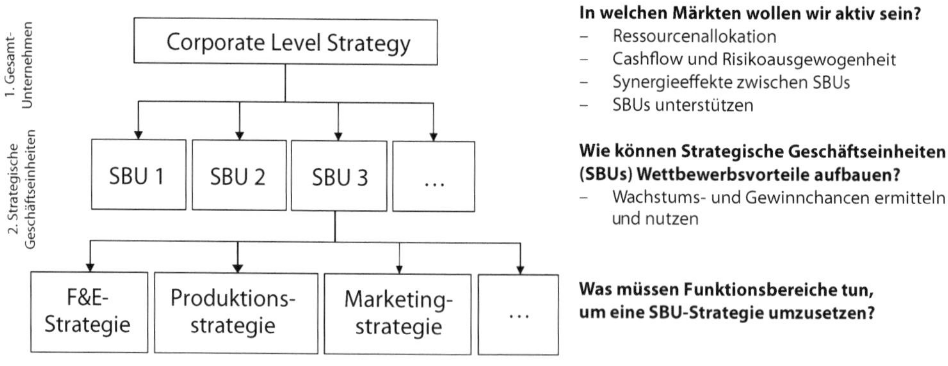

Abbildung 8: Ebenen der Strategie

2.2.1. Unternehmensstrategie

In einem Unternehmen mit mehreren strategischen Geschäftseinheiten (SGEs) betreffen Strategieentscheidungen auf Unternehmensebene Fragen hinsichtlich

- Zweck des Unternehmens,
- Unternehmensgrenzen,

- Portfolioentscheidungen (in welchen Industrien und Märkten soll das Unternehmen tätig sein),
- vertikaler Integration,
- Fusionen und Akquisitionen und
- strategischer Partnerschaften.

Diese Entscheidungen werden grundsätzlich an der Spitze des Unternehmens von Unternehmensführung und Vorstand getroffen und umfassen folgende Hauptaufgaben:[22]

(1) Entwicklung einer klaren Vision, Ausüben von Führung und Kontrolle
(2) Verteilung von Ressourcen an einzelne Geschäftseinheiten, für optimales Portfoliomanagement. Dieses hat zum Ziel, eine Balance zwischen Cashflow und Risiken über mehrere Geschäftseinheiten zu erreichen und damit langfristiges Wachstum zu ermöglichen (siehe Portfolio-Analyse 6.1.1).
(3) die Festlegung, welche Geschäftseinheiten expandieren, welche gehalten werden und welche schrumpfen sollen,
(4) den Eintritt in neue Märkte,
(5) den strategischen Rückzug aus Geschäftsfeldern, in denen keine Wertsteigerung erzielt werden kann, und
(6) Management der Beziehungen zwischen den Geschäftseinheiten und das Nutzen von Synergien (siehe Economies of Scale und Scope 3.3 und 3.4).
(7) Entwicklung zentraler Kompetenzen und Bereitstellung von Serviceleistungen und Ressourcen für die einzelnen Geschäftseinheiten (siehe Kernkompetenzen 4.3.2).
(8) die Führung der Geschäftseinheiten um Kernkompetenzen, damit sich das Unternehmen als Ganzes mit der gewünschten Intensität in die gewünschte Richtung bewegt.

Folgende Kriterien sind hilfreich, um die Unternehmensstrategie auf Gesamtunternehmensebene zu evaluieren:

- Kommuniziert die Unternehmenszentrale eine klare, umfassende Vision?
- Ist das Portfolio der Geschäftseinheiten im Gleichgewicht in Bezug auf Cashflow und Risiko?
- Ermöglicht das Portfolio langfristigen Erfolg und Wachstum?
- Werden Synergien zwischen den Geschäftseinheiten erreicht und genutzt?
- Entwickelt die Unternehmenszentrale Kernkompetenzen und bietet den einzelnen Geschäftseinheiten die zentralen Services und Ressourcen?

2.2.2. Strategien auf der Ebene der Geschäftseinheiten

Strategien auf der Ebene der strategischen Geschäftseinheiten (SGE) beschreiben, wie jede Geschäftseinheit in einem Markt den Wettbewerb bestreitet, wie sie Wettbewerbsvorteile kreiert und wie sie ihre Ziele erreicht. Strategische Geschäftseinheiten sind definiert als „Unternehmenseinheit, an die der Prozess der Formulierung und Ausführung

22 *Grant*, 2008; *Johnson* et al., 2008.

spezifischer Strategien von der Unternehmensleitung delegiert wird."[23] Strategische Geschäftseinheiten sind dabei gewissermaßen „Mikro-Unternehmen" im Unternehmen, eine Gesamtheit von Produkt/Markt-Kombinationen, Produktlinien usw., die eine eigenständige Marktaufgabe erfüllen und identifizierbare Wettbewerber haben, für die unabhängige Strategien entwickelt, relative Wettbewerbsvorteile aufgebaut und die unabhängig geführt werden können.[24]

Porter beschreibt hier beispielsweise Wettbewerbsstrategien, die durch unterschiedliche Zugänge Wettbewerbsvorteile kreieren: die Kostenführerschaftsstrategie, die Differenzierungsstrategie sowie deren Kombinationen (siehe Kapitel 6.2.3).[25] Eine umfassende Strategie auf der Ebene der Geschäftseinheit beschreibt folgende Elemente (die sechs „W" der Strategie):

(1) Welche Kundengruppe wird durch das Angebot der jeweiligen Geschäftseinheit angesprochen? (Wer?)
(2) In welchen konkreten geografischen Märkten ist die Geschäftseinheit tätig? (Wo?)
(3) Welche Kundenbedürfnisse werden durch das Angebot der Geschäftseinheit erfüllt? (Was?)
(4) Welche Ressourcen und Fähigkeiten setzt die Geschäftseinheit dazu ein? (Wie?)
(5) Welches Geschäftsmodell unterstützt die Rentabilität? (Warum?)
(6) Mit welcher Geschwindigkeit und in welchen Schritten geht die Geschäftseinheit vor? (Wann?)

Jede Strategie basiert auf einer Analyse des externen Unternehmensumfeldes sowie einer internen Analyse von Fähigkeiten und Ressourcen und sollte folgendem Test standhalten:[26]

- Ist die Strategie mit der Vision, dem Leitbild und der Unternehmensstrategie vereinbar?
- Werden die sechs W-Fragen klar adressiert?
- Nutzt die Strategie die Möglichkeiten des Marktes?
- Stimmt die Strategie mit den Erfolgsfaktoren des Marktes überein?
- Basiert die Strategie auf den Kernkompetenzen und den Stärken?
- Sind die Differenzierungsmerkmale langfristig?
- Sind die sechs W-Fragen konsistent?
- Hat das Unternehmen genug Ressourcen, um die Strategie weiterzuverfolgen und zu implementieren?

Die Strategien auf Ebene der strategischen Geschäftseinheiten und auf Unternehmensebene stehen in einem engen Zusammenhang (Abbildung 9).

23 *Hinterhuber*, 2004a.
24 *Hinterhuber*, 2020.
25 *Porter*, 1996.
26 Modifiziert nach *Hambrick* & *Fredrickson*, 2001.

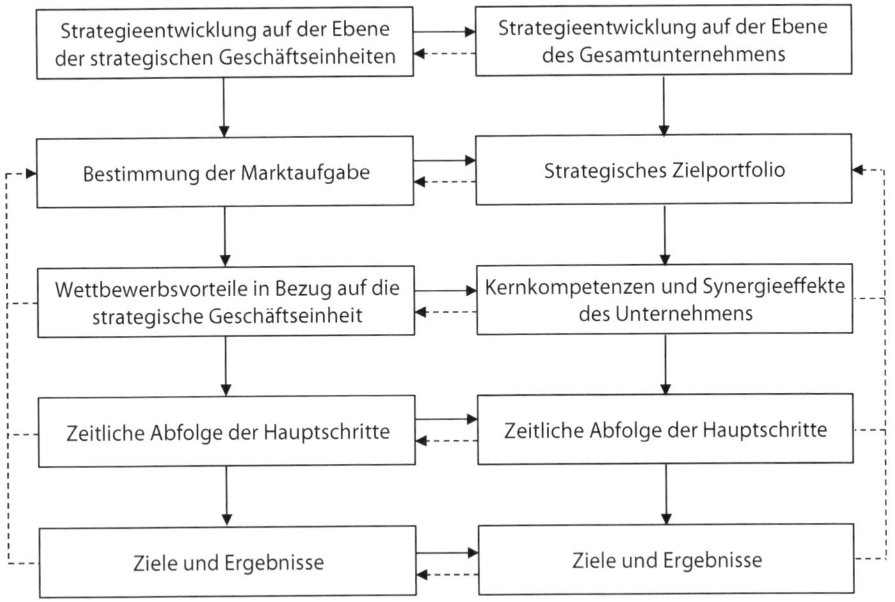

Abbildung 9: Strategieentwicklung auf der Ebene der strategischen Geschäftseinheiten und auf Gesamtunternehmensebene (Quelle: *Yavitz* & *Newman*, 1982)

Auf Funktionsbereichsebene (z.B. Marketing, Produktion, F&E) werden dann Direktiven ausgearbeitet, die als Richtlinien das Bindeglied zwischen der Strategie und deren Ausführung darstellen. Direktiven dienen damit als Richtschnur für die in den Funktionsbereichen selbstständig zu treffenden Entscheidungen im Interesse der Strategien.[27]

2.3. Vision, Strategie und Geschäftsmodell

Vision, Strategie und Geschäftsmodell hängen eng zusammen und müssen aufeinander abgestimmt sein (siehe Abbildung 10). Die Vision als eine „leitende Idee" oder ein „Wunschbild der Zukunft" bildet den Rahmen für die Strategieentwicklung. Sie definiert den Kernzweck des Unternehmens, die Kernwerte und das visionäre Ziel. Eine Vision erfüllt dann ihren Zweck, wenn sie ansprechend, überzeugend, motivierend und herausfordernd ist, weil sie dann die Energien der Mitarbeiterinnen und Mitarbeiter freisetzt und auf ein gemeinsames Ziel ausrichtet. Die Strategie wiederum legt den Rahmen für die Entwicklung des Geschäftsmodells fest. Ein Geschäftsmodell ist ein System von Prozessen und Aktivitäten zur Umsetzung der Strategie mit dem Ziel, Wert für den Kunden zu schaffen (Value creation) und Wert für das Unternehmen zu generieren (Value capture). Weitere Ausführungen zum Geschäftsmodell sind unter 6.2.1 zu finden.

Das wohl bekannteste Framework für ein Geschäftsmodell ist das **Business Model Canvas** von *Osterwalder* und *Pigneur*.[28] Es beschreibt anhand von neun Bausteinen, wie ein Unter-

27 *Hinterhuber* & *Matzler*, 2001.
28 *Osterwalder* & *Pigneur*, 2010.

nehmen Nutzenangebote für seine Kundengruppen schafft und damit Gewinne generiert. Die neun Bausteine beantworten folgende Fragen:

(1) Kundensegmente: Wer sind unsere Zielkundengruppen? Für wen schaffen wir Wert?
(2) Value Propositions: Was ist unser Wertangebot? Welche Produkte und Dienstleistungen bieten wir an?
(3) Kundenbeziehungen: Welche Art von Kundenbeziehungen unterhalten wir?
(4) Kanäle: Über welche Kanäle erreichen wir unsere Kundinnen und Kunden?
(5) Schlüsselaktivitäten: Welche Aktivitäten sind nötig, um unsere Wertangebote zu erstellen?
(6) Schlüsselressourcen: Welche Ressourcen brauchen wir, um unsere Wertangebote zu erstellen?
(7) Schlüsselpartner: Welche Partner brauchen wir? Welche Ressourcen stellen sie bereit?
(8) Kostenstruktur: Was sind die wichtigsten Kostentreiber in unserem Geschäftsmodell?
(9) Erlösströme: Für welche Leistungen bezahlen unsere Kundengruppen? Was sind unsere Erlösströme?

Das Geschäftsmodell wird im Business Model Canvas visualisiert. Dieses Modell erleichtert es, die Grundprinzipien des Geschäftsmodells zu beschreiben, zu analysieren und zu kommunizieren. Abbildung 10 stellt diese Zusammenhänge zwischen Vision, Strategie und Geschäftsmodell dar.

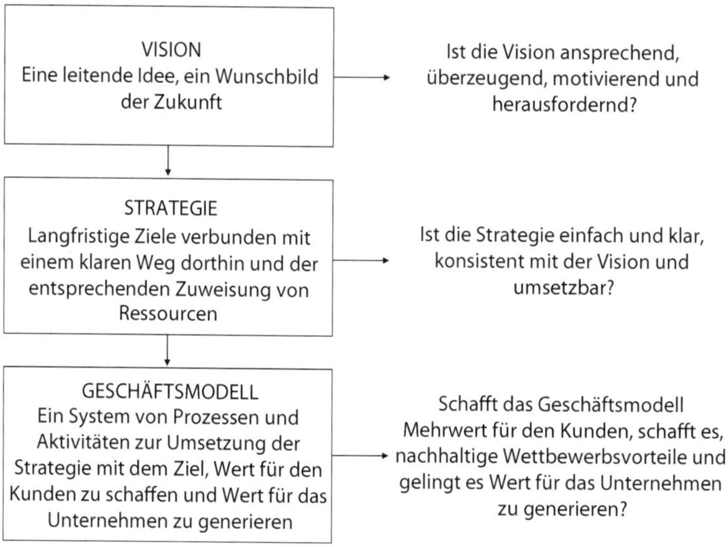

Abbildung 10: Vision, Strategie und Geschäftsmodell

Teslas Vision war beispielsweise ursprünglich „To accelerate the world's transition to sustainable transport" und wurde 2016 von *Elon Musk* erweitert in „To accelerate the world's transition to sustainable energy". Die Vision legt fest, „wohin" sich das Unternehmen entwickeln will, die Strategie beschreibt, „wie" es dieses Ziel erreichen will.

Dazu entwickelte *Elon Musk* seinen Masterplan, der in vier großen Schritten die Strategie zur Erreichung der Vision skizziert: „(1) Build a sports car, (2) use that money to build an affordable car, (3) use that money to build an even more affordable car, (4) while doing above, also provide zero emission electric power generation options.“ Der erste Schritt wurde mit dem Roadster umgesetzt, der zweite mit dem Model S und dem Model X und der dritte mit dem Model 3. Zudem bietet Tesla Solaranlagen und Stromspeicher für zuhause an. 2016 hat Tesla seine Strategie aktualisiert. Der Masterplan „Part Deux“ ist nun: „(1) Create stunning solar roofs with seamlessly integrated battery storage, (2) expand the electric vehicle product line to address all major segments, (3) develop a self-driving capability that is 10 times safer than manual via massive fleet learning, (4) enable your car to make money for you when you aren’t using it.“

Das Geschäftsmodell von Tesla ist anhand des Business Model Canvas in Abbildung 11 dargestellt.

7. Schlüsselpartner:
- **Welche Partner brauchen wir?**
- **Welche Ressourcen stellen sie bereit?**

- Anbieter von Schlüsseltechnologien (z.B. Panasonic)
- Regulierungen und Regulatoren (z.B. Förderungen, Genehmigungen für autonomes Fahren)
- Partner für Destination Charger

5. Schlüsselaktivitäten:
- **Welche Aktivitäten sind nötig, um unsere Wertangebote zu erstellen?**

- Batterie- und Softwareentwicklung
- Autoentwicklung

6. Schlüsselressourcen:
- **Welche Ressourcen brauchen wir, um die Wertangebote zu erstellen?**

- Batterie-, Autoproduktion
- Supercharger
- Service Center

2. Value Proposition:
- **Was ist unser Wertangebot?**
- **Welche Produkte und Dienstleistungen bieten wir an?**

- Nachhaltige Mobilität
- Sicheres Auto
- Bequemes und schnelles Laden
- Fahrspaß
- Lange Reichweiten
- Status
- Autonomes Fahren

3. Kundenbeziehungen:
- **Welche Art von Kundenbeziehungen unterhalten wir?**

- Online
- Communities (z.B. Teslerati)

4. Kanäle:
- **Über welche Kanäle erreichen wir unsere Kunden?**

- Online Stores
- Showrooms

1. Kundensegmente:
- **Wer sind unsere Zielkunden?**
- **Für wen schaffen wir Werte?**

- Early Adopters der E-Auto-Technologie
- Autofahrer, denen ein Status wichtig ist
- Autofahrer, denen saubere Energie und Fahrspaß wichtig sind
- Menschen mit höherem Einkommen (mit dem Model 3 auch die Mittelklasse)

8. Kostenstruktur
- **Was sind die wichtigsten Kostentreiber in unserem Geschäftsmodell?**

- Batterie-und Autoproduktion, Softwareentwicklung, Super Charger

9. Erlösströme:
- **Für welche Leistungen bezahlen unsere Kunden?**
- **Was sind unsere Erlösströme?**

- Verkauf von Autos und Solarsysteme, Wall Connectors, Ladestrom

Abbildung 11: Business Model Canvas von Tesla

3. Strategische Prinzipien

Der Erfolg des strategischen Managementprozesses setzt voraus, dass das Management umfassende Informationen über die Situation des Unternehmens und Kenntnis einiger grundlegender Prinzipien der Strategie hat. Basierend auf empirischen Ergebnissen wissenschaftlicher Studien können Gesetzmäßigkeiten erkannt und genutzt werden. Im Folgenden werden die wichtigsten strategischen Prinzipien genauer beschrieben:

- der Produktlebenszyklus,
- Erfahrungskurveneffekte,
- Economies of Scale,
- Economies of Scope,
- der Zusammenhang zwischen ROI und Marktanteil,
- das Verhältnis zwischen Preis, Qualität und Kundennutzen sowie
- Plattformen, Netzwerkeffekte,
- „Long Tail".

3.1. Produktlebenszyklus

Jeder Markt entsteht zu einem gewissen Zeitpunkt neu. Danach entwickelt sich ein Markt gemäß folgender vier Phasen weiter:

- die Einführungsphase
- die Wachstumsphase
- die Reifungsphase
- die Niedergangsphase

Jede dieser Phasen ist durch Veränderungen in Nachfrage, Wettbewerb, strategischen Maßnahmen und Entscheidungen charakterisiert. Diese Veränderungen während des Produktlebenszyklus gelten für verschiedene Märkte, und das Verständnis bzw. das Voraussehen dieser Veränderungen ist für die strategische Planung und das Adaptieren von Strategien essentiell.

Um die Erkenntnisse des Produktlebenszyklus zu nutzen, ist zunächst die genaue Definition des Marktes oder des Produkts entscheidend. Das Verständnis von Lebenszykluseffekten gibt Einblicke in die verschiedenen coexistierenden Ebenen von Branche, Markt und Produktkategorie, die sich gegenseitig beeinflussen. Lebenszykluseffekte können der Entwicklung einer gesamten Branche, einer Produktkategorie oder eines spezifischen Produkts zugrunde liegen. Jeder dieser Lebenszyklen hat Auswirkungen auf die Strategien und Taktiken.

Beim Ziehen von Schlussfolgerungen ist es wichtig, die jeweilige Analyse-Ebene zu berücksichtigen. Ein Branchenlebenszyklus, wie beispielsweise in der Telekommunikationsbranche, ist wesentlich länger als ein Produktlebenszyklus, wie beispielsweise spezifische Generationen von Mobiltelefonen. Die Nachfrage nach einer spezifischen Generation von Mobiltelefonen hängt von spezifischeren Faktoren (z.B. Technologie, Preis,

Konkurrenz) ab, als die Nachfrage nach Telekommunikation allgemein, die eher vom generellen Bedürfnis nach Telekommunikation beeinflusst wird. Deshalb muss beachtet werden, dass nicht alle Produkte und auch nicht alle Branchen die letzte Phase des Niedergangs im Lebenszyklus erreichen. Während Branchen, wie beispielsweise die Bierbranche oder die Bekleidungsbranche im Reifestadium sind und der Markt für Bier weltweit stagniert, handelt es sich dabei eher um lange – vielleicht sogar ewige – Reifungsstadien als um wirkliche Niedergangsphasen. Im Gegensatz dazu haben Produktformen wie beispielsweise „Eisbier“ und Schlaghosen sehr spezielle Lebenszyklen („Modeerscheinungen“), die sehr schnell wachsen, reifen und dann wieder fast ganz verschwinden.

3.1.1. Charakteristiken der Phasen im Produktlebenszyklus

Jede einzelne Phase des Produktlebenszyklus unterscheidet sich durch eine Anzahl von wichtigen Charakteristiken, wie z.B. Wettbewerb, Sortiment, Kundenverhalten, Segmentkonfiguration, Distribution. Im Folgenden werden diese Charakteristiken beschrieben:

Wettbewerb und Produktsortiment

Ein neuer Markt entsteht meist mit einem einzigen Angebot – indem ein Anbieter eine einzige Version eines neuen Produkts auf den Markt bringt. Ist dieser Markt attraktiv, folgen weitere Konkurrenten dem ersten Unternehmen schnell nach. Wächst der Markt, bieten immer mehr Unternehmen unterschiedliche Alternativen des Produkts an. Da Kundengruppen in der Einführungs- und Wachstumsphase nicht sehr preissensibel sind – sie achten stärker auf den Nutzen der neuen Produkte –, sind die Gewinnmargen hoch, was neue Mitbewerber in den Markt lockt und Investitionen in zusätzliche Produktionskapazitäten steigen lässt, um die wachsende Nachfrage zu befriedigen.

Während der Wachstumsphase vergrößert jeder neue Mitbewerber das verfügbare Produktsortiment, um sich vom Wettbewerb zu differenzieren, und bietet eine immer größere Zahl von Produktvariationen an, was schnell zu einem Überfluss an Angebot führt. Dadurch intensiviert sich der Wettkampf um die Kundengruppen und die Distributionskanäle.

Mit zunehmender Marktdurchdringung wird das Wachstum geringer und die Märkte treten in eine Reifungsphase ein. Ein häufiges Problem dabei ist, dass die Prognosen diesen Wendepunkt oft nicht erfassen und die Produktionskapazitäten weiterhin ausgebaut werden – als ob der Markt noch weiterwachsen würde. Das verursacht Überkapazitäten. Je nach Art der Kapazitäten, ob sie z.B. für andere Bereiche verwendet werden können oder nicht, können Mitbewerber dazu veranlasst werden, ihre Preise zu senken, um die Produktionsmengen beibehalten zu können.

Diese Veränderungen im Wettbewerbsumfeld führen zu einigen vorhersagbaren Veränderungen der Profitabilität (siehe Abbildung 12).

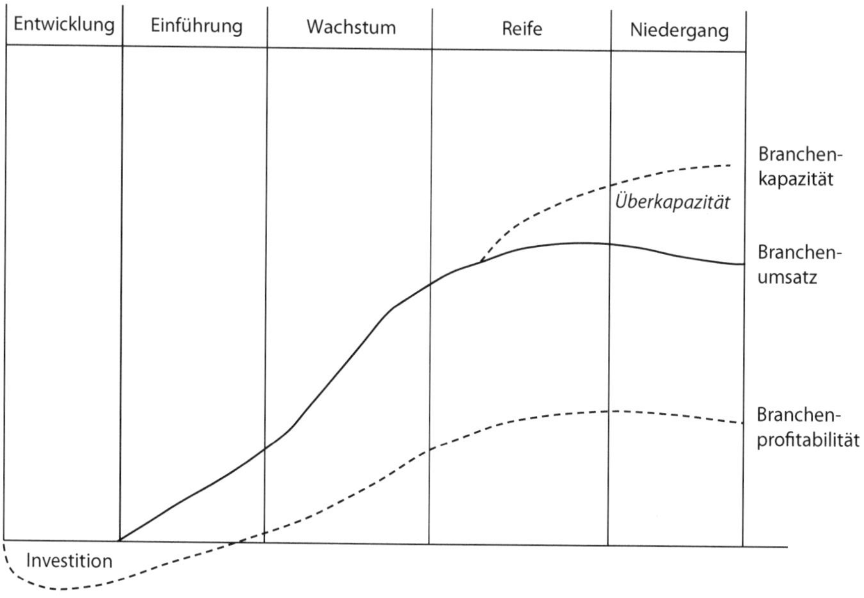

Abbildung 12: Der Produktlebenszyklus

In einem frühen Stadium des Produktlebenszyklus müssen Unternehmen investieren, um Produkte zu entwickeln und Märkte zu öffnen – diese Investitionen führen zu einer negativen Profitabilität in den frühen Phasen eines Marktes. Während der Wachstumsphase können Unternehmen Vorteile aus den geleisteten Investitionen ziehen und die Neuheit eines Produkts verspricht hohe Gewinnmargen und hohe Profite. Diese Profitabilität hält meist bis in die frühen Phasen des Reifestadiums an. Später in der Reifephase und in der Niedergangsphase, wenn die branchenweiten Kapazitäten ihren Höhepunkt erreichen und Kundengruppen einen bestimmten Nutzen erwarten (siehe Diskussion unten), werden die Margen geringer und ein Preiskampf verringert die Gewinne.

Kundenverhalten und Segmentkonfiguration

In fast allen Produktkategorien entstehen wichtige Veränderungen im Kaufverhalten, wenn sich der Markt weiterentwickelt. In Märkten mit wirklich neuen Produkten (radikale Innovationen) sind die anfänglichen Umsatzzuwächse ziemlich gering. Viele Kundengruppen warten ab und beobachten, wie andere Kundengruppen die Produkte verwenden. Der Großteil zieht es vor, andere zu „imitieren", anstatt innovativ zu sein. Die Durchdringungs- oder Verbreitungsrate wird aber höher, wenn mehr Kunden das Produkt verwenden und damit mehr Situationen schaffen, in denen andere diese bei der Verwendung des neuen Produkts beobachten können. Diese Wachstumsraten können exponentiell sein: wenn ein Konsument sein neues Produkt drei anderen zeigt und diese drei das neue Produkt kaufen und es wieder drei weiteren zeigen usw. Allerdings können Märkte nicht endlos wachsen und nicht alle Kundengruppen werden das neue Produkt kaufen. Deshalb dauern diese Perioden mit hohen Wachstumsraten nicht ewig, sie sind in manchen Fällen sogar relativ kurz.

Je weiter der Markt im Lebenszyklus voranschreitet, desto vertrauter werden Kundengruppen mit dem Produkt. Deshalb werden auch die Kundenanforderungen spezifischer. Kundengruppen, die anfangs mit einfachen Anforderungen zufrieden waren, verlangen mit der Zeit weitere und differenzierte Versionen des Produkts, die ihren spezifischen Anforderungen eher gerecht werden. Durch diese Veränderungen entstehen Segmente in vorher undifferenzierten Märkten. Was in früheren Stadien *ein* Markt war, wird in der Wachstumsphase des Produktlebenszyklus zu einem Markt mit mehreren verschiedenen Segmenten.

Ein weiterer Faktor, der sich während des Produktlebenszyklus auf einen Preiskampf auswirkt (genauso wie die Überkapazitäten, die bereits diskutiert wurden), ist, dass Eigenschaften eines Produkts, die anfangs als wirklich neu empfunden wurden und die Basis für die Differenzierung von anderen Produkten waren („Delighters“), mit der Zeit „alte Hüte“ werden. Diese Eigenschaften werden erwartet und werden zu so genannten „Must-have“-Attributen (siehe hierzu das Kano-Modell – siehe Abbildung 73). Wenn der Zeitpunkt erreicht ist, dass die Zusatzeigenschaften zu Basiseigenschaften werden, wird der Preis zur wichtigsten Variable für Kaufentscheidungen bei Kundinnen und Kunden. Deshalb wird auch der Preiskampf im Markt intensiver.

Diese Veränderungen im Markt und im Kundenverhalten haben auch Einfluss auf Investitionen in Forschung und Entwicklung und deren Erträge. Das Verhältnis zwischen Input und Output in Forschung und Entwicklung und der Neuproduktentwicklung wird durch eine S-Kurve repräsentiert – es handelt sich dabei um eine Funktion, die Input und Output in Beziehung stellt und bildet das Gesetz der abnehmenden Grenzerträge ab. Zu Beginn führen F&E-Bemühungen zu starken Verbesserungen der Technologie, in einem späteren Stadium, wenn die Technologie bereits fortgeschritten ist, wird es zunehmend aufwändiger, weitere Fortschritte zu erzielen.

Mit fortschreitender Zeit verändern sich auch die Präferenzen und Auswahlkriterien der Kundinnen und Kunden (siehe Abbildung 13). In frühen Stadien des Lebenszyklus fokussieren sich Kunden auf die Produktleistungen und die Kerneigenschaften (core benefits). Während der Wachstums- und speziell in der Reifungsphase werden zusätzliche Produkteigenschaften (peripheral attributes), wie beispielsweise Service, Komfort, Bequemlichkeit und Design, wichtiger. Am bedeutendsten ist aber, dass sich der Preis als wichtigstes Entscheidungskriterium herauskristallisiert. Dies ist besonders dann der Fall, wenn Produktalternativen die gleichen Attribute aufweisen. Produkteigenschaften verändern sich gemäß des Kano-Modells (siehe Abbildung 73) von Begeisterungsfaktoren (Attribute, die Kundenerwartungen übertreffen) zu Basisanforderungen (Attribute, die Kundengruppen erwarten, für selbstverständlich erachten und, wenn sie nicht erfüllt werden, zu Unzufriedenheit führen). Dieser Prozess, der im Englischen „**commoditization**“ genannt wird, kennzeichnet ein Wettbewerbsumfeld, in dem

(1) Produktdifferenzierung schwierig wird,
(2) Kundenloyalität und Markencommitment abnehmen,
(3) Wettbewerb hauptsächlich über den Preis stattfindet und
(4) Wettbewerbsvorteile hauptsächlich durch Kostenführerschaft erreicht werden.[29]

29 *Weil*, 1996.

Wenn Produkte in die Reifungsphase des Lebenszyklus kommen, wird „commoditization" sehr wahrscheinlich und Unternehmen nehmen diesen Prozess als Bedrohung wahr. Es gibt aber drei Wege, um diesen Prozess aufzuhalten:

(1) Innovation, wie beispielsweise neue Produkte mit schwer imitierbaren Eigenschaften auf den Markt zu bringen oder bestehende Produkte zu verbessern,
(2) Bündelung, wie beispielsweise Produkte mit differenzierten Zusatzservices auszustatten, die den Wert des Produkts erhöhen und Kunden motivieren, höhere Preise dafür zu bezahlen, und
(3) Segmentierung, wie beispielsweise Kundengruppen anzusprechen, die weniger preissensibel sind.[30]

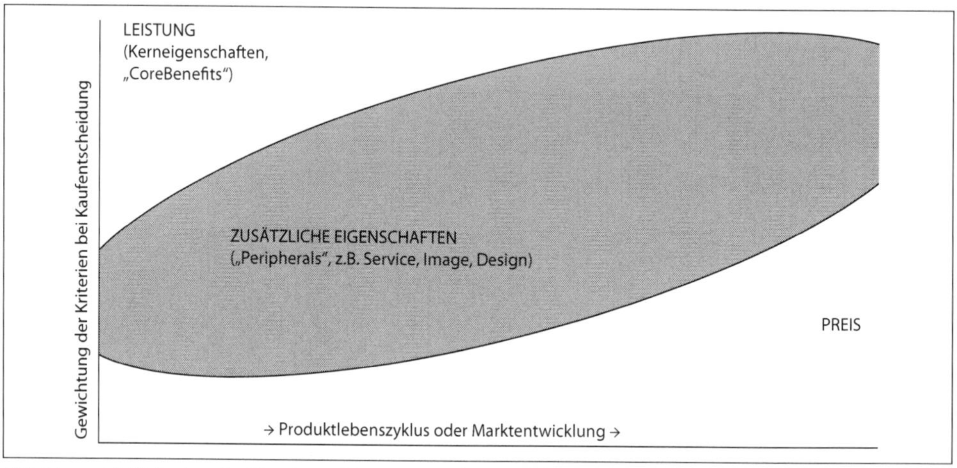

Abbildung 13: Kriterien der Kundenpräferenzen und Auswahl

Distributionskanäle

Mehr Platz in den traditionellen Distributionskanälen zu bekommen, ist auch für etablierte Marken oft eine Herausforderung. Für neue und bisher nicht eingesetzte Produkte kann das noch schwieriger sein, weil sie meist mehr Kundenservice und -beratung benötigen. Deshalb sind die Distributionskanäle ein weiteres Hindernis, speziell in der Entstehungsphase des Produktlebenszyklus. Meist werden deshalb neue Produkte durch spezielle Kanäle, wie beispielsweise enthusiastische Verkäufer, die eine sehr hohe Expertise bezüglich der Neuprodukte haben, auf den Markt gebracht. Diese spezielle Verkäufergruppe wirkt dabei oft als Meinungsmacher (opinion leader) in dieser Produktgruppe.

Wenn das neue Produkt schließlich akzeptiert wird, führt diese Akzeptanz kombiniert mit größeren Gewinnmargen während der Wachstumsphase des Marktes zur Akzeptanz des Neuprodukts durch die etablierten Distributionskanäle. Allerdings wächst mit dem Markt auch der Wettbewerb und jedes Konkurrenzunternehmen versucht, mit seinem Angebot möglichst viel „Platz in den Regalen" der etablierten Vertriebspartner zu bekommen.

30 *Quelch*, 2007.

In der Reifungsphase brauchen Kundengruppen in der Regel weniger Beratung, Service und Information. Deshalb fokussieren die Mitbewerber sich mehr auf den Preis und Massenanbieter mit geringem Service dominieren den Vertrieb. Auch Discounter, wie Wal-Mart, Aldi, Lidl, Tesco und Carrefour, werden immer wichtiger und beschleunigen den Trend, mit qualitativ hochwertigen Produkten die Masse anzusprechen („class-to-mass“ effect). In der Reifungs- und Niedergangsphase dominieren Billig- und Direktanbieter („e-tailers“) die Distribution.

	Einführung	**Wachstum**	**Reife**	**Niedergang**
Wettbewerb	Kein bis wenig	Wachsend; attraktiv für große Player	Intensiv	Konzentration und abnehmend
Branchenkapazität	Gering; Ausbau	Steigend	Überkapazität	Abnehmende Kapazität
Produkte	Ein bis wenige	Größere Auswahl und Variation	Zunahme	Abschwung/ Konsolidierung
Kunden/ Nutzen	Unbewusst, einfach	Anspruchsvoller, größere Homogenität	Preisbewusstsein	Hohes Preisbewusstsein
Kundensegmente	Innovatoren	Massenmarkt	Massenmarkt	Nachzügler
Kaufkriterien	Produkteigenschaften begeistern	Differenzierung durch neue Attribute, die begeistern; werden kopiert	Begeisterungsfaktoren werden selbstverständlich	„Commoditization“ der Produkteigenschaften, Differenzierung durch Zusatzeigenschaften möglich
Distributionskanäle	Limitiert und spezialisiert	Breitere Distribution	Massen-, Discount- und Direktvertrieb	Limitiert; Discount- und Direktvertrieb

Tabelle 2: Marktcharakteristiken während des Produktlebenszyklus[31]

Zusammenfassung zu Änderungen im Markt

Einige logische und zugrundeliegende Entwicklungen treiben die Weiterentwicklung des Marktes und des Produktlebenszyklus voran. Obwohl es keine einheitlichen Muster gibt, wie sich ein Markt entwickeln wird, können diese Annahmen doch Voraussagen treffen, was Unternehmen erwarten können/müssen, wenn ein Markt entsteht, wächst, reift und vielleicht sogar verschwindet (siehe Zusammenfassung in Tabelle 2).

31 Modifiziert nach *Grant*, 2016b.

Der Produktlebenszyklus formt eine S-Kurve, die zeigt, dass zu Beginn das Marktwachstum eher langsam ist, später aber der Markt stark wächst und schließlich langsam reift und sogar verschwindet, wenn Alternativen angeboten werden. Diese Veränderungen haben Auswirkungen auf die Strategie – Ausgestaltungen, die in einer Phase funktionieren, können in einer anderen Phase unwirksam oder kontraproduktiv sein. Wichtig ist, den Wendepunkt zwischen den Phasen zu erkennen.

3.1.2. Strategische Implikationen

Zu Beginn des Produktlebenszyklus ist Fokus wichtig, weil die Märkte klein und begrenzt sind. Um die Aufmerksamkeit der Kundengruppen zu steigern, muss oft ein breiter angelegtes Marketing-Programm etabliert werden, um Bekanntheit bei den Kundengruppen zu erreichen. Wenn der Markt wächst, können verschiedene Segmente identifiziert werden, die sich in der Reifephase weiter differenzieren können, weil Kundinnen und Kunden mit den Produkten vertrauter werden und sich unterschiedliche Bedürfnisse herauskristallisieren.

Bezogen auf die Wettbewerbsvorteile wird der Fokus anfangs auf Innovation gelegt und in der Wachstumsphase auf Differenzierung. Später ändert sich der Fokus der Innovation – anstelle von radikalen Innovationen treten inkrementelle Innovationen. Diese Innovationen beinhalten neue Eigenschaften, Adaptierungen von und Annäherungen an existierende Technologien. Diese strategischen Implikationen werden in Tabelle 3 zusammengefasst.

Strategiedimension	**Phase des Lebenszyklus**			
	Einführung	**Wachstum**	**Reife**	**Niedergang**
Fokus (Wer? Was? Wo?)	Zielgruppe sind Innovatoren und „Early-Adopters“.	Wachsende Segmente und größere Heterogenität; Möglichkeiten für Nischen- und Massenmarktstrategien	Möglichkeiten für Nischenstrategien, aber eingeschränkter; Massenmarkt dominiert	Konsolidierung; „profitable survivor“
Differenzierungsvorteil (Was? Warum?)	Basiseigenschaften Geschwindigkeit	Differenzierung: Kerneigenschaften	Differenzierung: Zusatzeigenschaften Preis	Preis
Innovation	Höchste; Basisforschung und radikale Innovation		Kontinuierliche Innovation; Inkrementeller Nutzen	Innovation, um Lebenszyklus zu verlängern, oder radikale Innovation

Tabelle 3: Strategien im Laufe des Produktlebenszyklus

Veränderungen im Markt aufgrund des Lebenszyklus und verschiedene Strategien haben auch taktische Implikationen (die in Tabelle 4 zusammengefasst werden).

	Einführung	Wachstum	Reife	Niedergang
Produkte	Limitiert	Sortiment erweitern, Differenzierung	Großes Sortiment, Service erweitern	Weniger; Technologie kann überwältigend sein und Kundenbedürfnisse verdecken.
Preis	Abschöpfung oder Durchdringung	Voll (Gewinne und Margen ausschöpfen)	Kompetitiver	Preiskampf/ Deal
Promotion	Informativ; eher auf Produktkategorie bezogen als auf spezielles Produkt oder Marke Persönliche Kommunikation (und Beobachtung), Public Relations wichtig	Differenzierung; Werbung und Promotions, um Marken und Produkte zu unterscheiden	Kompetitiv; Fokus auf Preisaktionen	Preis
Distribution	Limitiert; Fokus auf hohem Service und hohem Kundenkontakt (bekannt mit Produkt machen)	Ausdehnend	Am weitesten; Wechsel zu Discountern, wenig Service, wenig Kundenkontakt	Verschwindend; wenig bis kein Service

Tabelle 4: Taktiken in den Phasen des Lebenszyklus

3.1.3. Wendepunkte erkennen

Diese Beobachtungen bezüglich Entwicklungen in Märkten, Strategien und Taktiken während des Produktlebenszyklus sind wertlos, wenn Managerinnen und Manager nicht erkennen, in welchem Stadium sich der Produktlebenszyklus befindet und wie Veränderungen im Lebenszyklus antizipiert und vorbereitet werden können.

Das Erkennen der Einführungs- und Wachstumsphase ist leicht: Neue Technologien und Produkte kommen auf den Markt, die Berichterstattung der Medien darüber ist hoch, Umsatzzahlen beginnen langsam zu steigen und mehr Distributionskanäle stehen zur Verfügung.

Der Wandel von der Wachstums- zur Reifephase ist schwieriger, aber oft relevanter für die Strategieformulierung und den Unternehmenserfolg. Neben der Verringerung des Umsatzwachstums (die oft temporären Marktveränderungen und -schwankungen zugeschrieben wird), gibt es eine Reihe von Indikatoren für den Übergang zu dieser Phase:

(1) Ein Preiskampf beginnt aufgrund von Überkapazitäten und „commoditization".
(2) Kundengruppen wissen mehr über die Produkte („buyer sophistication") und benötigen weniger Service und Information.
(3) Substitute kommen auf den Markt und werden von Kundengruppen in Betracht gezogen.
(4) Es kommt zu einer Marktsättigung und geringeren Wachstumsmöglichkeiten durch weniger potenzielle Neukunden.
(5) Kundengruppen verlieren das Interesse bezüglich des Produkts und Medien berichten weniger darüber.[32]

Beispiel

Abbildung 14 stellt die **Lebenszyklen von Fernsehgeräten** dar. Anhand der Umsatz- bzw. Absatzverläufe der Röhren-Fernsehgeräte (CRT-Geräte), der Flatscreen-TVs und der Connected-TVs auf dem deutschen Markt lässt sich der Produktlebenszyklus beobachten. Im Jahre 2000 waren Flatscreens in der Markteinführungsphase und kamen Mitte des Jahrzehnts in die Wachstumsphase und ersetzten die Röhren-TV-Geräte. Ab etwa 2009 war eine Sättigung zu beobachten. Etwa 2009 begann der Lebenszyklus der Connected-TVs und trat bald in die Wachstumsphase ein. „Non-connected"-TVs sind seit etwa 2012 in der letzten Phase des Lebenszyklus.

Anhand dieses Beispiels lässt sich ein wesentliches Merkmal des Produktlebenszyklus beobachten: die Preisentwicklung. Kommt ein Produkt von der Wachstums- in die Reifephase, gehen Wachstumsraten zurück und der Wettbewerb wird intensiver. Folglich fallen die Preise. Das zeigt sich im Flatscreen-TV-Markt: Im Jahre 2005 lag der Durchschnittspreis für ein Flatscreen-Gerät noch bei 1.333 Euro und fiel mit zurückgehenden Wachstumsraten und ersten Sättigungserscheinungen auf 613 Euro im Jahre 2012 (siehe Abbildung 15).

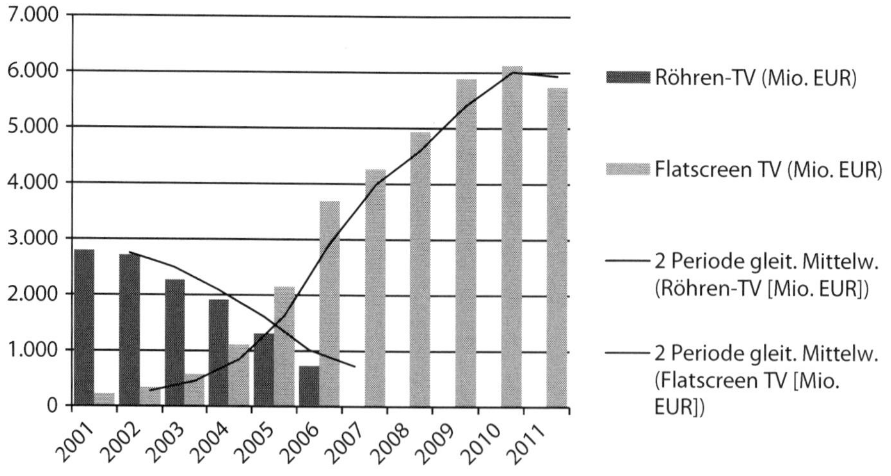

32 Modifiziert nach *Aaker*, 2008.

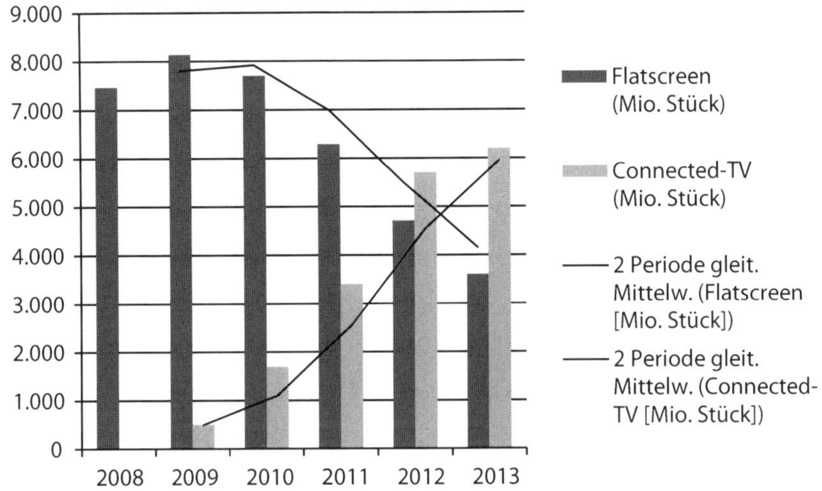

Abbildung 14: Produktlebenszyklen bei Fernsehgeräten (Quelle: Unterschiedliche Ausgaben der BITKOM-Studien „Die Zukunft der digitalen Consumer Electronics", Veröffentlichungen der GfK, ZVEI und EITO)

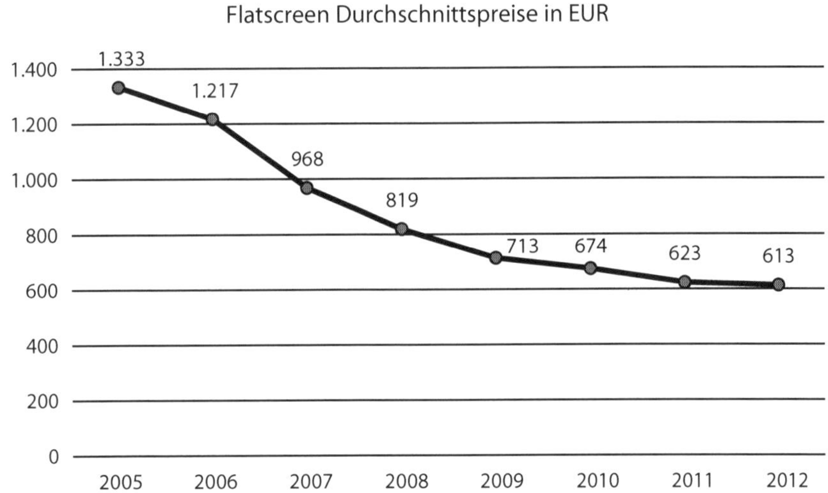

Abbildung 15: Preisentwicklung im Lebenszyklus von TV-Geräten (Quelle: Unterschiedliche Ausgaben der BITKOM-Studien „Die Zukunft der digitalen Consumer Electronics", Veröffentlichungen der GfK, ZVEI und EITO)

Mehrere Faktoren sind für das **Fallen der Preise entlang des Lebenszyklus** verantwortlich:

- Mit steigenden Verkaufszahlen sinken die Stückkosten aufgrund von Economies of Scale und Erfahrungskurveneffekten.
- Zunehmender Wettbewerb zwingt Unternehmen, die Preise zu senken.
- Während die ersten Kundengruppen zu Beginn des Lebenszyklus eine niedrige Preissensibilität haben, können die weniger preissensiblen Kunden nur durch Preissenkun-

gen gewonnen werden. Will ein Unternehmen in späteren Phasen des Lebenszyklus neue Kundenschichten gewinnen, müssen daher die Preise gesenkt werden.
- In der Reifephase sind kaum noch große Investitionen in Produktionserweiterungen, Markterschließung usw. zu tätigen. Auch sind F&E-Ausgaben geringer, da nur inkrementelle Innovation nötig sind. Daher fallen die Stückkosten.

3.2. Erfahrungskurve

„Any customer can have a car painted any color that he wants so long as it is black", sagte *Henry Ford* über seine „Tin Lizzie", das einflussreichste Auto des 20. Jahrhunderts - auch bekannt unter dem Namen Model T. Mit seinem Model T wollte *Henry Ford* ein Auto kreieren, das „... will be low in price that no man making a good salary will be unable to own one - and enjoy with his family the blessing of hours of pleasure in God's great open spaces". Durch die Standardisierung von Produkten und Kostenersparnisse durch Massenproduktion sanken die Preise von $ 850 bei Markteinführung 1909 auf $ 260 1924.[33] Wenn man sich die Preise und die kumulative Menge der produzierten Autos im Zeitablauf ansieht, bemerkt man eine interessante Beziehung: Jedes Mal, wenn der Output verdoppelt wurde, sank der Preis eines Autos um 15 Prozent (siehe Abbildung 16, Autopreise in Dollar).

Henry Ford nutzte dieses empirische Gesetz, um Preise zu senken und Gewinne abzuschöpfen. Das Consulting-Unternehmen BCG (Boston Consulting Group) nannte diesen Zusammenhang später „Erfahrungskurve". Nachdem es die Änderungen der Stückkosten in einer Vielzahl von Branchen, wie z.B. bei Flaschenverschlüssen, Kühlschränken und integrierte Schaltkreisen, beobachtete, verallgemeinerte BCG diese Regelmäßigkeiten der Kostenreduktion bei der Vervielfältigung des kumulativen Outputs im so genannten „**Gesetz der Erfahrung**": Die Stückkosten sinken jedes Mal um ca. 20 bis 30 Prozent, wenn sich die kumulierte Menge verdoppelt.[34]

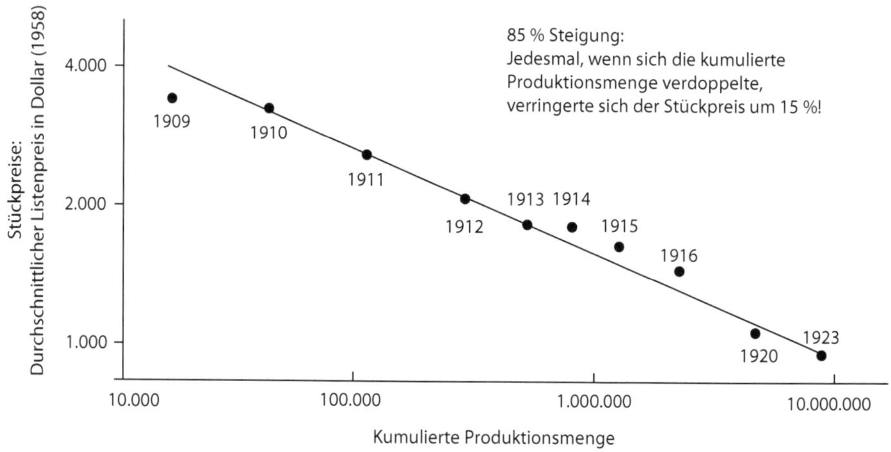

Abbildung 16: Preise des Model T, 1909–1923 (Quelle: Modifiziert nach *Abernathy* & *Wayne*, 1974)

33 http://en.wikipedia.org/wiki/Model_T, Zugriff: 28. Juli 2008.
34 *Henderson*, 1974.

Beispiel

Ein weiteres Beispiel für den Erfahrungskurveneffekt ist die **Photovoltaik(PV)-Technologie**. In den 1950er Jahren wurde die PV-Technologie, die unter dem Namen „Solarzellen" bekannt wurde, entwickelt, um die langfristige Energieversorgung für Satelliten zu sichern. Die PV-Module haben eine Reihe von Solarzellen, die direkt elektrischen Strom liefern.

Mit einer akkumulativ installierten Basis von 15 MWp (= Mega peak watt, wobei „peak watt" als Energie bei vollem Sonnenlicht auf Meereshöhe an einem klaren Tag definiert wird) im Jahr 1983 betrug die durchschnittliche Wachstumsrate 15 bis 16 Prozent. 1995 betrug die insgesamt installierte Kapazität 579 MW[35], was 0,2 Prozent der globalen Energiegewinnungskapazität entspricht, und knapp 600 Gigawatt im Jahre 2019.[36]

1976, zu Beginn der Kommerzialisierung, kostete ein Modul $ 106/Wp (in 2019er Preisen); 1986 waren es $ 10/Wp, 2010 ca. $ 2 und im Jahre 2019 nur noch 38 Cents (siehe Abbildung 17).

Wenn man nun die Erfahrungskurve auf die PV-Technologie anwendet, kann man sehen, dass die durchschnittliche Stückkostensenkung bei einer Verdoppelung der kumulierten Produktionsmenge 20,2 Prozent beträgt, d.h. dass die Erfahrungskurve ca. 80 Prozent ist.

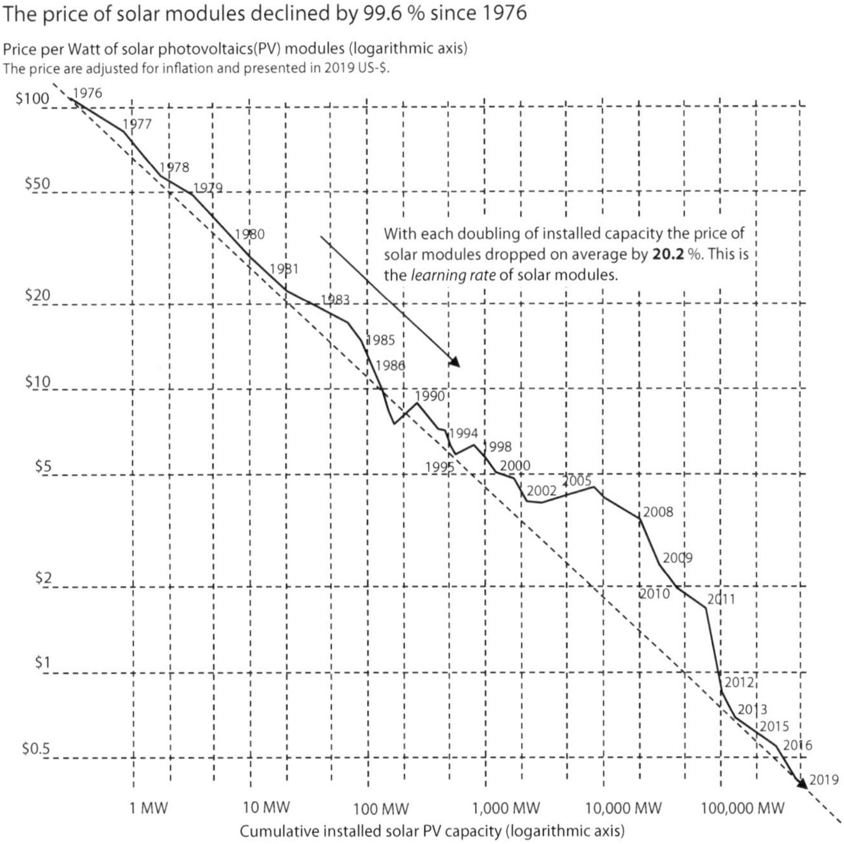

Abbildung 17: Erfahrungskurve der Photovoltaik-Technologie (Quelle: *M. Roser*, „Why did renewables become so cheap so fast? And what can we do to use this global opportunity for green growth?", Our World in Data, https://ourworldindata.org/cheap-renewables-growth, accessed December 22th 2020)

35 *Harmon*, 2000.

36 *Bellini*, 2020.

Abbildung 17 zeigt die Beziehung zwischen der kumulierten Produktionsmenge und den abnehmenden Stückkosten in einem doppelt-logarithmischen Diagramm als gerade Linie, welche eine 79,8-Prozent-Erfahrungskurve repräsentiert.

Die Erfahrungskurve ist von der Branche abhängig. Tabelle 5 zeigt einige Beispiele von Erfahrungskurven in verschiedenen Branchen.[37]

Branche	Erfahrungskurve
Mikroprozessoren	60 %
LCDs	60 %
Fluglinien	75 %
Computer (PCs)	77 %
DVD-Player/Recorder	78 %
Autos	81 %
Farbfernseher	83 %

Tabelle 5: Branchenabhängige Erfahrungskurven

Erfahrungskurveneffekte treten ein, wenn Kosteneinsparungen z.B. durch Lernen, technischen Fortschritt, Produkt- und Prozessverbesserungen, Spezialisierung oder Umgestaltung von Arbeitsprozessen erreicht werden. Derartige Kostenreduktionen können nicht automatisch realisiert werden. Vielmehr müssen bewusst alle Lern- und Verbesserungsmöglichkeiten genutzt werden.

Die Erfahrungskurve hat eine Vielzahl von wichtigen Implikationen:

- Wachstum ist in vielen Märkten keine Option. Wenn ein Unternehmen langsamer wächst als seine Mitbewerber, muss es Kostennachteile fürchten.
- Wenn Marktanteile sich über die Zeit nicht ändern, werden die Stückkosten der Mitbewerber gleich bleiben.
- Rentabilität hängt von den Erfahrungskurveneffekten ab, weshalb Unternehmen mit höherem Marktanteil höhere Return on Investments erwarten können.
- „first mover advantage“: Speziell in Branchen mit hohen Erfahrungskurveneffekten können Unternehmen, die zuerst am Markt sind, schnell hohe Marktanteile bekommen, Kostenvorteile generieren und Mitbewerber durch Preissenkungen entlang der Erfahrungskurve davon abhalten, in den Markt einzutreten.
- Stückkosten können vorhergesagt werden. Das ist wichtig für die Wettbewerbsstrategie eines Unternehmens (besonders bei einer Strategie der Kostenführerschaft) und essentiell für Preisentscheidungen.

Fortsetzung Beispiel

In unserem Beispiel gab es 2008 drei große und einen kleineren Produzenten von Solarzellen. Die Erfahrungskurve betrug 79,8 Prozent. Alle hatten Stückkosten von $ 10, als sie in die Branche mit einem Produktionsvolumen von 5 MW eintraten.

37 *Gottfredson* et al., 2008.

Mitbewerber	Kumulierte Produktionsmenge (MW)	Absatzvolumen 2008	Marktanteil (%)	Stückkosten	Marge @ Stückkosten $ 4.0
A	400	40	50	2.43	1.7
B	200	20	25	3.01	.99
C	100	10	12,5	3.77	.23
D	100	10	12,5	3.77	.23
	800	80			

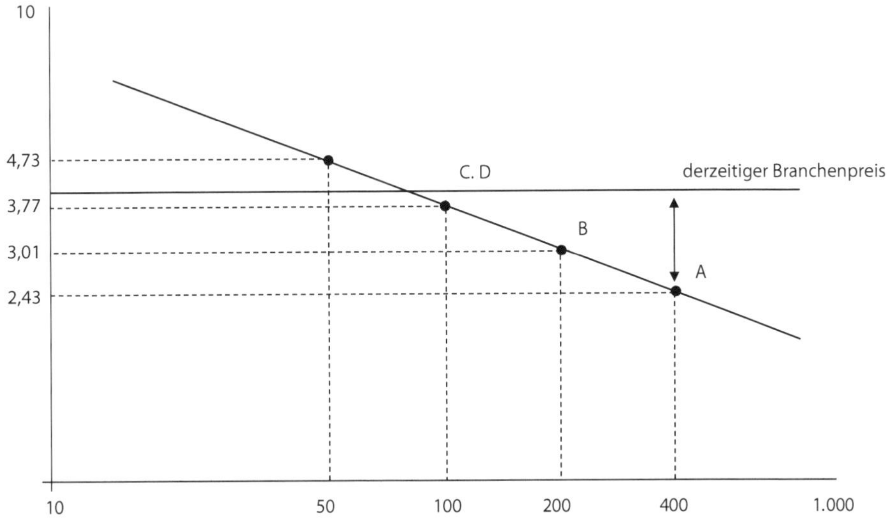

Abbildung 18: Erfahrungskurve und relative Kostenposition

Abbildung 18 zeigt die Erfahrungskurve und die relative Kostenposition jedes Mitbewerbers. Wenn man den aktuellen Branchenpreis nimmt, hat Mitbewerber A die höchste Marge. Strategisch könnte er entweder den Vorteil des größeren Return on Investments nutzen und in weitere Produkt- oder Prozessverbesserungen investieren, oder er könnte die Preise senken (z.B. auf $ 3,5). In diesem Fall würde er immer noch genug Geld verdienen und Marktanteile gewinnen. Die Mitbewerber C und D können keinen Gewinn mehr machen (da die Kosten der Produktion höher als der Verkaufspreis sind) und würden sich deshalb überlegen, aus dem Markt auszutreten. Wenn Mitbewerber A kontinuierlich die Preise reduziert (entlang der Erfahrungskurve), würde er weitere Mitbewerber davon abhalten, in den Markt einzutreten.

3.3. Economies of Scale

Als *Jack Welch* im April 1981 CEO von General Electric wurde, formulierte er sofort eine „eiserne Regel", die strikt befolgt wurde: „#1 or #2: fix, sell or close." Jede Geschäftseinheit musste Position eins oder zwei im jeweiligen Markt erreichen. War das nicht möglich, wurde sie verkauft. Konnte sie nicht verkauft werden, wurde sie geschlossen. Hinter dieser Regel steht ein einfaches, aber wichtiges Prinzip: Return on Investments hängen stark mit der Marktposition zusammen – oder in anderen Worten: Die Größe ist entscheidend.

Marktführer sind normalerweise effizienter als kleinere Unternehmen. Sie profitieren von Economies of Scale. Diese existieren, wenn für jedes Prozent, das das Produktionsvolumen wächst, die Produktionskosten um weniger als ein Prozent zunehmen und die Stückkosten dadurch sinken. Skalenerträge sind der Hauptgrund für Branchenkonzentrationen, sodass in Märkten wie z.B. der Automobilbranche, der Luftfahrt, der Pharmaindustrie oder der Telekommunikationsbranche die Dominanz weniger großer Unternehmen gegeben ist.

Die US Softdrink-Branche[38] ist ein gutes Beispiel für die Rolle von Economies of Scale. Die Produktion eines 60-Sekunden-TV-Spots kostet mehr als $ 5 Millionen. Coca Cola und Pepsi können diese Kosten auf ein größeres Verkaufsvolumen verteilen und bekommen Rabatte durch Verhandlungen mit den Werbeagenturen und Fernsehstationen. Deshalb belaufen sich die Kosten pro Stück auf unter 5 Cent, während sie für Schweppes ca. 20 Cent betragen (siehe Abbildung 19).

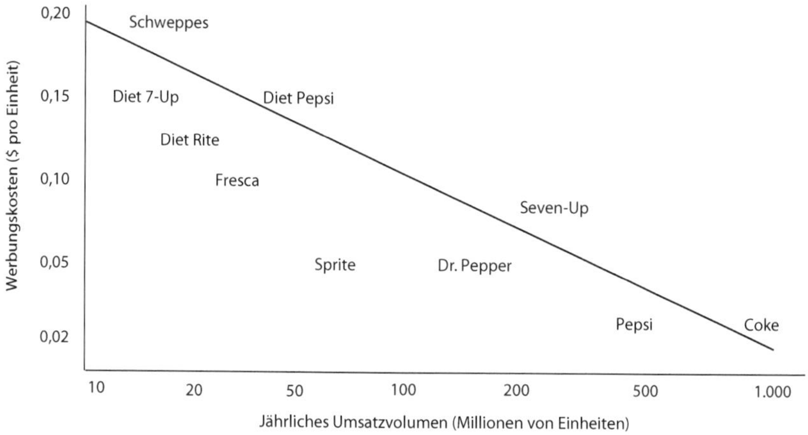

Abbildung 19: Economies of Scale in der Werbung: Die U.S. Softdrink-Branche (Quelle: *Grant*, 2016b)

Economies of Scale können auf verschiedenen Wegen realisiert werden:[39]

(1) **Fixkosten über ein großes Verkaufsvolumen verteilen**: Dies ist besonders in Branchen mit hohen Fixkosten wichtig, wie z.B. F&E-Kosten in der Pharmaindustrie, hohe Werbungskosten bei vielen Konsumgütern oder hohe Produktionskosten in der Automobilbranche. Die Entwicklung des größten Passagierflugzeugs der Welt, des Airbus A380, kostete ca. 12 Milliarden Euro. Es wurde geschätzt, dass Airbus 250 Flugzeuge verkaufen muss, um den Break-even-Point zu erreichen. Das würde 48 Millionen Euro Entwicklungskosten pro Einheit entsprechen. Wenn Airbus 500 A380 verkaufen könnte, würden die Entwicklungskosten pro Stück halbiert. Um von Economies of Scale zu profitieren, versuchen Unternehmen mit hohen Fixkosten, ihren Output zu maximieren, indem sie z.B. globale Märkte bedienen oder in sehr großen Marktsegmenten tätig sind.

38 *Grant*, 2008.
39 Siehe z.B. *Haberberg* & *Rieple*, 2008.

(2) **Einkaufsrabatte**: Eine weitere Quelle für Skalenerträge sind Rabatte, die Unternehmen aufgrund ihrer Größe und ihrer Verhandlungsmacht erreichen können. Supermarktketten, Fast-Food-Ketten, Automobilhersteller und viele andere große Unternehmen können ihre Lieferanten durch ihr großes Einkaufsvolumen unter Druck setzen,

(3) **Arbeitsspezialisierung**: Große Unternehmen können die Arbeit in kleinere Aufgaben aufteilen, um effizienter zu arbeiten. Wenn komplexe Arbeitsabläufe in kleine, wiederholbare Aufgaben heruntergebrochen werden können, die von spezialisierten Mitarbeiterinnen und Mitarbeitern mit spezieller Ausrüstung ausgeführt werden, entstehen Lerneffekte. Es können aber auch Zeitverluste durch das Umstellen von Arbeitsabläufen vermieden bzw. Automatisierung ermöglicht werden.
Dieses Prinzip wurde bereits von Adam Smith in seinem Buch „An Inquiry into the Nature and Causes of the Wealth of Nations" 1776 festgestellt. Er entdeckte, warum einige Nadel-Manufakturen produktiver waren als andere: „Ein Arbeiter, der noch niemals Stecknadeln gemacht hat und auch nicht dazu angelernt ist ..., so daß er auch mit den dazu eingesetzten Maschinen nicht vertraut ist ..., könnte, selbst wenn er sehr fleißig ist, täglich höchstens eine, sicherlich aber keine zwanzig Nadeln herstellen. Aber so, wie die Herstellung von Stecknadeln heute betrieben wird, ist sie nicht nur als Ganzes ein selbständiges Gewerbe. Sie zerfällt vielmehr in eine Reihe getrennter Arbeitsgänge, die zumeist zur fachlichen Spezialisierung geführt haben. Der eine Arbeiter zieht den Draht, der andere streckt ihn, ein dritter schneidet ihn, ein vierter spitzt ihn zu, ein fünfter schleift das obere Ende, damit der Kopf aufgesetzt werden kann. Auch die Herstellung des Kopfes erfordert zwei oder drei getrennte Arbeitsgänge. Das Ansetzen des Kopfes ist eine eigene Tätigkeit, ebenso das Weißglühen der Nadel, ja, selbst das Verpacken der Nadeln ist eine Arbeit für sich. Um eine Stecknadel anzufertigen, sind somit etwa 18 verschiedene Arbeitsgänge notwendig, die in einigen Fabriken jeweils verschiedene Arbeiter besorgen, während in anderen ein einzelner zwei oder drei davon ausführt. Ich selbst habe eine kleine Manufaktur dieser Art gesehen, in der nur 10 Leute beschäftigt waren, so daß einige von ihnen zwei bis drei solcher Arbeiten übernehmen mußten. ... [Sie konnten] zusammen am Tage doch etwa 12 Pfund Stecknadeln anfertigen, wenn sie sich einigermaßen anstrengten. Rechnet man für ein Pfund über 4000 Stecknadeln mittlerer Größe, so waren die 10 Arbeiter imstande, täglich etwa 48 000 Nadeln herzustellen, jeder also ungefähr 4800 Stück."[40]

(4) **Spezielle Maschinen und spezialisierte Technologie**: Große Unternehmen können sich teure Maschinen und Technologien leichter leisten, was über die Zeit zu sinkenden Kosten führt.

Economies of Scale sind vor allem dann im Wettbewerb bedeutsam, wenn Unternehmen standardisierte Produkte oder Dienstleistungen im Massenmarkt anbieten und eine Strategie der Kostenführerschaft verfolgen. Neue digitale Technologien wie 3D-Druck und das Internet der Dinge verändern allerdings die Spielregeln in manchen Branchen. Individualisierte Fertigung und Mass Customization werden dadurch ermöglicht. Nur

40 *Smith*, 1993.

wenn Kundengruppen niedrige Preise bevorzugen und standardisierte Produkte akzeptieren, werden Economies of Scale weiterhin eine bedeutende Rolle spielen. Präferieren Kundengruppen jedoch Einzellösungen und sind sie bereit, dafür etwas höhere Preise zu bezahlen, dann wird die Massenproduktion durch „Customization", ermöglicht durch neue digitale Technologien, ersetzt.

3D-Druck bietet allerdings kaum Kostenvorteile durch Economies of Scale. Betrachten wir das Beispiel einer Gummiente, wie es *Chris Anderson* in seinem Buch „Makers: The New Industrial Revolution" beschreibt: „If you want to make a million rubber duckies, you can't beat injection-molding. The first ducky may cost $10,000 in tooling for a mold, but every one after that amortizes the one-off cost. By the time you've made a million, they cost just pennies for the raw material. Make the same thing on a 3D-printer, on the other hand, and the first duck might cost just $ 20 in time and materials – a huge saving. But so, sadly, will the one-millionth – there is no volume discount ... For small batches, digital fabrication now wins. For big batches, the old analog way is still best."[41]

Dieser Zusammenhang ist in Abbildung 20 dargestellt. Economies of Scale werden erst realisiert, wenn große Mengen standardisierter Produkte hergestellt werden. 3D-Druck bietet keine Economies of Scale, dafür ermöglicht diese Technologie aber die Herstellung von individualisierbaren Einzelstücken.

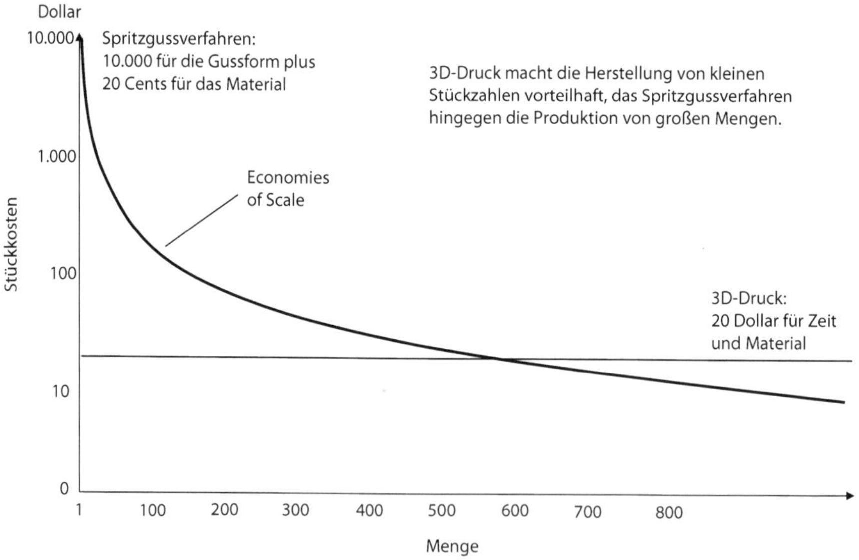

Abbildung 20: Economies of Scale versus Einzelfertigung mit 3D-Druck (Quelle: *Anderson*, 2012)

Wenn Unternehmen oder Produktionsstätten das optimale Produktionsvolumen allerdings überschreiten, können Kosten aufgrund von **Diseconomies of Scale** (siehe Abbildung 21) entstehen. Die Hauptgründe dafür sind:[42]

41 *Anderson*, 2012, p. 87.
42 *Barney* & *Hesterly*, 2006.

- **Physikalische Grenzen:** Wenn das Produktionsvolumen die Kapazitäten übersteigt, werden zusätzliche Investitionen benötigt. Durch diese zusätzlichen Fixkosten steigen auch die Stückkosten. Zu hohe Nutzung der Kapazitäten kann darüber hinaus zu Maschinenstillstand führen, da zu wenig Zeit für präventive Reparatur- und Erhaltungsmaßnahmen bleibt.
- **Unwirtschaftliches Management:** Größe kann die Komplexität und Bürokratie erhöhen, was zu einem ineffizienten Management des Unternehmens führen kann.
- **Demotivation der Belegschaft:** In großen Unternehmen kann es aufgrund der eingeschränkten Tätigkeiten der einzelnen Mitarbeiterinnen und Mitarbeiter sowie der zunehmenden Spezialisierung zu Absonderung und begrenzter Kommunikation kommen. Dies kann zu Demotivation führen.
- **Distanz zum Markt:** Schließlich können Diseconomies of Scale auch durch die physische Distanz großer, zentralisierter Unternehmen zum Markt entstehen, da sich die Transportkosten erhöhen, nur ein eingeschränkter direkter Kontakt zu den Kundengruppen möglich ist usw.

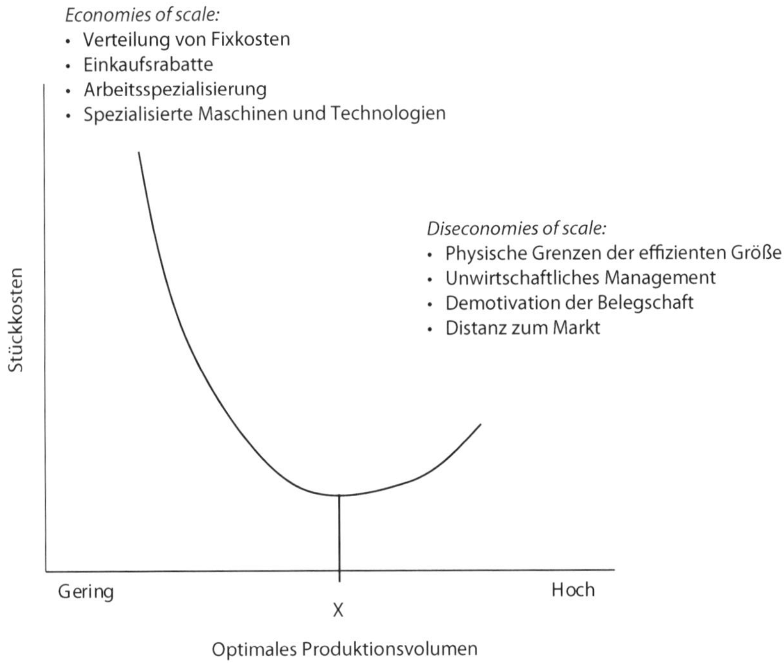

Abbildung 21: Economies und Diseconomies of Scale

3.4. Economies of Scope

Während Größe Economies of Scale mit sich bringt, ist Diversifikation mit Economies of Scope verbunden. Economies of Scope treten dann auf, wenn die Kostenersparnis durch das gemeinsame Nutzen von Ressourcen möglich ist.[43] Economies of Scope sind

43 *Grant*, 2008.

eine Form von „Synergie" (aus dem Griechischen mit der Bedeutung „zusammenarbeiten"), die eine Situation darstellt, in der das Ergebnis eines Systems größer ist als die Summe seiner Teile. Es gibt sechs verschiedene Formen von **Synergien**:[44]

- **Gemeinsam genutzte tangible Ressourcen**: Stückkosten können gesenkt werden, wenn tangible Ressourcen, wie z.B. Produktionsstätten, Transportsysteme und Informationssysteme, für eine Vielzahl von Produkten genutzt werden. Der deutsche Automobilhersteller Volkswagen konnte beispielsweise seine Produktionskosten für den SUV Touareg um 30 Prozent reduzieren, indem er Ressourcen, wie z.B. Produktionsequipment und F&E-Einrichtungen, auch für den Porsche SUV Cayenne verwendete. Volkswagen hat für seine Flotte von Elektroautos den Modularen E-Antriebs-Baukasten (MEB) entwickelt, eine Plattform, die das Fundament für kostengünstige Elektromobilität im Massenmarkt legen wird. Diese Plattform wird von Volkswagen, Audi, SEAT und Skoda verwendet. Bis 2022 sollen 27 Modelle basierend auf dieser Plattform auf den Markt kommen und so sollen enorme Economies of Scope genutzt werden.[45]
- **Gemeinsam genutzte intangible Ressourcen**: Intangible Ressourcen sind Ressourcen, die ihrer Natur nach keine physischen Eigenschaften haben. Dazu gehören z.B. Marken, Wissen oder spezifische Fähigkeiten. Kommen diese in mehreren unterschiedlichen Produkten zur Anwendung, können sie beträchtliche Synergieeffekte und damit Kostenvorteile verursachen. Als Fujifilm beispielsweise feststellen musste, dass der Umsatz mit Filmen für Kleinbildkameras dramatisch zurückging, nutzte das Unternehmen seine Technologien, um Hautpflegeprodukte herzustellen. Das Unternehmen erkannte, dass der gleiche Prozess, der zur Vergilbung von Fotos führte, die menschliche Haut vor dem Altern schützen kann. Fuji nutzte sein Wissen über Antioxidantien und Nanotechnologie, um eine ganze Serie von Hautpflegeprodukten zu entwickeln und unter dem Markennamen Astalift erfolgreich zu vermarkten.[46]
- **Gebündelte Verhandlungsmacht**: Indem Einkäufe verschiedener Geschäftseinheiten gebündelt werden, kann das Unternehmen von großen Rabatten und Kostenersparnissen durch gemeinsamen Transport und gemeinsame Logistik profitieren.
- **Koordinierte Strategien**: Unternehmen mit unterschiedlichen Geschäftseinheiten können ihre Markteintrittsstrategien, Produktentwicklung, Preisstrategien usw. koordinieren und somit von Cross-selling (Verkauf von weiteren Produktgruppen an dieselbe Käufergruppe) profitieren. Der erhöhte Aufwand durch isolierte Strategieentwicklung kann so vermieden werden.
- **Vertikale Integration**: Unternehmen mit vertikaler Integration können von einem schnelleren Fluss von Produkten durch die Lieferkette, von reduzierten Lagerkosten und von verbessertem Marktzugang profitieren.
- **Entstehung von neuen Geschäftsideen**: Diversifizierte Unternehmen können das Know-how und die Technologie ihrer Geschäftseinheiten kombinieren und damit neue Produkte und Geschäftsfelder schaffen.

---

44 *Goold* & *Campbell*, 1998.

45 https://www.volkswagenag.com/en/group/fleet-customer/facts_and_figures/MEB.html, Zugriff: 29. Dezember 2020.

46 https://www.fujifilm.com/innovation/achievements/skincare/, Zugriff: 29. Dezember 2020.

Die Existenz von Economies of Scope ist ein Grund für Mergers und Akquisitionen. In der Praxis zeigt sich allerdings, dass es schwierig ist, Effekte von Economies of Scope zu realisieren. In den meisten Fällen tendieren Unternehmen dazu, die Effekte und das Potenzial von Economies of Scope zu überschätzen.[47]

3.5. Return on Investment und Marktanteil

Mehrere empirische Studien haben gezeigt, dass ein hoher Marktanteil mit Kostenvorteilen und Profitabilität einhergeht, weshalb Effekte durch hohe Marktanteile in die strategische Planung miteinbezogen werden.

Marktanteil und Kostenvorteile

Eine Vergrößerung des Marktanteils bedeutet mehr als nur die Vergrößerung der Umsatzzahlen. Weil der Marktanteil eine Verhältniszahl ist (er wird in Prozent des Gesamtmarktes ausgedrückt und zeigt damit den Erfolg eines Unternehmens im Vergleich zu seinen Konkurrenten), sollte eine Vergrößerung auch zu Wettbewerbsvorteilen führen. Ein Unternehmen mit einem hohen Marktanteil ist per definitionem groß, weshalb sich Größeneffekte wie Skalenerträge (Economies of Scale), Lernkurveneffekte und damit Kostenvorteile ergeben.

Marktanteil und Gewinn

Unternehmen mit geringeren Kosten können für ihre Produkte geringere Preise verlangen (und damit ihren Absatz weiter steigern und in der Folge ihren Marktanteil erhöhen) oder höhere Gewinnmargen erzielen, wenn sie die Preise nicht senken. Erfahrungskurveneffekte bringen oft zusätzliche Verlässlichkeit und Qualität. Mit anderen Worten kann ein Unternehmen durch die vergrößerte Produktionsmenge Fehler vermeiden und die Standardisierung der Produkte erhöhen. Dieser Zusammenhang zwischen Marktanteil und Profitabilität wird in Abbildung 22 gezeigt.

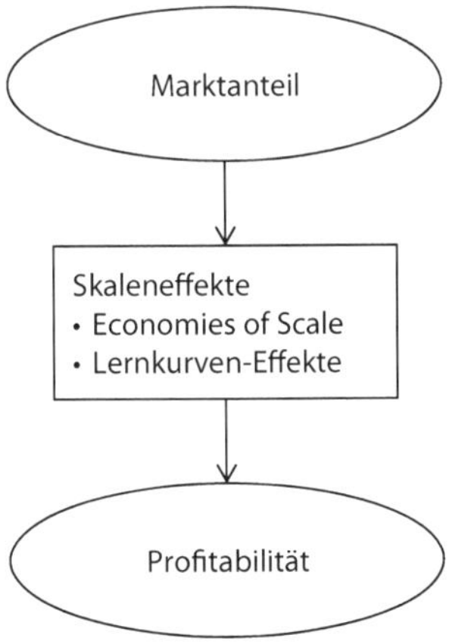

Abbildung 22: Marktanteil und Profitabilität

47 *Goold* & *Campbell*, 1998.

Deshalb führt ein höherer Marktanteil zu besseren Ergebnissen und damit zu Wettbewerbsvorteilen. Viele Unternehmen sehen die Vergrößerung ihres Marktanteils als oberstes Ziel an. Empirische Forschung hat nachgewiesen, dass die Beziehung Marktanteil und Profitabilität tatsächlich besteht – Firmen mit hohem Marktanteil sind tatsächlich profitabler. Im Folgenden werden wichtige Erkenntnisse zu Marktanteilseffekten und daraus abgeleiteten Strategie-Implikationen beschrieben.

Ein hoher Marktanteil bringt einige Vorteile mit sich (z.B. Economies of Scale, Erfahrungskurveneffekte, Markteintrittsbarriere, Einfluss, um Marktregeln zu verändern). Diese Vorteile können auch zu finanziellem Erfolg führen. Allerdings kann die gänzliche Ausrichtung auf den Marktanteil auch negative Folgen haben. Deshalb muss sorgfältig geprüft werden, wie sich Marktanteil-Ziele auf die Performance auswirken. Der Marktanteil kann auch dadurch generiert werden, dass Produkte zu geringen Preisen verkauft werden, keine Gewinnmargen erzielt werden und/oder die Produktqualität verringert wird. Ein höherer Marktanteil entpuppt sich dann als Pyrrhus-Sieg.

3.6. Preis, Qualität und Kundennutzen

Kundennutzen wird definiert als Differenz zwischen Vorteilen, die Kundengruppen durch ein Produkt bekommen, und den Kosten, die für den Erwerb und die Konsumierung des Produkts entstehen. Er ist also die Balance zwischen Preis und Qualität.[48] Diese Bewertung durch die Kundengruppen ist subjektiver Natur. Allerdings sind Kenntnisse über den Kundennutzen wichtig, um das Konsumentenverhalten zu verstehen. Manche Kundengruppen sind bereit, mehr Geld für etwas mehr Qualität zu bezahlen. Andere suchen nach billigeren Alternativen und akzeptieren niedrigere Qualität. Diese Zusammenhänge und die damit verbundenen Kaufentscheidungen können in einer „Value Map“ oder der „Fair Frontier“ abgebildet werden (siehe Abbildung 23).

Angebote, die sich unterhalb der Gleichgewichtsgeraden befinden, gewinnen Marktanteile, weil sie attraktiver für Kunden sind. Angebote, die über der Gleichgewichtsgeraden liegen, verlieren Marktanteile, weil sie unattraktiv sind. Die Steigung dieser Geraden repräsentiert die Preiselastizität – d.h. wie viel Kundengruppen bereit sind zu bezahlen, wenn sie etwas mehr Leistung bekommen. Je nach Branche oder Produktkategorie und Kundensegment ist die Steigung dieser Geraden flacher (Qualitätsverbesserungen rechtfertigen nur geringe Preissteigerungen) oder steiler (Qualitätsverbesserungen führen zu großen Preissteigerungen).

48 *Gale*, 1994; *Woodruff*, 1997; *Zeithaml*, 1988.

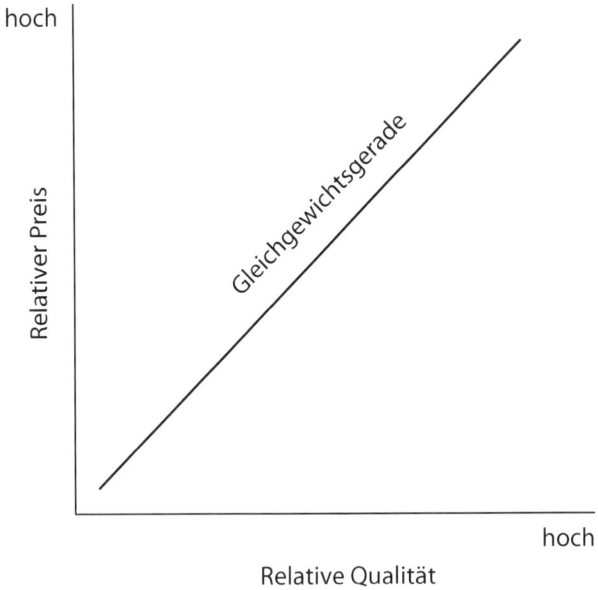

Abbildung 23: Die Value Map (Quelle: *Gale*, 1994)

Um derartige „Value Maps" zu erstellen, die auch für die interne Analyse hilfreich sind, kann die so genannte „Customer-Value-Analyse" (siehe 6.2.4) durchgeführt werden. Die „Value Map" zeigt, welches Preis-Leistungs-Verhältnis ein Produkt oder ein Service den Kundengruppen bietet. Diese Analyse ist für das Management wichtig, weil der Kundennutzen den Marktanteil und die Rentabilität direkt beeinflusst und dementsprechend Strategien daraus abgeleitet werden können.

Es wurden ausführliche Studien durchgeführt, um den Einfluss von Kundennutzen auf den Marktanteil und die Rentabilität mithilfe der PIMS-Datenbank (profit impact of market strategies), die Daten über mehr als 3.000 Geschäftseinheiten von ca. 200 Unternehmen beinhaltet, zu ermitteln.[49] Um diesen Einfluss von Kundennutzen auf den Unternehmenserfolg zu analysieren, entwickelten *Buzzell* und *Gale*[50] eine zweidimensionale Matrix und positionierten jede strategische Geschäftseinheit gemäß der Ausprägung der Dimensionen „relativer Preis" (Preis verglichen mit dem der Mitbewerber) und „relative Qualität" (Qualität verglichen mit der der Mitbewerber).

Danach betrachteten sie die durchschnittliche Rentabilität (Return on Investment vor Zinsen und Steuern) der einzelnen Geschäftseinheiten in den vier Quadranten der Matrix (siehe Abbildung 24). Die Gleichgewichtsgerade in der Abbildung zeigt, wo die Qualität und der Preis im Gleichgewicht sind, d.h. wo für Kundinnen und Kunden ein ausgewogenes Preis-Leistungs-Verhältnis besteht. Ein Produkt, das auf der linken Seite der Gleichgewichtsgerade liegt, liefert den Kundengruppen einen geringen Kundennutzen, da die

49 *Buzzell* & *Gale*, 1987.
50 *Buzzell* & *Gale*, 1987.

Qualität zu teuer angeboten wird oder für den Preis zu wenig Qualität geboten wird. Jedes Produkt, das hier positioniert ist, trägt zum Verlust von Marktanteilen und damit zu einer geringeren Rentabilität bei. Ein Produkt, das auf der rechten Seite der Gleichgewichtsgerade liegt, bringt einen hohen Kundennutzen, gewinnt Marktanteile und liefert eine höhere Rentabilität. Deshalb können vier **Strategien** aus dieser **Customer Value Map** abgeleitet werden.

(1) **Höherer Kundennutzen.** Diese Strategie ist eine Kombination aus Michael E. Porters Kostenführerschaft und Differenzierungsstrategie (siehe 6.2.3). Das Produkt ist nicht nur besser (hohe Qualität, besseres Markenimage, besserer Service usw.), sondern wird auch unter dem Preis der Mitbewerber angeboten. Es ist ziemlich schwierig, diese Position zu erreichen, weil sie gleichzeitig einen Kosten- und Differenzierungsvorteil benötigt. Wenn aber ein Unternehmen dies erreicht, kann es mit einem starken Anstieg des Marktanteils und daraus folgend einer höheren Rentabilität rechnen. Durchschnittlich beträgt der ROI (vor Zinsen und Steuern) 29 Prozent.

(2) **Premium-Strategie.** Diese Strategie ähnelt der Differenzierungsstrategie. Ein Unternehmen benötigt für die Premium-Strategie Möglichkeiten zur Differenzierung des Produkts bezüglich Qualität, Innovation, Service, Markenimage usw. sowie Kundengruppen, die gewillt sind, einen höheren Preis für ein besseres Produkt zu bezahlen. Diese Produkte liefern durchschnittlich einen ROI von 30 Prozent und können den Marktanteil leicht erhöhen.

(3) **Economy-Strategie.** Unternehmen, die ihre Produkte hier positionieren, konkurrieren auf der Preisebene. Sie verwenden eine Kostenführerschafts-Strategie. Obwohl die Qualität im Bezug zum Preis ausgeglichen ist, bietet diese Strategie nur einen durchschnittlichen ROI von 18 Prozent. Der Grund dafür ist einfach. In dieser Position spielt der Preis eine dominante Rolle und Preiskämpfe sind eine ständige Bedrohung für die Rentabilität. Wenn ein Unternehmen mehr Marktanteile erhalten will, muss es normalerweise den Preis senken. Andere Mitbewerber werden diesem Beispiel sofort folgen. Studien zeigten allerdings, dass sich langfristig gesehen die Marktanteile nicht verändern, weil die Mitbewerber die Preise sofort reduzieren, um den Verlust der Marktanteile wieder wettzumachen.

(4) **Geringer Kundennutzen.** Produkte, die in diesem Quadranten liegen, können nicht zum Unternehmenserfolg beitragen, außer das Unternehmen ist ein Monopolist, die Kundengruppen können nicht zu einem anderen Anbieter wechseln oder der Markt ist so wenig transparent, dass die Kunden nicht über Alternativen Bescheid wissen. Diese Position ist normalerweise am schlechtesten für den Marktanteil und die Rentabilität. Ein Verlust von Marktanteilen und ein durchschnittlicher ROI von 14 Prozent sind die Folgen dieser Positionierung.

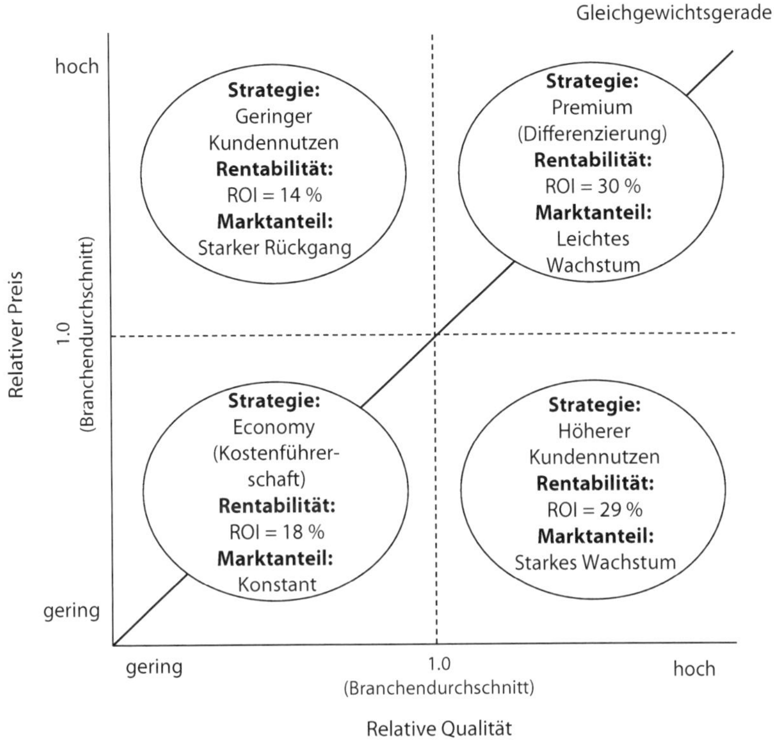

Abbildung 24: Die Customer Value Map (Quelle: modifiziert nach *Buzzell* & *Gale*, 1987; *Gale*, 1994)

Die Customer-Value-Analyse zur Erstellung der Customer Value Map wird systematisch in neun Schritten durchgeführt und reicht von der Definition der Zielmärkte und Konkurrenten über die Identifikation und Bewertung der Leistungs-/Qualitätsmerkmale und der Preissensibilität der Kundengruppen bis hin zur Value Map, aus der dann Strategien abgeleitet werden. Mehr dazu finden Sie in Kapitel 6.2.4.

3.7. Plattformen und Netzwerkeffekte

In der digitalen Ökonomie spielt das Geschäftsmodell der Plattformunternehmen eine zunehmend wichtige Rolle. Plattformen stellen die Infrastruktur zur Verfügung, über die Produzenten und Konsumentengruppen (oder Konsumentengruppen und andere Konsumentengruppen) miteinander interagieren können. Amazon Marketplace, Alibaba, Sonys PlayStation, SAP, Booking.com, Uber, Facebook usw. sind Beispiele für solche Plattformen. Sie unterscheiden sich hinsichtlich ihrer Grundprinzipien deutlich von anderen Geschäftsmodellen.[51]

„Pipeline"-Geschäftsmodelle waren über Jahrzehnte das dominierende Geschäftsmodell in den allermeisten Branchen. Sie haben durch das Management mehrerer Stufen einer

51 *Van Alstyne, Parker* & *Choudary*, 2016b.

Wertschöpfungskette Wettbewerbsvorteile geschaffen und so Wert generiert. In der Plattformökonomie hingegen sehen wir andere Treiber der Wertschöpfung. Diese Treiber sind dafür verantwortlich, dass wir in der Regel pro Branche nur ein paar wenige, dafür aber mächtige und dominierende Plattformen sehen.[52] Plattformwachstum und Dominanz entstehen durch Netzwerkeffekte, Skaleneffekt (Economies of Scale), Lerneffekte und Lock-in-Effekte (siehe Abbildung 25).

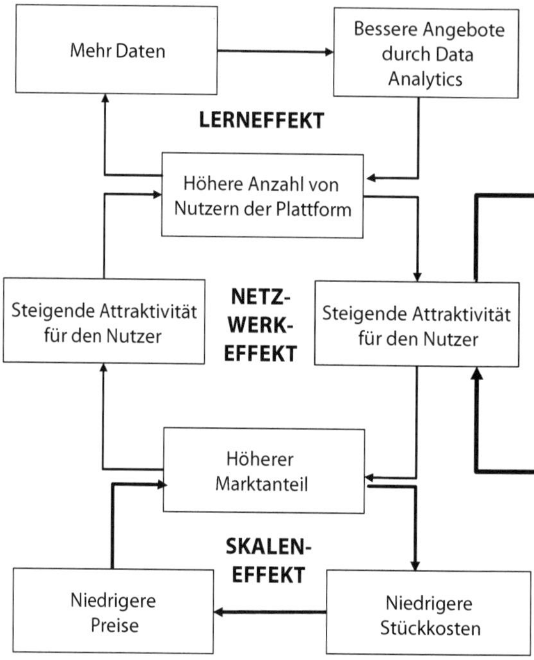

Abbildung 25: Plattformökonomie. (Quelle: in Anlehnung an *Schreiber* & *Clement*, 2016)

Netzwerkeffekt

Von einem Netzwerkeffekt spricht man, wenn der Wert eines Angebots für Kundengruppen mit der Anzahl der Nutzerinnen und Nutzer steigt. Direkte Netzwerkeffekte treten auf, wenn die Größe des Netzwerks einen direkten Einfluss auf den Nutzen des Verwenders hat, indirekte Netzwerke entstehen bei komplementären Gütern (z.B. Smartphones und Apps).

Von einseitigen Netzwerken spricht man, wenn auf beiden Seiten einer Plattform die gleiche Art von Nutzern miteinander interagiert. Soziale Netzwerke wie LinkedIn, Instagram, Facebook, WhatsApp und Signal sind Beispiele für solche Netzwerke. Zwei- oder mehrseitige Netzwerke beschreiben Plattformen, die unterschiedliche Arten von Nutzern verbinden. Beispiele dafür sind Amazon Marketplace (Anbieter und Käufer), Uber (Taxifahrer und Kunden), Airbnb (Vermieter und Mieter) usw.

52 *Matzler, Bailom, Friedrich von den Eichen* & *Anschober*, 2016.

In beiden Fällen (ein- und mehrseitige Netzwerke) hängt der Nutzen für Einzelne von der Anzahl der Nutzerinnen und Nutzer der Plattform ab. Je mehr Kunden Uber beispielsweise hat, umso attraktiver wird Uber für die Fahrerseite. Je mehr Fahrer sich auf der Plattform befinden und ihre Dienste anbieten, umso besser wird der Service und umso attraktiver wird Uber für weitere Kunden. Solche Effekte tauchen auch bei Plattformprodukten auf (indirekte Netzwerkeffekte). Videospielkonsolen (z.B. Sonys PlayStation) oder Betriebssysteme für Smartphones werden für Spiele- und App-Entwickler umso interessanter, je mehr Kunden sie haben. Je mehr Spiele und Apps sie anbieten, umso attraktiver werden diese Plattformen wiederum für die Kundenseite.

Skaleneffekte

Mit zunehmender Größe genießen Plattformen Economies of Scale und damit fallende Stückkosten. Plattformen müssen zu Beginn oft beträchtliche Investitionen in die Technologie tätigen. Da die Grenzkosten für jeden zusätzlichen Kunden meist niedrig sind, führt Größe zu deutlichen Kostenvorteilen. Economies of Scale führen zu Kostenvorteilen, Kostenvorteile führen zu niedrigeren Preisen, niedrigere Preise führen zu mehr Wachstum, Wachstum zu Economies of Scale usw. Daher lässt sich auch bei den Skaleneffekten ein Netzwerkeffekt beobachten.

Lerneffekte

Plattformen profitieren auch von Lerneffekten. Dies gilt vor allem für digitale Plattformen, die enorme Datenmengen der Nutzer und deren Verhalten speichern. Durch die Nutzung von Maschinenlernen und von Algorithmen können die Prozesse und Dienste kontinuierlich verbessert werden. Verbesserte Dienste und Prozesse machen die Plattform attraktiver für Kundengruppen, durch mehr Kunden werden mehr Daten gesammelt und mit mehr Daten können wiederum Dienste und Prozesse durch Data Analytics verbessert werden.

Damit entsteht auch hier ein Netzwerkeffekt. Bei Uber Eats zum Beispiel entwickeln Data Scientists Lösungen für Problemstellungen wie „personalized search and recommendation for restaurants and dishes, travel and food preparation time prediction, text mining and natural language processing, demand and supply forecasting, growth and spend optimization, dynamic pricing, dispatch and routing optimization“.[53] Auf der Basis großer Datenmengen werden Algorithmen entwickelt, die die Dienste von Uber Eats verbessern. Dadurch werden mehr Kundengruppen und damit mehr Daten gewonnen, die wiederum zu besseren Algorithmen und in der Folge zu besseren Diensten führen.

Lock-in-Effekte

Netzwerkeffekte, Kostenvorteile durch Größenersparnisse und verbesserte Dienste durch Datenanalytik können deutliche Loyalitätssteigerungen auf der Kundenseite (durch höhere Kundenzufriedenheit) und höhere Wechselbarrieren (da Kunden Vorteile verlieren oder einen bedeutenden Aufwand für den Anbieterwechsel erfahren würden) er-

53 https://www.uber.com/us/en/careers/teams/data-science/, Zugriff: 29. Dezember 2020.

zeugen. Daher steigt mit der Nutzungsrate der Kundengruppen in der Regel auch die Loyalität und die Wiederkaufsrate. So können erhebliche Lock-in-Effekte entstehen. Diese führen wiederum zu höheren Erlösen pro Kunde und verstärken damit den gesamten Netzwerkeffekt der Plattform.

Amazon, Alibaba, Google, Airbnb etc. sind Beispiele für sehr erfolgreiche Plattformen. Es gibt aber auch genügend Versuche, eine Plattform zu lancieren, die gescheitert sind. Für die Entwicklung von Plattformen gibt es daher einige Erfolgsfaktoren, die zu berücksichtigen sind:[54]

(1) **The Winner takes all.** Die hier beschriebenen Netzwerkeffekte von Plattformen machen deutlich, dass Größe entscheidend ist. Je mehr User eine Plattform hat, umso attraktiver wird sie für andere Usergruppen. Das führt zu starken Konzentrationen und Monopolbildungen. In den meisten Märkten dominieren ein oder zwei Plattformen die gesamte Branche. Schnelles Wachstum und das Erreichen einer kritischen Größe sind daher entscheidende Erfolgsfaktoren.

(2) **First Mover Advantage.** Das Winner-takes-all-Phänomen erklärt die Bedeutung des First Mover Advantage. Allerdings ist es nicht immer die erste Plattform, die den Wettbewerb gewinnt, vielmehr ist es die erste Plattform, der es erfolgreich gelingt, zu skalieren. Das Schaffen eines eindeutigen Mehrwerts für die Kundengruppen und ausreichende Investitionen in das Wachstum sind daher sehr wichtig.

(3) **Henne-Ei-Problem.** Eine Plattform ist nur dann erfolgreich, wenn sie ausreichende Nutzer auf beiden Seiten anzieht und eine kritische Masse erzeugen kann. Hier besteht ein Henne-Ei-Problem. Ausreichend Kunden werden nur dann angesprochen, wenn ausreichend Anbieter da sind. Anbieter gehen allerdings nur dann auf eine Plattform, wenn es dort ausreichend Kundinnen und Kunden gibt. Daher ist es oft nötig, eine der beiden Seiten der Plattform zu subventionieren. Paypal hat dazu eine kostspielige, aber sehr erfolgreiche Taktik benutzt. Jeder neue Nutzer bekam 10 Dollar auf sein Konto und 10 Dollar für jede erfolgreiche Weiterempfehlung. Dadurch erreichte man Wachstumsraten von sieben bis zehn Prozent pro Tag.

(4) **Offenheit.** Der Erfolg einer Plattform hängt davon ab, wieviel Nutzen sie den Kundengruppen bietet und wie schnell sie wächst. Daher sind Offenheit hinsichtlich Zugang (wer auf die Plattform zugelassen ist) und Governance (was Nutzer auf der Plattform tun dürfen) wichtige Entscheidungen. Wenn die Plattform zu geschlossen ist, wird sie nicht ausreichend Nutzer anziehen. Ist die Plattform zu offen, kann es passieren, dass Fehlverhalten der Nutzer und schlechte Qualität die Plattform schädigen. Das passierte zum Beispiel der Plattform MySpace, die einst ein großes soziales Netzwerk war: „When garish advertising, spam, and pornography became the norm, users began to abandon the platform in droves."[55] Apple in den 1980er Jahren hingegen war ein Beispiel für eine zu geschlossene Plattform. Microsoft hingegen öffnete sein System für Drittentwickler und lizensierte es an viele Computerhersteller. Dadurch erreichte Microsoft eine Flut an Innovationen und rasches Wachstum.

---

54 *Van Alstyne, Parker* & *Choudary*, 2016.

55 *Geoffrey G. Parker*, https://mitsloan.mit.edu/ideas-made-to-matter/return-platforms-and-how-to-not-fail-building-one.

Erst in den 2000er Jahren entschloss sich Apple, das Betriebssystem für seine iPhones Drittentwicklern zugänglich zu machen, und konnte sich so einen großen Marktanteil sichern.[56]

Plattformen stellen ein Geschäftsmodell dar, das in der digitalen Ökonomie zunehmen an Bedeutung gewinnt. Aufgrund von Netzwerkeffekten, Skaleneffekten, Lerneffekten und Lock-in-Effekten entwickeln sich zahlreiche Plattformen zu Monopolen. Plattformen ändern die Wettbewerbsregeln und ein erfolgreiches Management erfordert andere Strategien. Das Erreichen einer kritischen Größe, der First Mover Advantage, das Lösen des „Henne-Ei-Problems" und das Management der Offenheit zählen zu den zentralen Erfolgsfaktoren.

3.8. Der „Long Tail"

Das Pareto-Prinzip, allgemein bekannt als die 80/20-Regel, beschreibt ein sehr weit verbreitetes Phänomen der Umsatzkonzentration. In vielen Märkten und in vielen Unternehmen lässt sich beobachten, dass 20 Prozent der Produkte 80 Prozent des Umsatzes ausmachen. Mit anderen Worten werden viele Märkte durch Topseller dominiert. Eine relative kleine Anzahl von Bestseller-Autorinnen und -autoren erzielen den Löwenanteil an Buchverkäufen, die Top 40 der Musikcharts „Billboard" machen einen Löwenanteil der von Radiosendern gespielten Musik und der Musikverkäufe aus und eine geringe Anzahl von Blockbuster Filmen sind für einen Großteil der Ticketverkäufe in Kinos verantwortlich.[57]

Durch das Internet ändert sich allerdings dieses Prinzip der Umsatzkonzentration und es lässt sich bei einigen Produkten und Anbietern beobachten, dass der Umsatzanteil von Bestsellerprodukten zurückgeht und dass Nischenprodukte einen zunehmenden Anteil am Gesamtumsatz ausmachen: Es findet eine Verlagerung vom „Short Tail" zum „Long Tail" statt. *Brynolfsson* und seine Co-Autoren[58] konnten empirisch zeigen, dass Produkte, die über Internetkanäle verkauft werden, eine deutlich geringere Umsatzkonzentration haben als Produkte, die über den stationären Handel vertrieben werden. Internethändler wie Amazon konnten beobachten, dass für viele Produkte wie Bücher, Musik, Konsumprodukte, Bekleidung usw. auch mit einer geringen Anzahl von Produkten pro Artikelnummer insgesamt hohe Volumina und Profite generiert werden können.

Der „Long Tail" hat wesentlich zum Wachstum von Plattformen wie Amazon, iTunes oder Netflix beigetragen und er beschreibt ein Geschäftsmodell, in dem Unternehmen hohe Umsätze und Gewinne mit dem Verkauf einzelner Nischenprodukte machen – im Gegensatz zum „Short Tail"-Geschäftsmodell, bei dem hohe Volumina von wenigen Bestseller-Produkten für den Erfolg verantwortlich sind. Dies wird in Abbildung 26 dargestellt.

56 *Parker, Van Alstyne & Choudary*, 2016.
57 *Brynjolfsson, Hu & Simester*, 2011.
58 *Brynjolfsson, Hu & Smith*, 2003.

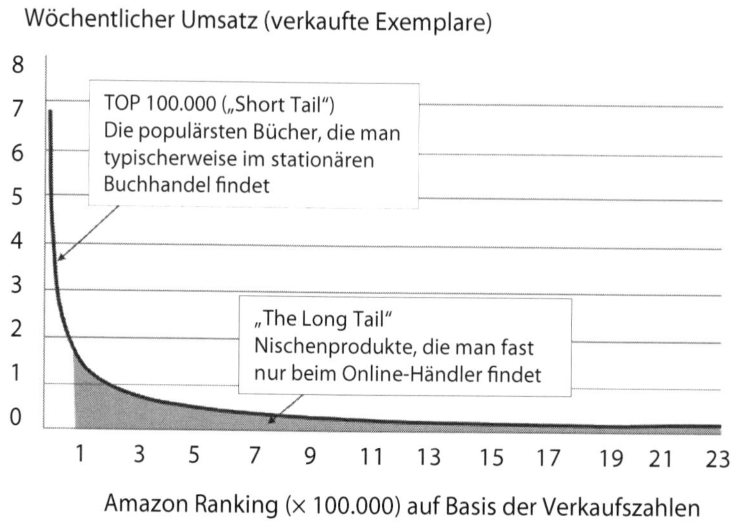

Abbildung 26: Der „Long Tail“ am Beispiel des Buchhandels (Quelle: adaptiert nach *Brynjolfsson, Hu* & *Smith*, 2006)

Für die Verlagerung hin zum „Long Tail“ im Internethandel gibt es zwei Erklärungen. Erstens ist es für einen Internethändler leichter, eine große Auswahl an Produkten im Lager zu halten als für den stationären Handel. Ein durchschnittlicher stationärer Buchhändler hat zwischen 40.000 und 100.000 unterschiedliche Buchtitel in den Regalen und ist durch Platz, Lagerhaltungskosten, Logistikkosten usw. stark eingeschränkt.[59] Es lohnt sich ganz einfach nicht, Nischenprodukte zu führen, die nur sehr selten nachgefragt werden. Zentralisierte Lager und Drop Shipping Agreements (Händler haben die zu verkaufenden Produkte nicht im eigenen Lager) ermöglichen es dem Internethändler hingegen, Millionen von Buchtiteln anzubieten.

Zweitens ist es für Kundinnen und Kunden von Internethändlern viel leichter, Nischenprodukte zu suchen und zu finden. Viele Internetanbieter haben Algorithmen entwickelt, mit denen sie die Kaufhistorie der Kundengruppen analysieren und individualisierte Kaufempfehlungen machen können.[60] Wenn es für Hersteller ökonomisch uninteressant ist, kleine Nischenmärkte zu bedienen, die schwer zu identifizieren und schwer zu erreichen sind, werden nur Massenprodukte ihren Weg in die Regale der Händler finden. Mit dem Internethandel jedoch ändert sich das. Das Produktportfolio der Internethändler wird breiter und spricht auch die spezifischsten Bedürfnisse kleinster Marktsegmente an. Das ermöglicht es auch kleinen Nischenherstellern und Künstlern, ihre Angebote einem breiteren Publikum zugänglich zu machen.

In seinem Buch „The Long Tail“[61] beschreibt *Chris Anderson* ein paar wichtige strategische Implikationen aus diesen Beobachtungen:

---

59 *Brynjolfsson, Hu* & *Smith*, 2006.
60 *Brynjolfsson, Hu* & *Simester*, 2011.
61 *Anderson*, 2007.

- In den meisten Märkten gibt es mehr Nischenprodukte als Bestsellerprodukte. Der Anteil der Nischenprodukte wächst, da neue digitale Technologien Produktionskosten und Markteintrittsbarrieren für kleine Unternehmen und Startups senken.
- Digitale Distributionskanäle reduzieren die Kosten, diese Segmente zu finden und erreichen. Das führt zu einer starken Erhöhung der Angebotsvielfalt.
- Einfach nur mehr Vielfalt anzubieten, reicht aber nicht aus. Es sind gute Algorithmen nötig, die Angebot und Nachfrage zusammenbringen. Mehr Vielfalt kann Konsumenten überfordern, wenn es keine einfachen und bequemen Möglichkeiten gibt, aus dem großen Angebot das Richtige für sich selbst zu finden.
- Gibt es aber einmal eine große Angebotsvielfalt und effektive Matching-Algorithmen (z.B. Kaufempfehlungen), flacht die Nachfragekurve und die Umsatzkonzentration ab (siehe Abbildung 27).
- Zusammen genommen können dann die Nischenmärkte gleich groß wie die Bestsellermärkte werden.

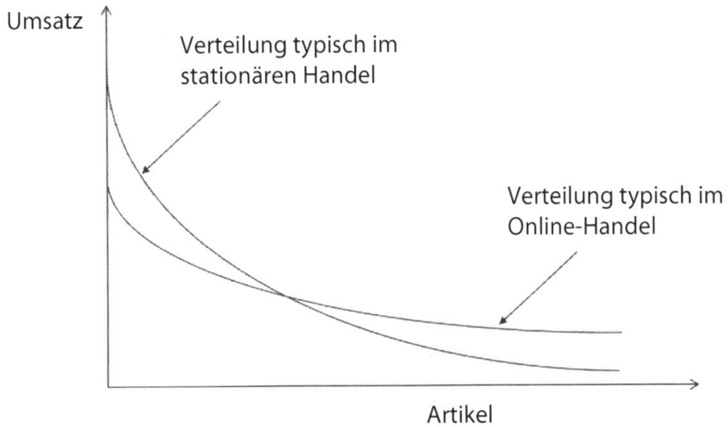

Abbildung 27: Das Potenzgesetz des stationären Handels und des Internethandels

Während nach dem „Long Tail"-Phänomen die Umsatzkonzentration reduziert wird und mehr Angebotsvielfalt zu beobachten sein sollte, gibt es auch Hinweise für einen **„Superstar"-Effekt**, d.h. eine Verteilung der Konzentration, die Superstars zugutekommt und einem „Winner takes all"-Phänomen ähnelt. Diesen Effekt findet man vor allem auf Plattformen, die Algorithmen auf Basis der Kaufhistorie der Kunden und Kaufmuster von ähnlichen Konsumentengruppen („Kunden, die dieses Produkte gekauft haben, interessieren sich auch für …") für ihre Kaufempfehlungen verwenden (z.B. Spotify, YouTube, Vevo Videos).[62] Das führt zu einem sich selbstverstärkenden Prozess: Je populärer ein Produkt ist, umso häufiger wird es empfohlen.

62 *Coelho & Mendes*, 2019.

4. Strategische Analyse

Nachdem die allgemeine Richtung des Unternehmens klar ist (Vision) und strategische Prinzipien in Entscheidungen mit einfließen können, ist der nächste Schritt des Prozesses des strategischen Managements die strategische Analyse. Diese Analyse gliedert sich in eine externe und eine interne Analyse.

Zur externen Analyse zählen die Marktdefinition, die Analyse des externen Umfelds sowie die Branchen- und Konkurrenzanalyse. Die interne Analyse umfasst die Stärken/Schwächen-Analyse, die Analyse der Kernkompetenzen und dynamischen Fähigkeiten, die SWOT-Analyse sowie die Szenario-Analyse und den Trendradar. Diese Schritte werden im Folgenden detailliert beschrieben und hilfreiche Methoden zur Durchführung aufgezeigt.

4.1. Marktdefinition

Während laut einigen Statistiken Red Bull – das österreichische Unternehmen, das 1984 den Markt für Energy Drinks entwickelt hat – einen Marktanteil von etwa 50 Prozent hält, zeigen andere Studien, dass der Marktanteil des Unternehmens nur ein Bruchteil davon ist. Wer hat also recht? Die Antwort ist: jeder. Die Größe des Marktanteils ist abhängig von der Definition des Marktes. Im Energy-Drink-Markt ist Red Bull der klare Marktführer (50 Prozent Marktanteil). Im funktionalen Getränkemarkt, der auch Sportdrinks, probiotische Getränke usw. beinhaltet, hat Red Bull einen deutlich niedrigeren Marktanteil und im Soft-Drink-Markt, wo das Unternehmen mit Mineralwasser, Cola, Säften usw. konkurriert, hat das Unternehmen nur einen geringen Marktanteil.

Was ist also die korrekte Definition eines Marktes? Diese Frage ist ziemlich wichtig, weil sie viele Implikationen für Strategien und deren Formulierung hat. Sie zeigt nämlich, wer die Mitbewerber im Markt sind, welche potenziellen Substitutionsprodukte es gibt und welche Position ein Produkt im Produktportfolio gemessen am relativen Marktanteil hat.

Wenn ein Markt zu eng definiert wird, hat das Produkt nur wenige Mitbewerber und einen hohen Marktanteil. So kann das Unternehmen aber leicht weitere Mitbewerber und mögliche Substitute (z.B. Sportgetränke, funktionale Getränke im Fall des Energy Drinks) übersehen. Wenn der Markt zu breit definiert wird, kann die dadurch entstehende Komplexität Entscheidungsprozesse erschweren, statt sie zu vereinfachen, da zu viele irrelevante Mitbewerber und Substitutionsprodukte in Betracht gezogen werden müssen.[63]

Eine Möglichkeit, den Markt zu definieren und die Konkurrenz zu identifizieren, ist die Untersuchung der Muster der Substitutionsprodukte.[64] Dies kann einerseits von der Nachfrageseite, andererseits von der Angebotsseite geschehen. Die Perspektive der Nachfrageseite analysiert, welche Substitute von den Kundinnen und Kunden bei ihrer Kaufentscheidung in Betracht gezogen werden, weil sie dieselben Funktionen erfüllen. Die Perspektive der Angebotsseite versucht, alle Mitbewerber zu finden, die die Bedürfnisse der Kundengruppen erfüllen können.

63 *Lehmann* & *Winer*, 2008.
64 *Lehmann* & *Winer*, 2008.

4.1.1. Kundendefinierte Märkte

Bei der Definition eines Marktes müssen zwei wichtige Prämissen einbezogen werden:[65] (1) Kunden versuchen, ihre Bedürfnisse zu befriedigen. Die spezifischen Produkte, die bei einer Kaufentscheidung berücksichtigt werden müssen, repräsentieren die Bedürfnisse, die befriedigt werden sollen. (2) Kunden ziehen verschiedene Alternativen in der Kaufsituation in Betracht und diese Alternativen definieren den Markt. Deshalb hängt es davon ab, was Kunden als Alternative sehen und mit welchen Substitutionsprodukten sie ihre Bedürfnisse auch befriedigen können.

Die Ersetzbarkeit ist allerdings keine absolute Größe. Es gibt verschiedene Ebenen der Substituierbarkeit, die mit unterschiedlichen Ebenen der sogenannten Produkthierarchie angesprochen werden. Diese Ebenen der Substituierbarkeit definieren die **fünf Ebenen des Wettbewerbs** (siehe Tabelle 6):

(1) **Produktvarianten:** Varianten einer Produktkategorie können durch individuelle Produkteigenschaften (z.B. Verpackungsgröße, Farbe, Geschmack) unterschieden werden, die einem bestimmten Zweck dienen und im gleichen Marktsegment zu finden sind. Ein Beispiel hierfür ist der Markt oder das Segment, in dem die Kundengruppen Energy Drinks mit wenigen Kalorien suchen. Deshalb wird die Wettbewerbsarena von allen Unternehmen bestimmt, die kalorienarme Energy Drinks anbieten.

(2) **Produkttypen:** Sie inkludieren alle Varianten eines Produkts, die dieselben Eigenschaften haben, sich aber durch individuelle Eigenschaften unterscheiden. Dieser Markt besteht also aus allen Energy Drinks, die die Kundengruppe ansprechen, die nach Energy Drinks suchen, um sich einen Energieschub zu geben.

(3) **Produktkategorie:** Sie besteht aus einer Gruppe von Produkten mit ähnlichen Eigenschaften und mit derselben funktionalen Kohärenz. Energy Drinks gehören zur Kategorie der funktionalen Getränke. Sie alle dienen ähnlichen Bedürfnissen und zeigen eine ähnliche funktionale Kohärenz auf. Auf dieser Ebene besteht der Markt aus allen Getränken, die die physische oder mentale Leistungsfähigkeit erhöhen.

(4) **Generischer Wettbewerb:** betrifft Produktkategorien, die die gleichen generischen Bedürfnisse erfüllen: Das generische Bedürfnis ist die Erhöhung der körperlichen oder geistigen Leistungsfähigkeit. Das kann durch funktionale Getränke, aber auch durch funktionale Speisen oder Nahrungsergänzungsmittel erfüllt werden. Deshalb besteht auf dieser generischen Ebene der Markt aus allen funktionalen Nahrungsmitteln.

(5) **Budgetwettbewerb:** Auf der fünften Ebene werden alle Produkte und Services zusammengefasst, die um die gleiche Kundengruppe wetteifern. Kundinnen und Kunden, die eine spezifische Menge Geld zur Verfügung haben, könnten diese für funktionale Lebensmittel, Sauna & Spa, Meditation usw. ausgeben. Diese Produkte und Dienstleistungen müssen nicht zwangsläufig das gleiche generische Bedürfnis (funktionale Ernährung) ansprechen, sondern gehen eine Ebene weiter nach oben, z.B. Gesundheit und Wellness.

65 *Lehmann* & *Winer*, 2008.

Ebene des Wettbewerbs (Substitution)	Beschreibung	Markt	Beispiel
Produkt-varianten	Varianten sind Elemente innerhalb eines Produkttyps, die sich durch individuelle Charakteristiken unterscheiden lassen (z.B. Größe, Preis, Geschmack), ein spezifisches Bedürfnis erfüllen und das gleiche Marktsegment ansprechen.	Kunden, die einen Energy Drink mit wenig Kalorien möchten	Kalorien-arme Energy Drinks
Produkttyp	Produktvarianten innerhalb einer Produktkategorie, die die gleichen Kerneigenschaften haben, aber unterschiedliche Attribute aufweisen	Kunden, die einen Energy Drink für einen Energieschub möchten	Energy Drinks
Produkt-kategorie	Eine Produktgruppe mit ähnlichen Eigenschaften, die eine funktionale Kohärenz haben (normalerweise wird so die Branche aus der Managementperspektive gesehen)	Kunden, die ein funktionales Getränk möchten, um ihre physische und mentale Leistung zu steigern	Funktionale Getränke
Generischer Wettbewerb	Produktkategorien, die ein generisches Bedürfnis erfüllen	Kunden, die mit Hilfe von Nahrungsmitteln versuchen, ihre physische und mentale Leistung zu steigern	Funktionale Nahrungs-mittel
Budget-wettbewerb	Produkte oder Dienstleistungen, die um das gleiche Budget konkurrieren	Kunden, die ihre Gesundheit und ihr Wohlgefühl verbessern wollen	Gesundheit und Well-ness

Tabelle 6: Fünf Ebenen des Wettbewerbs

Abbildung 28 und Abbildung 29 illustrieren, wie der Markt für Red Bull definiert werden kann. Abhängig von dem Kernnutzen, der von der Kundengruppe gesucht wird (z.B. Erfrischung oder Energieschub), können unterschiedliche Arenen des Wettbewerbs identifiziert werden. Auf der Produktkategorie-Ebene (Soft Drinks) steht Red Bull mit Colas, Säften usw. im Wettbewerb, wenn der Kunde Erfrischungsgetränke sucht. Auf der generischen Bedürfnis-Ebene sind die Konkurrenten von Red Bull Anbieter von Produkten, die über die Produktkategorie hinausgehen (wie z.B. Bier, Milchshakes). Auf der Ebene, auf der um das Budget der Kunden gewetteifert wird, konkurriert Red Bull um das gleiche Geld, das der Kunde vielleicht lieber für ein Candlelight-Dinner, einen Kinofilm oder Ähnliches ausgibt. Deshalb kann auf dieser Ebene der Wettbewerb von Nahrungsmittelherstellern und Unterhaltungsunternehmen geführt werden.

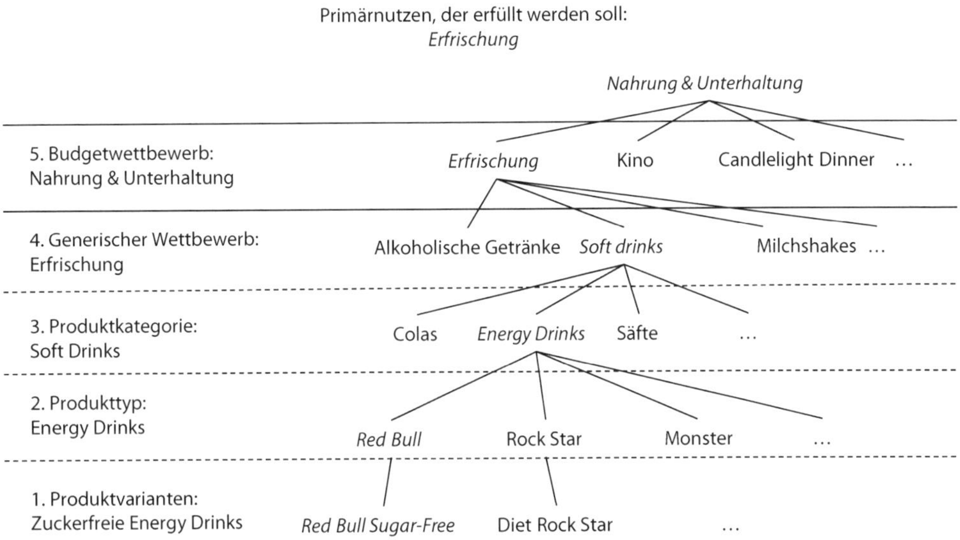

Abbildung 28: Marktdefinition für Energy Drinks (Nutzen Erfrischung)

Wenn das Primärziel ist, einen Energieschub zu bekommen, steht Red Bull mit Sportgetränkeherstellern auf der Produktkategorie-Ebene im Wettbewerb, mit Herstellern von funktionalen Lebensmitteln (z.B. Powerriegel) auf der Ebene der generischen Bedürfnisse und mit Anbietern von Meditation, Sauna & Spa usw. auf der Ebene, auf der der Wettbewerb um das Budget der Kundengruppe stattfindet.

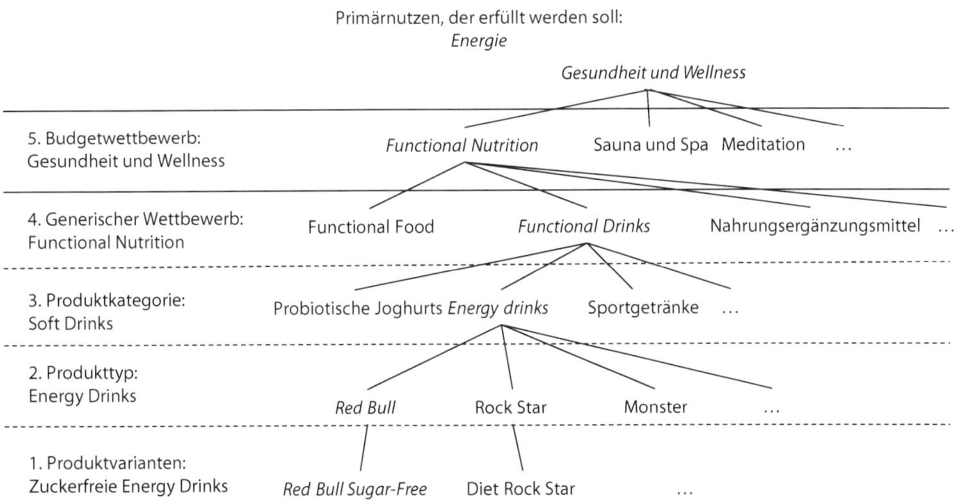

Abbildung 29: Marktdefinition für Energy Drinks (Nutzen Energie)

Welche Definition von Märkten am geeignetsten ist, hängt von den Entscheidungen ab, die getroffen werden müssen, und vom Zeithorizont.[66] Für kurzfristige, taktische Entscheidungen, wie beispielsweise kurzfristige Budgets oder Leistungsbeurteilungen, sind engere Marktdefinitionen basierend auf den Produktvarianten und -kategorien am relevantesten. Diese Konkurrenzprodukte sprechen genau dieselben Kundensegmente an, bringen den gleichen Nutzen und werden durch die gleichen Distributionskanäle an die Kundengruppe gebracht.

Für strategische und langfristige Entscheidungen braucht es breitere Marktdefinitionen. Diese erlauben es, Marktsegmente zu inkludieren, die derzeit nicht bedient werden und Potenzial für mögliches Wachstum liefern, mögliche Substitutionsprodukte, die in anderen Produktkategorien auf den Markt kommen, zu beobachten und mögliche neue Mitbewerber, die in angrenzende Märkte eintreten, zu entdecken.

4.1.2. Mitbewerberdefinierte Märkte

Märkte können auch von der Angebotsseite her definiert werden, indem technologische Gemeinsamkeiten zwischen den Mitbewerbern, relative Produktionskosten oder Vertriebsreichweite erfasst werden. Diese Angebotsperspektive der Marktdefinition inkludiert alle Mitbewerber, die die gleichen Kundengruppen ansprechen können, d.h. Mitbewerber mit der Fähigkeit, das gleiche Produkt oder ein Substitut zu designen, zu produzieren und auf den Markt zu bringen.

Eine Marktdefinition von der Angebotsseite der Helikopter-Branche beinhaltet militärische und kommerzielle Helikopter, wohingegen die Marktdefinition aus der Nachfrageseite nur eine dieser Kundengruppen inkludieren würde, da diese nicht miteinander gleichgesetzt werden können. Deshalb werden bei der angebotsseitigen Marktdefinition folgende Fragen adressiert:[67]

- Welche Mitbewerber bieten ähnliche Produktklassen mit der gleichen Technologie, den gleichen Produktionsprozessen, den gleichen Materialquellen, der gleichen Absatzorganisation und den gleichen Distributionskanälen an?
- Wie sieht die geografische Reichweite des Marktes aus (regional, national oder global)?
- Welche Mitbewerber sind derzeit im Markt und welche potenziellen Unternehmen könnten in den Markt eintreten, da sie die nötigen Kapazitäten aufweisen?

4.1.3. Methoden zur Marktdefinition

Zur Marktdefinition können bereits definierte Kategorien (z.B. SIC codes, Kategorien der Marktforschungsunternehmen) herangezogen werden oder das Unternehmen entwickelt seine eigene Definition.[68] Letzteres kann auf folgenden Aktionen basieren:[69]

66 *Day*, 1997.
67 *Day*, 1997.
68 *Lehmann* & *Winer*, 2008.
69 *Day* et al., 1997.

- **Managementeinschätzungen**: Eine Gruppe von Managerinnen und Managern schätzt dabei ein, welche Produkttypen, Produktkategorien, Mitbewerber etc. direkte Mitbewerber sind oder werden oder welche Technologien für das Erstellen von zukünftigen Substituten relevant sein könnten.
- **Verhaltensdaten**: Zu den verbreitetsten Methoden gehören Kreuzelastizitäten und Daten über Markenwechsel. Diese Methoden messen direkt, welche Produkte die Kundengruppen als Substitute sehen. Kreuzelastizitäten basieren beispielsweise auf Scannerdaten der Kassen und geben Aufschluss darüber, ob Produkte Substitute sind oder nicht. Dabei wird gemessen, wie sich das Verkaufsvolumen eines Produkts durch einen Anstieg oder Einbruch des Verkaufsvolumens eines anderen Produkts (z.B. durch Preisänderungen) auswirkt. Daten über das Wechseln von Marken zeigen, wie hoch die Wahrscheinlichkeit ist, dass Marke A gekauft wird, wenn das letzte Mal Marke B gekauft wurde.[70] Es wird angenommen, dass Kundinnen und Kunden eher zu Marken von nahen Substituten wechseln als zu weiter entfernten Produktgruppen zu tendieren und dass die Wahrscheinlichkeit, die Marke zu wechseln, ein geeignetes Maß für die Wahrscheinlichkeit einer Substitution ist.
- **Kundeneinschätzungen**: Kundeneinschätzungen geben Aufschlüsse darüber, wo die Grenzen von Märkten und Segmenten verlaufen. Dabei werden Kundinnen und Kunden gefragt, ob sie jedes Produkt auf einer Liste für ein Substitut halten und ob diese deshalb akzeptable Alternativen zur Bedürfnisbefriedigung sind.

4.2. Externe Analyse

4.2.1. PESTEL-Analyse

Der Kontext oder das Umfeld, in dem sich ein Unternehmen befindet, hat einen großen Einfluss auf die Strategien, die Unternehmen wählen können, und den Output, den Unternehmen generieren können. Bezogen auf Einflussfaktoren aus der Umwelt lassen sich breite Kategorien differenzieren, die sich für die Strategieformulierung als einfach und hilfreich gezeigt haben.

Am weitesten verbreitet ist die PESTEL-Analyse (**P**olitical/regulatory, **E**conomic, **S**ocial/cultural, **T**echnical, **E**cological, **L**egal), die das Unternehmen in einem generellen Kontext betrachtet. Die Einteilung in die sechs Faktoren ist eine grobe Vereinfachung einer komplexen Umwelt, hat sich jedoch als hilfreiches Werkzeug erwiesen. Hinter dieser Analyse liegt ein methodischer Ansatz, der genau und kontinuierlich das Firmenumfeld betrachtet und analysiert, um daraus Chancen (opportunities) und Bedrohungen (threats) für die Strategieformulierung abzuleiten. Obwohl einige Umweltveränderungen in mehrere Kategorien fallen (z.B. eine Rezession ist nicht nur ein ökonomisches Problem, sondern verursacht auch eine politische Reaktion, wie das Erhöhen der Staatsausgaben), kann diese Analyse als Handlungsanleitung für eine diszipliniert durchgeführte Prüfung der Umweltfaktoren dienen.

70 *Day* et al., 1979.

Die sechs Kategorien der Umweltfaktoren beeinflussen Strategien, weil sie einerseits Möglichkeiten und Chancen aufzeigen, andererseits auch Bedrohungen und Risiken bringen können. Sie können zwischen Ländern und Kulturen variieren, weshalb Strategen diese Faktoren nicht nur in einem Land analysieren sollen, sondern in allen Ländern, in denen das Unternehmen tätig ist. Es geht auch nicht nur um derzeitige Entwicklungen, sondern auch um Veränderungen dieser Faktoren in der Zukunft. Deshalb sollte diese Analyse in bestimmten Zeitabständen wiederholt werden, um wichtige Entwicklungen nicht zu übersehen.

Political/Regulatory Context (politisch-regulativer Kontext)

Unternehmen bewegen sich innerhalb eines komplexen regulativen Umfelds, das von der Politik beeinflusst wird. Darunter fallen u.a. Gesetzgebungen, Außen- und Handelspolitik, Steuerbestimmungen, Haftbarkeiten, Produktionsstandards, Produktkennzeichnungen, Reinheitsbestimmungen, Staatszuschüsse und öffentliches Auftragswesen. Auch die Art und Stabilität eines politischen Systems ist für die Strategieentwicklung zu betrachten. Zusätzlich zu gesetzlichen Regeln sind Unternehmen auch von nicht-gesetzlichen Richtlinien betroffen. Das Beispiel von Golfausrüstungs-Herstellern zeigt, dass diese neben gesetzlichen Vorgaben auch die United States Golf Association's Rules zu beachten haben. Deshalb können politische und regulative Faktoren die Möglichkeiten von Strategien stark beschränken.

Eine sehr wichtige politische und regulative Veränderung im letzten halben Jahrhundert war die Liberalisierung des internationalen Handels. Seit dem Zweiten Weltkrieg wurden mit Hilfe von Handelsliberalisierungsabkommen und multinationalen Freihandelszonen viele Barrieren abgebaut und als Konsequenz ist der Welthandel stark gestiegen. Allerdings sind Handelsbeschränkungen und protektionistische Außenhandelspolitik immer noch Mittel, um Einfuhrbeschränkungen oder Zölle auf Waren zu erheben und damit den Handel zu begrenzen.

Economic Context (ökonomischer Kontext)

Ökonomische Variablen bilden die volkswirtschaftliche Lage eines Landes ab. Diese umfassen z.B. Wirtschaftswachstum, Zinsniveau, Arbeitslosigkeit, Bildungsniveau, Steuersystem, Kaufkraft, Wechselkurse und Inflationsrate. Einige Branchen sind von diesen Variablen stärker betroffen als andere. Hohe Zinsraten führen beispielsweise dazu, dass Ausgaben und Investitionen verringert werden, sodass die Immobilien-Branche und die Automobil-Industrie stärker von Änderungen der Zinsrate betroffen sind. Andere Branchen, wie beispielsweise die Pharmaindustrie, sind relativ immun gegen Rezessionen. Deshalb ist es für die Strategieformulierung wichtig zu wissen, wie sich diese Faktoren auf das Unternehmen und die Branche auswirken und welche Veränderungen erwartet werden.

Social/Cultural Context (soziokultureller Kontext)

Soziokulturelle Faktoren beziehen sich auf die Charakterisierung von Gesellschaften. Werte, Einstellungen, Normen, Verhaltensweisen und Geschmacksvorlieben haben Relevanz für strategische Entscheidungen, weil sie sich zwischen den Kulturen unterscheiden. Kulturen spiegeln die Gesamtheit aller typischen Lebensformen und Werteinstellungen einer Bevölkerung wider[71] und werden oft mit Nationen oder ethnischen Gruppen gleichgesetzt.

Kulturen können sich zum Beispiel in der Leistungsorientierung unterscheiden, aber auch in Einstellungen zu bestimmten Entwicklungen (z.B. Reichtum oder Prestigeobjekten). Normen und Verhaltensweisen umfassen auch Regeln, wie in Geschäftsbeziehungen miteinander umgegangen wird (z.B. Geschenkannahmen). Kulturen sind dynamisch und können sich im Zeitverlauf verändern. Deshalb ist es wichtig, Kulturen zu verstehen und in die Strategieformulierung miteinzubeziehen. Neben Wertvorstellungen fallen auch demografische Veränderungen und Lebenseinstellungen (z.B. Alter, Ausbildung, soziale Gruppe) unter die Faktoren des soziokulturellen Umfelds.

Technological/Physical Context (technologisch-materieller Kontext)

Technologien, Innovationen und technologischer Fortschritt sowie materielle und kommerzielle Infrastruktur beeinflussen Strategien auf verschiedene Weise. Neue Technologien können bereits existierende Produkte ersetzen oder substituieren oder Produktions- bzw. Distributionsprozesse verändern. Durch Forschungsförderungsmittel können diese Entwicklungen angestoßen und gefördert werden. Außerdem beeinflussen das Klima, die Bevölkerungsdichte, die materielle und wirtschaftliche Infrastruktur (z.B. öffentliche Infrastruktur in Form von Straßen) den Kontext, in dem sich Unternehmen befinden.

Technologische Entwicklungen haben oft Effekte zweiter Ordnung, die schwer vorauszusehen sind, wenn sich eine neue Technologie entwickelt. Beispielsweise hatte die Entwicklung des Mobiltelefons einen direkten Effekt auf die Art der Telekommunikation, auf die Möglichkeit von drahtlosen Verbindungen und damit Auswirkungen auf etablierte, traditionelle Telefonanbieter. Mit Hilfe der Integration von GPS-Technologie hatte diese Entwicklung aber auch Einfluss auf GPS-Produkte (z.B. von Garmin oder TomTom), die Verbreitung von sozialen Medien und unterschiedlichster Apps.

Ecological Context (ökologischer Kontext)

Die ökologischen Einflussfaktoren beschreiben die umweltbezogenen Faktoren, die für die geografische Region, in der das Unternehmen tätig ist, relevant sind. Dazu gehören das Klima, Umweltbedingungen und verfügbare Ressourcen. Durch Umweltauflagen, Emissionsbeschränkungen, verfügbare Energiequellen und Recycling- und Entsorgungsauflagen kann die Politik dafür sorgen, dass Unternehmen auf den ökologischen Kontext achten. Aber auch Unternehmen können sich freiwillig dazu verpflichten, Umweltstandards zu beachten, z.B. will das Projekt LIFE Food & Biodiversity die Biodiversität erhalten und gleichzeitig die Position von Landwirten gegenüber großen Handelsketten stärken.

Legal Context (rechtlicher Kontext)

Der rechtliche Kontext wird speziell herausgenommen, da diese Faktoren den Handlungsspielraum von Unternehmen am meisten beeinflussen. Dazu zählen Wettbewerbsrecht, Umweltrecht, Kartellrecht, Steuerrecht, Arbeitsrecht und Produkthaftung.

71 *Brockhaus*, 1990.

4.2.2. Branchenanalyse – Porters Fünf-Kräfte-Modell (Porter's Five Forces)

Rentabilität variiert stark von Branche zu Branche. Die Rentabilität von mittelständischen Unternehmen in Deutschland im Jahr 2019 bewegte sich zwischen 4,7 Prozent im verarbeitenden Gewerbe und 12,3 Prozent in wissensintensiven Dienstleistungen. Die durchschnittliche Rentabilität lag bei 7,5 Prozent.[72] Das ist noch keine sehr hohe Schwankung. Die Rentabilität in US-Branchen bewegte sich zwischen 1992 und 2006 stärker, nämlich zwischen negativen Zahlen und mehr als 50 Prozent.[73] Die durchschnittliche Rentabilität lag bei 14,9 Prozent; Fluglinien verdienten durchschnittlich 5,9 Prozent, Hotels 10,4 Prozent, Gemüsegeschäfte 16 Prozent, Firmen für medizinische Instrumente 21 Prozent, Pharmaunternehmen 31,7 Prozent und Soft-Drink-Hersteller 37,6 Prozent.

Offensichtlich gibt es Branchen, die attraktiver sind als andere. Diese großen Unterschiede zwischen Branchenrentabilitäten lassen sich zu einem großen Teil auf Unterschiede in der Wettbewerbssituation zurückführen. Um den Wettbewerb innerhalb einer Branche zu verstehen, hat *Michael E. Porter* eine Grundstruktur entwickelt, mit deren Hilfe eine Branche anhand von fünf Kräften, die den Wettbewerb bestimmen, analysiert werden kann:[74]

(1) Verhandlungsmacht der Kunden,
(2) Verhandlungsmacht der Lieferanten,
(3) Bedrohung durch den Eintritt neuer Mitbewerber,
(4) Bedrohung durch Substitutionsprodukte und -dienstleistungen und
(5) Wettbewerb zwischen den existierenden Mitbewerbern.

Diese fünf Kräfte beeinflussen die Rentabilität maßgeblich. Sie bieten aber auch eine Orientierung, um Veränderungen des Wettbewerbs in einer Branche vorherzusehen und zu beeinflussen. Eine detaillierte und umfassende Analyse und das Verständnis für die fünf Kräfte sind für eine realistische Strategieformulierung essentiell. Die **Branchenanalyse** kann in fünf Schritten durchgeführt werden:[75]

(1) Definition der Branche
(2) Identifikation von Teilnehmern (Kunden, Lieferanten, Mitbewerber, Substitute, potenzielle Markteintritte)
(3) Beurteilung der Treiber für die Wettbewerbskräfte und die Branchenstruktur
(4) Analyse von zukünftigen Veränderungen in der Branche
(5) Identifizierung von Branchenaspekten, die von den aktuellen Wettbewerbern, potenziellen neuen Mitbewerbern und dem eigenen Unternehmen beeinflusst werden können

72 KfW Mittelstandspanel 2020.
73 *Porter*, 2008.
74 *Porter*, 1985.
75 *Porter*, 2008.

Schritt 1

Ist Red Bulls Markt der Energy-Drink-Markt oder der Soft-Drink-Markt (siehe 4.1 – Marktdefinition)? Im ersten Fall ist Red Bull der klare Marktführer eines wachsenden Marktes. Die Hauptkonkurrenten sind Monster und einige kleinere Marken. Der Markt besteht hauptsächlich aus männlichen Teenagern und Twens, die sich für Extremsport interessieren. Im zweiten Fall ist Red Bull ein kleinerer Mitbewerber eines ziemlich gereiften Marktes, der auch Produkte wie Fruchtsäfte, Mineralwasser und Soft-Drinks umfasst. Dabei muss sich das Unternehmen auch gegen Riesen wie Coca Cola und Pepsi behaupten, die ihre Getränke allen Limonadetrinkern anbieten.

Einige Märkte haben gut definierte Grenzen mit klar identifizierbaren Mitbewerbern, während andere unklare Grenzen haben, was die Identifizierung und das Antizipieren von Mitbewerbern schwierig macht. Die Definition der Marktgrenzen kann auf vier Faktoren basieren:[76] (1) die Anzahl der Produkt- und Dienstleistungskategorien (Einzelprodukt vs. breite Produktkategorie), (2) die Kundengruppen (Einzelsegment vs. viele Segmente), (3) geografische Reichweite (Region, Land, Welt) und (4) Aktivitäten der Wertekette (viele vs. wenige).

Schritt 2

Der nächste Schritt ist die Identifizierung von Branchenteilnehmern. Dabei werden folgende Fragestellungen beantwortet: (1) Wer (welche Gruppen) kauft (kaufen) die Produkte? (2) Wer sind die Lieferanten? (3) Wer sind die Mitbewerber? (4) Welche Produkte oder Dienstleistungen können Substitute für das Produkt in dieser Branche sein? (5) Welche potenziellen Unternehmen könnten in den Markt eintreten?

Schritt 3

Im dritten Schritt werden die Triebkräfte der einzelnen Wettbewerbskräfte und der Branchenstruktur untersucht. Es wird analysiert, wie die Kräfte den Wettbewerb beeinflussen und wie attraktiv eine Branche ist. Außerdem gibt diese Analyse Aufschluss darüber, wie sich der Wettbewerb in der Zukunft verändern wird.

Bedrohung durch den Eintritt neuer Mitbewerber: Ob etablierte Unternehmen von neuen Mitbewerbern bedroht werden, hängt hauptsächlich von den Markteintrittsbarrieren ab.

(1) **Economies of Scale**: Diese existieren, wenn die Stückkosten eines Produkts aufgrund des Produktionsvolumens sinken (siehe 3.3). Dies kann durch Änderungen in verschiedenen Geschäftsfunktionen erreicht werden (F&E, Einkauf, Produktion, Marketing und Vertrieb). Economies of Scale treten dann auf, wenn die Fixkosten auf ein großes Verkaufsvolumen verteilt, Einkaufsrabatte generiert oder Spezialisierungsvorteile erreicht werden können usw. In der Pharmaindustrie kostet die Entwicklung eines neuen Wirkstoffes durchschnittlich $ 500 Millionen. Deshalb hat der Marktführer einen enormen Kostenvorteil, wenn er diese Fixkosten auf eine möglichst hohe Stückzahl verteilen und so insgesamt die Stückkosten verringern kann.

76 *Day*, 1997.

(2) **Netzwerkeffekte**: Diese bestehen aus Größeneffekten auf der Nachfrageseite und entstehen, wenn der Nutzen eines Käufers steigt, je mehr Kunden das Unternehmen hat. Amazon, Booking.com, Uber, Instagram u.v.m. sind Beispiele von Plattformen mit Netzwerkeffekten (siehe 3.7).
(3) **Loyalität**: Wenn Kundengruppen sehr loyal gegenüber ihren Anbietern sind oder wenn sie hohe Kosten haben, ihren Anbieter zu wechseln, ist es ziemlich schwierig, in diesen Markt einzutreten und neue Kundengruppen anzuziehen. Amazon.com hat beispielsweise einen hohen Markenwiedererkennungswert und eine loyale Kundenbasis. Damit bietet sich eine Eintrittsbarriere für potenzielle neue Unternehmen. In der Enterprise-Resource-Planning(ERP)-Branche beispielsweise müssen Kundenunternehmen viel Zeit und Ressourcen für die Implementierung einer Software, für die Schulung der Belegschaft und das Anpassen interner Prozesse ausgeben. Deshalb ist es schwierig, den Anbieter zu wechseln, da bereits zu große Investitionen geleistet wurden.
(4) **Kapitalvoraussetzungen**: Die meisten Internet-Firmen benötigen wenig Kapital, um in einen Markt einzusteigen. In der Automobilindustrie ist dies weitaus kostenintensiver, da F&E-Aktivitäten und das Einrichten von Produktionsstätten Milliarden-Investitionen benötigen. Je höher die Kapitalintensität eines Marktes, desto geringer ist die Wahrscheinlichkeit, dass neue Mitbewerber in den Markt eintreten.
(5) **Patente**: Patentierte Technologien, Management Know-how, Zugang zu Rohmaterialien und Erfahrungskurveneffekte sind Markteintrittsbarrieren für neue Unternehmen, die nichts mit der Größe der bestehenden Unternehmen zu tun haben. Sie erschweren es aber neuen Mitbewerbern, in diesen Markt einzutreten.
(6) **Distributionskanäle**: Wenn Distributionskanäle limitiert sind, kann es schwierig sein, in einen Markt einzutreten. In der Getränke-Branche ist es beispielsweise für Restaurant-Ketten üblich, langfristige Verträge mit Bier- und Soft-Drink-Herstellern abzuschließen. Deshalb ist es für neue Unternehmen schwierig, Zugang zu den Distributionskanälen zu bekommen.
(7) **Staatliche Barrieren**: Auch der Staat kann Eintrittsbarrieren schaffen. In Österreich gibt es beispielsweise strenge Regulierungen für den Apothekenmarkt. Eine Person darf nur eine Apotheke besitzen, es muss einen Einzugsbereich von mindestens 5.500 Menschen pro Apotheke geben und es müssen mindestens 100 Meter Abstand zwischen zwei Apotheken liegen. Offensichtlich beschränkt hier die Politik den Markteintritt für neue Mitbewerber zur Gewährung der Versorgungssicherheit.

Verhandlungsmacht der Kunden: Kundengruppen können Einfluss ausüben, wenn sie in der Lage sind, Preissenkungen oder bessere Qualitäts- und Serviceleistungen zu fordern. Kundengruppen haben eine hohe Verhandlungsmacht, wenn …

… **sie stark konzentriert sind**. Dies ist der Fall bei Supermärkten in vielen europäischen Ländern. In Österreich haben die größten Supermärkte einen Marktanteil von über 80 Prozent. Das deutsche Unternehmen Aldi (unter dem Namen Hofer in Österreich bekannt) nutzt seinen Größenvorteil. Das Basissortiment besteht aus ca. 1.650 Produkten (im Vergleich zu den 25.000 Produkten, die traditionelle Supermärkte anbieten). Das ermöglicht es Aldi, mehr von einem Produkt zu verkaufen, und fördert seine Verhandlungsmacht bei Preisverhandlungen. Das durchschnittliche Einkaufsvolumen für jedes Produkt liegt bei vielen Millionen Euro (bei Walmart ist es nur ein Bruchteil).

... **die Produkte eines Anbieters standardisiert und undifferenziert sind**. 90 Prozent von Aldis Produkten sind Eigenmarken. Dafür können verschiedene Lieferanten genutzt werden. Da die Lieferanten austauschbar sind, kann Aldi einen hohen Druck auf diese ausüben.

... **es geringe Wechselkosten für die Käufergruppen gibt**. Dies ist der Fall bei vielen undifferenzierten Komponenten und Teilen in der Automobilindustrie. Die Auto-Hersteller haben eine Handvoll Lieferanten und spielen diese gegeneinander aus, da sie sehr leicht von einem Lieferanten zum nächsten wechseln können und dennoch das gleiche Teil für ihr Produkt bekommen. Der Möbelhersteller IKEA bedient sich auch dieser Strategie. Er hat zahllose Lieferanten in zahlreichen Ländern und manche verkaufen ihre gesamten Komponenten an IKEA. Da die Wechselkosten für IKEA relativ gering sind, hat dieses Unternehmen seinen Lieferanten gegenüber eine enorme Verhandlungsstärke.

... **Rückwärtsintegration leicht ist**. In diesem Fall kann ein Kundenunternehmen immer damit drohen, einen Teil der Wertekette selbst zu übernehmen und die Komponenten/Produkte selbst herzustellen. In der Soft-Drink-Branche haben die Unternehmen ihre Verhandlungsmacht gegenüber den Verpackungsunternehmen ausgebaut, indem sie gedroht haben, ihre Verpackungen selbst herzustellen.

Kundinnen und Kunden sind harte Verhandler, wenn sie preissensibel sind. Dann versuchen sie hohen Druck auszuüben, um die Beschaffungskosten zu drücken. Das passiert speziell dann, wenn

... das Produkt einen Großteil der Kostenstruktur oder des Beschaffungsbudgets ausmacht,

... Käufer wenig Gewinne machen oder ihre Preise senken müssen,

... im B2B-Bereich die Qualität der zugekauften Produkte keinen Effekt auf die Qualität der Endprodukte hat.

Verhandlungsmacht der Lieferanten: Wenn Lieferanten eine hohe Verhandlungsmacht haben, können sie höhere Preise fordern, die Qualität oder den Service verringern und Kosten an die Kundengruppe weitergeben. Dies ist also das Gegenteil der Verhandlungsmacht der Kunden. Deshalb gelten die meisten der gerade diskutierten Argumente auch für die Verhandlungsmacht der Lieferanten. Lieferanten sind besonders einflussreich, wenn ...

... die Lieferantengruppe konzentrierter ist als die Branche, an die sie ihre Produkte verkaufen, oder sie sogar eine Quasi-Monopolstellung haben,

... die Lieferanten nicht von einem einzigen Kunden abhängen,

... es hohe Wechselkosten auf Seiten der Kunden gibt,

... die Produkte stark differenziert oder spezialisiert sind und damit spezifische Bedürfnisse der Kundengruppen ansprechen,

... es keine leistbaren Substitute gibt,

... Lieferanten mit einer Vorwärtsintegration drohen können, z.B. wenn Kunden viel mehr Geld verdienen als die Lieferanten.

Bedrohung durch Substitutionsprodukte und -services: Wenn Substitution leicht ist, reduziert sich die Attraktivität und die Rentabilität von Branchen. Eine hohe Substitution liegt vor, wenn die Alternativen zu einer attraktiven Qualität und einem attraktiven Preis angeboten werden. Darüber hinaus müssen auch die Wechselkosten der Käufer gering sein. Shared Mobility ist zum Beispiel ein Substitut für Autos, wird aber nur dann einen größeren Anteil erreichen, wenn die entsprechende Convenience steigt.

Rivalität zwischen den bestehenden Mitbewerbern: Rivalität kann verschiedene Formen annehmen: Sie kann zu Preiskämpfen, zunehmenden Differenzierungsanstrengungen, höheren Innovationsraten usw. führen. Damit geht immer eine geringere Branchenrentabilität einher. Der Wettbewerb zwischen bestehenden Mitbewerbern ist besonders hoch, wenn es viele Mitbewerber gibt, die gleich groß sind und versuchen, die Vorherrschaft in der Branche zu erlangen.

Ein weiterer Faktor ist das Branchenwachstum. Wenn ein Markt reif ist, können Unternehmen nur noch wachsen, indem sie anderen ihre Marktanteile wegnehmen. Hohe Austrittsbarrieren (das Gegenteil von Eintrittsbarrieren) können Unternehmen davon abhalten, aus der Branche auszusteigen – obwohl die Rentabilität gering ist. Schließlich kann ein starker Preiskampf eine Branche unattraktiv machen. Preiskämpfe treten speziell dort auf, wo Märkte sehr transparent (d.h. dass Kunden und Mitbewerber Preissenkungen nachverfolgen können), Kundengruppen sehr preissensibel und Produkte nicht differenziert sind. Kunden haben auch meist geringe Wechselkosten. Wenn diese Charakteristika mit hohen Fixkosten verbunden sind und verderbliche oder vergängliche Produkte angeboten werden, ist ein Preiskampf sehr wahrscheinlich.

Ein gutes Beispiel ist die Fluglinien-Branche: Fixkosten machen ca. 60 bis 70 Prozent der traditionellen Fluglinien aus, das Produkt ist wenig differenziert, die Kundengruppen sind sehr preissensibel und das Produkt ist „vergänglich". Zusätzlich zur Preissensibilität der Kunden macht das Internet-Buchungssystem den Markt sehr transparent. Diese Faktoren führten in den letzten Jahren zu einem starken Preiskampf und zu einer großen Marktbereinigung.

Schritt 4

Nachdem nun die Branchenstruktur klar ist und die wichtigsten Kräfte, die den Wettbewerb beeinflussen, verstanden wurden, können mögliche zukünftige Änderungen in Betracht gezogen werden, indem folgende fünf Fragen beantwortet werden:

- Ändern sich die Markteintrittsbarrieren? Treten neue Unternehmen in den Markt ein?
- Ändern die Lieferanten ihre Strategien oder Strukturen? Ändert sich ihre Verhandlungsmacht?
- Ändert sich die Kundenbasis? Bekommen Kundengruppen mehr Macht?
- Gibt es neue Technologien, die zu Substituten führen können?
- Ändert sich der Wettbewerb im Lauf der Zeit?

Ein hilfreiches Model für diesen Analyseschritt bietet der Produktlebenszyklus (3.1), der zeigt, wie sich die Wettbewerbsbedingungen und Strategien im Zeitablauf verändern.

Schritt 5

Die Branchenanalyse ist ein hilfreiches Instrument, um ...[77]

... attraktive Branchen, in die ein Unternehmen investieren kann, zu identifizieren.
... die Kräfte zu verstehen, die den Wettbewerb in einer Branche beeinflussen.
... Veränderungen, die Branchenstruktur, Rentabilität und Mitbewerberstrategien beeinflussen, besser zu verstehen und vorherzusehen,
... Stärken und Schwächen der Konkurrenz in Bezug zu diesen Wettbewerbskräften zu stellen.

Sie kann auch helfen zu verstehen, wie Wettbewerbskräfte beeinflusst werden können, z.B. wie man Markteintrittsbarrieren schaffen kann, wie die Verhandlungsmacht gestärkt werden und wie man auf mögliche Substitute reagieren kann.

Insgesamt ist die Analyse der fünf Kräfte (siehe Abbildung 30) eines der wichtigsten Instrumente der strategischen Analyse. Ohne Verständnis bezüglich der Branchenstrukturen und -veränderungen können kaum fundierte Strategien formuliert werden. Deshalb sollte sie vor jedem Strategieentwicklungsprojekt gemacht werden und als deren Basis dienen.

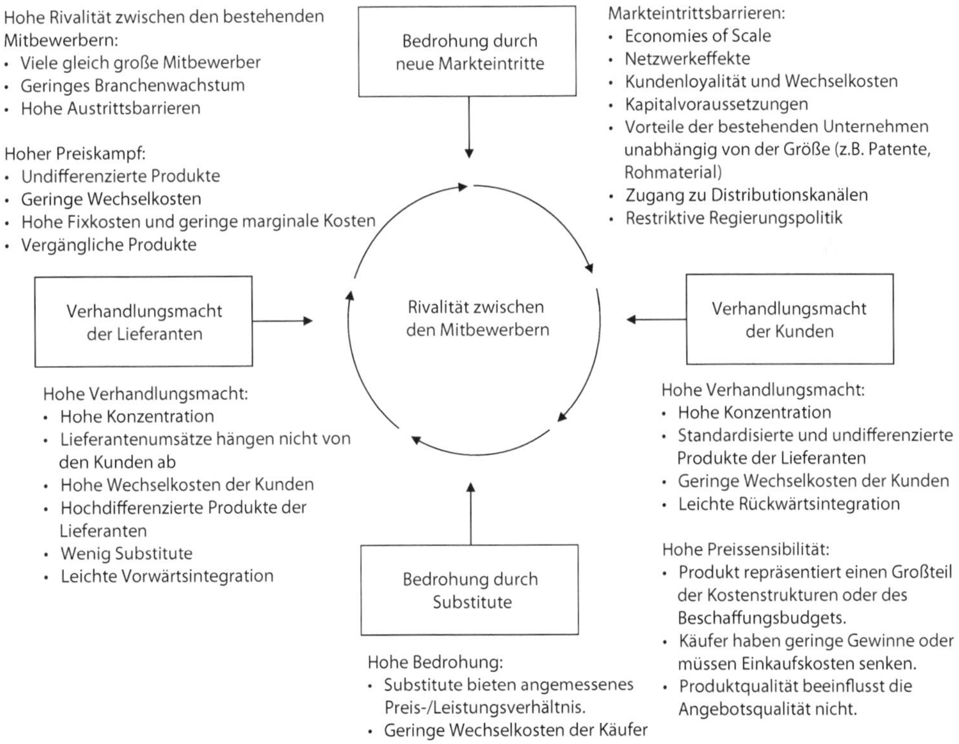

Abbildung 30: Die Fünf Wettbewerbskräfte (Quelle: Modifiziert nach *Porter*, 1985)

77 *Johnson* et al., 2008.

4.2.3. Konkurrenzanalyse

In „Die Kunst des Krieges", einem der ältesten und bedeutendsten Werke über Militärstrategie, schrieb der Militärstrategen und Mathematiker *Sun Tzu*: „So it is said that if you know your enemies and know yourself, you can win a thousand battles without a single loss. If you only know yourself, but not your opponent, you may win or may lose. If you know neither yourself nor your enemy, you will always endanger yourself." Für eine Analyse der Konkurrenz müssen daher relevante Konkurrenten zunächst erkannt und identifiziert werden. In einem weiteren, zweiten Schritt werden dann Ziele, Strategien, Taktiken, Stärken und Schwächen der identifizierten Konkurrenten analysiert.[78]

Identifikation von Konkurrenten

Die Identifikation von relevanten Mitbewerbern ist keine einfache Aufgabe, jedoch ist sie entscheidend, um eine entsprechend aussagekräftige Konkurrenzanalyse durchführen zu können. Oft sind sich Unternehmen nur ihrer direkten Konkurrenten bewusst, während indirekte oder potenzielle Konkurrenten sehr oft nicht Teil ihrer Analysen sind. Gerade die Identifikation dieser kann jedoch entscheidend sein, um nicht von neuen Markteintritten überrascht zu werden. Wie in Kapitel 4.1.3 beschrieben, ist die Definition des Marktes für die Identifikation von relevanten Mitbewerbern ausschlaggebend. Die Marktdefinition kann hierbei (1) kundenseitig über die Nachfrage bzw. (2) angebotsseitig über die Ressourcen und Technologien, die bei der Leistungserstellung zum Einsatz kommen, erfolgen. Basierend auf diesen zwei Dimensionen erfolgt auch die systematische Identifikation von relevanten Konkurrenten[79] (siehe Abbildung 31):

- **Gemeinsamkeit des Marktes**: Ein Unternehmen konkurriert mit einem anderen Unternehmen, wenn beide die gleichen Kundenbedürfnisse ansprechen und befriedigen.
- **Ähnlichkeit von Ressourcen**: Ein Unternehmen konkurriert mit einem anderen Unternehmen, wenn beide über eine ähnliche Ausstattung von Ressourcen und Fähigkeiten (u.a. Technologien, Produktionsanlagen, intangibles Wissen, Know-how, ...) verfügen.

Die Analyse in der sich daraus ergebenden Matrix findet immer aus Sicht eines einzelnen Unternehmens im Vergleich mit einem seiner Konkurrenten – also im dyadischen Vergleich – statt.

> **Beispiel**
>
> In Abbildung 31 findet der Vergleich beispielsweise aus Sicht des amerikanischen plattformbasierten Fahrdienstleisters **Uber** statt. Uber bietet seinen Kundinnen und Kunden die einfache und schnelle Buchung von Fahrdiensten über seine App, welche über GPS verfolgt, bargeldlos bezahlt und anschließend bewertet werden können. Das Unternehmen verfügt allerdings selbst weder über angestellte Fahrerinnen und Fahrer noch besitzt es Fahrzeuge. Vielmehr bietet es über seine Plattform lediglich das Zusammenbringen der Kundengruppen mit selbstständigen Fahrern. Dieses „Match-Making" wird über einen Algorithmus optimiert, der durch das Sammeln von zusätzlichen Daten über die Zeit fortlaufend weiterentwickelt und verbessert wird.[80]

78 *Bergen & Peteraf*, 2002.
79 *Bergen & Peteraf*, 2002; *Chen*, 1996.
80 *Libert, Wind & Fenley*, 2014.

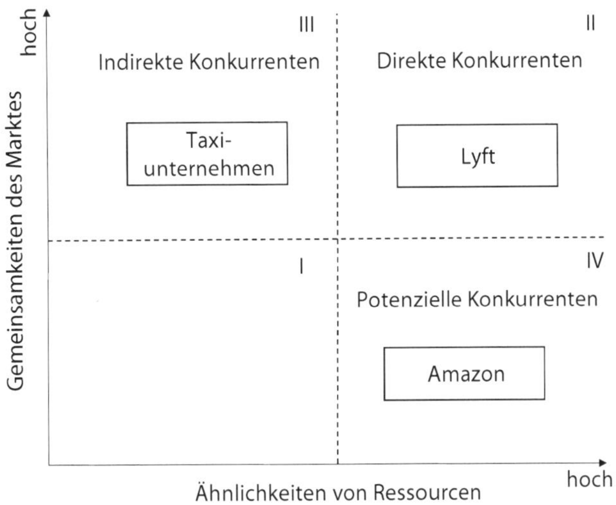

Abbildung 31: Identifikation von direkten, indirekten und potenziellen Konkurrenten (aus Sicht von Uber; Quelle: adaptiert nach *Bergen* & *Peteraf*, 2002)

- **Quadrant I:** Hier sind im Vergleich mit einem anderen Unternehmen sowohl die Gemeinsamkeit des Marktes als auch die Ähnlichkeit von Ressourcenausstattung niedrig. Dieses Unternehmen ist nicht als Konkurrent relevant.
- **Quadrant II – Direkte Konkurrenten:** Hier ist im Vergleich mit einem anderen Unternehmen sowohl die Gemeinsamkeit des Marktes als auch die Ähnlichkeit von Ressourcenausstattung hoch. Im Fall von Uber wäre der Fahrdienstanbieter Lyft ein direkter Konkurrent im nordamerikanischen Markt. Auch Lyft bietet den gleichen Kundennutzen in Form von einfachen, schnellen Buchungen von Fahrdienstleistungen über eine App und eine digitale Plattform, die basierend auf einem Algorithmus das Zusammenbringen von Kunden und selbstständigen Fahrern ermöglicht.
- **Quadrant III – Indirekte Konkurrenten:** Hier ist im Vergleich mit einem anderen Unternehmen die Gemeinsamkeit des Marktes hoch, die Ähnlichkeit von Ressourcenausstattung jedoch niedrig. Dieser Quadrant beschreibt indirekte Konkurrenten. Im Fall von Uber wäre dies beispielsweise ein traditionelles Taxiunternehmen. Dieses bedient die gleichen Kundenbedürfnisse nach schnellen, sicheren, flexiblen und günstigen Fahrdienstleistungen, um von A nach B zu kommen. Allerdings greift ein traditionelles Taxiunternehmen hier auf eine gänzlich andere Ressourcenausstattung als Uber zurück. Es besitzt weder das Know-how bezgl. IT, digitaler Plattform oder Algorithmus. Im Gegenzug verfügt ein Taxiunternehmen über Taxis (tangible Ressourcen), über angestellte Fahrer und eine Telefonzentrale (Humanressourcen). Da jedoch auch indirekte Konkurrenten die gleichen Kundenbedürfnisse adressieren, müssen sie in die Konkurrenzanalyse miteinbezogen werden.
- **Quadrant IV – Potenzielle Konkurrenten:** Hier sind im Vergleich mit einem anderen Unternehmen die Gemeinsamkeit des Marktes niedrig, die Ähnlichkeit von Ressourcenausstattung jedoch hoch. Dieser Quadrant beschreibt potenzielle Konkurrenten. Im Fall von Uber wäre dies beispielsweise Amazon. Zurzeit bedient Amazon als diversifizierter Online-Marktplatz noch völlig andere Kundenbedürfnisse und bietet keine Serviceleistung im Transportbereich an. Jedoch verfügt Amazon über ein sehr starkes Know-how im Zusammenbringen verschiedener Marktseiten, hat hochentwickelte Kompetenzen im IT-Bereich, eine starke digitale Plattform und verfügt über weit entwickelte Algorithmen. Obwohl Amazon im Moment nicht im Fahrdienstsektor tätig ist, wäre der Schritt mit der heutigen Ressourcenausstattung ein kleiner, um wie Uber tätig sein zu können. Diese potenziellen Konkurrenten sind oft am schwierigsten zu identifizieren und befinden sich nicht im direkten Blickfeld von Unternehmen. Gerade sie sind als potenzielle zukünftige Mitbewerber jedoch im Auge zu behalten.

Wichtig ist festzuhalten, dass die Identifikation von Konkurrenten immer aus Sicht eines spezifischen Unternehmens stattfindet. In unserem Beispiel erfolgte die Identifikation der Konkurrenz aus Sicht von Uber. Eine Analyse aus Sicht von Amazon oder eines traditionellen Taxiunternehmens würde zu einem anderen Ergebnis führen.[81]

Nach erfolgter Identifikation von Konkurrenten erfolgt eine umfassende Konkurrenzanalyse, die folgende vier Bereiche umfassen sollte:

- Langfristige Ziele und Motivationen der Konkurrenten
- Stärken und Schwächen
- Strategien
- Marketing-Taktiken

Langfristige Ziele und Motivationen der Konkurrenten

Wie Mitbewerber in einem Markt agieren und reagieren, hängt von ihren strategischen Zielen und Motivationen ab. Deshalb sollte der erste Schritt der Konkurrenzanalyse die Analyse der langfristigen Ziele sein. Diese beeinflussen nicht nur Strategie und weiterführende taktischen Schritte, sondern auch die Motivation eines Mitbewerbers, langfristig in einem bestimmten Markt oder Geschäftsfeld präsent zu sein. Stellt ein Markt oder Marktsegment beispielsweise das Kerngeschäft für einen Mitbewerber, wird er seine Marktanteile in diesem Segment in der Regel mit allen Mitteln verteidigen. Ist das strategische Ziel eines Mitbewerbers, jedes Jahr eine zweistellige Wachstumsrate zu erreichen oder unter den Top-Drei-Unternehmen hinsichtlich des Marktanteils zu sein, wird eine Geschäftseinheit mit geringem Marktwachstum und kleinem Marktanteil weniger Aufmerksamkeit und Ressourcen bekommen und kann so leichter attackiert werden. Um diese langfristigen Ziele und Motivationen eines Mitbewerbers zu identifizieren, können die folgenden Quellen herangezogen werden:

- Vision und Leitbild
- Jahresberichte
- Pressemitteilungen
- Analysten-Berichte
- Präsentationen und Auftritte von Managerinnen und Managern

Stärken und Schwächen

Der zweite Schritt der Konkurrenzanalyse besteht aus der Beurteilung von Stärken und Schwächen. Diese Analyse hilft, …

(1) … Aktionen der Mitbewerber vorherzusagen, da diese meist auf den Stärken und den resultierenden Vorteilen aufbauen sowie
(2) … Unterschiede in der Positionierung der Produkte und Dienstleistungen zu identifizieren.

Diese Analyse besteht aus vier Schritten:

(1) **Bestimmung der Erfolgsfaktoren**. Das sind jene Kriterien, die für den Erfolg in einer Branche entscheidend sind.

81 *Bergen* & *Peteraf*, 2002.

(2) **Gewichtung der Erfolgsfaktoren nach ihrer Wichtigkeit**. Normalerweise wird dafür eine konstante Summe verwendet: 100 Punkte werden auf die Erfolgsfaktoren nach ihrer Wichtigkeit aufgeteilt; je höher die Wichtigkeit, desto mehr Punkte werden vergeben.

(3) **Bewertung der Leistung des Mitbewerbers**. Jeder Erfolgsfaktor wird auf einer 5-Punkte-Skala bewertet (5 = exzellent; 1 = sehr schwach). Danach wird auch die Leistung des eigenen Unternehmens anhand jedes Erfolgsfaktors beurteilt.

(4) **Multiplikation der Leistung mit der Wichtigkeit**. Die Gewichtung der Wichtigkeit zeigt dabei einen relativen Vor- oder Nachteil.

Abbildung 32 zeigt ein Beispiel einer solchen Analyse. In der ersten Spalte werden die Erfolgsfaktoren der Branche, z.B. Markenimage, Produktinnovation etc., identifiziert. Die zweite Spalte beurteilt die Wichtigkeit dieser Erfolgsfaktoren hinsichtlich der Generierung von Wettbewerbsvorteilen in der spezifischen Branche. Mit steigender Wichtigkeit wird eine höhere Gewichtung zugeordnet. Die Leistung unseres Unternehmens und des Mitbewerbers wird anhand einer 5-Punkte-Skala bewertet. Anschließend werden die Bewertungen für den Mitbewerber und für das eigene Unternehmen gewichtet. Die Summe der gewichteten Bewertungen zeigt die Gesamtleistung der beiden Unternehmen.

Kritische Erfolgsfaktoren	Gewichtung	Leistung (Performance)					Gewichtete Bewertung	
		1	2	3	4	5	Wir	A
Markenimage	5		●	○			10	15
Produktinnovation	10		○	●			20	30
Service	20			○		●	60	100
Umfassender Vertrieb	15		●		○		30	60
Economies of Scale	30		○	●			60	90
Logistik	20			○		●	60	100
						Summe	240	395

○—○ Wir
●—● Mitbewerber A

Abbildung 32: Stärken-Schwächen-Analyse

Der optimale Weg zur Durchführung dieser Analyse besteht darin, verschiedene Informationsquellen zu verbinden, wie z.B.:

- Kundenbefragungen (z.B. zu Markenimage, Service, Produktqualität)
- Besprechung mit den Vertriebsmitarbeitern (da diese einen direkten Kontakt zu den Kundengruppen haben und täglich mit den Angeboten der Konkurrenz konfrontiert sind, sodass sie Auskünfte über Stärken und Schwächen geben können)
- Analysten-Berichte
- Austausch mit gemeinsamen Lieferanten oder Händlern

Es wird empfohlen, diese Analyse von einem Expertenteam durchführen zu lassen, das Wissen und Übersicht über die verschiedenen, direkten, indirekten und potenziellen Mitbewerber in einer Branche hat.

Strategie-Beurteilung

Der nächste Schritt betrifft den vermutlich schwierigsten Teilschritt einer umfassenden Konkurrenzanalyse: die Analyse der Strategien der Mitbewerber. Idealerweise können Daten aus der eigenen Portfolio-Analyse (siehe 6.1.1) oder Customer-Value-Analyse (siehe 6.2.4) verwendet werden, um ein Strategie-Profil der Konkurrenz zu erstellen. Das Strategie-Profil zeigt, welche Bereiche strategische Priorität haben, und vergleicht diese mit dem eigenen Unternehmen. Dadurch können Überschneidungen oder Unterschiede identifiziert werden.

Da auch die Mitbewerber ähnliche Instrumente für die Strategieformulierung verwenden werden, ist es möglich, die strategischen Absichten zu entschlüsseln, indem man die Datenanalyse aus Sicht eines Mitbewerbers durchführt. Beispielsweise kann bei der Generierung der „customer value map" (siehe 6.2.4) folgende Frage gestellt werden: „Was würde ich tun, wenn ich Mitbewerber A wäre?" Eine umfangreiche Strategie-Beurteilung führt zu einem Strategie-Profil, das folgende Analyseschritte beinhaltet:

- **Portfolio-Analyse:** Diese wird auch für den Mitbewerber erstellt, um Einblicke in wahrscheinliche strategische Aktivitäten (Wachstum, Ausgliederung usw.) zu erhalten. Darüber hinaus lassen sich durch die Positionierung der Geschäftseinheiten (SGEs) Aussagen über das Gleichgewicht des Portfolios bezüglich Cashflow und Risiken treffen. Hat der Mitbewerber genug „Cash cows" in seinem Portfolio, um über ausreichend finanzielle Ressourcen für eine Wachstumsstrategie zu verfügen? Muss der Mitbewerber in Produktentwicklung investieren, da nicht genug „Stars" in seinem Portfolio enthalten sind?
- **Customer-Value-Analyse:** Bei der Durchführung der Customer-Value-Analyse wird die Positionierung der Produkte aus der Mitbewerber-Perspektive erstellt. Wie zufrieden ist der Mitbewerber mit seiner Positionierung? Muss er die Qualität seiner Angebote verbessern oder die Preise?
- **Wachstumsstrategie:** Auch der Fokus der Wachstumsstrategie des Mitbewerbers wird analysiert. Dies beinhaltet die Beurteilung von Marktdurchdringung, Produktentwicklung, Marktentwicklung oder Diversifikation.
- **Marketing-Strategie:** Welche Zielgruppe spricht der Mitbewerber an? Ist seine Marketing-Strategie undifferenziert oder differenziert?
- **Offensiv-Strategie:** Welche Angriffsstrategie wird der Mitbewerber am ehesten anwenden?
- **Defensiv-Strategie:** Wie reagiert der Mitbewerber am wahrscheinlichsten auf die eigenen strategischen und taktischen Schritte?

Nach dieser umfassenden Analyse kann das spezifische Strategie-Profil des Mitbewerbers generiert und mit dem eigenen verglichen werden (siehe Abbildung 33). Quellen für Daten über den Mitbewerber können folgende Informationsquellen sein:

- Vision und Leitbild
- Jahresberichte
- Pressemitteilungen
- Print- und Onlinemedien
- Analystenberichte
- Messen und Fachausstellungen
- Vertriebs-Mitarbeiter-Besprechungen
- Ehemalige Angestellte
- Austausch mit gemeinsamen Lieferanten, Kundengruppen, Händlern.

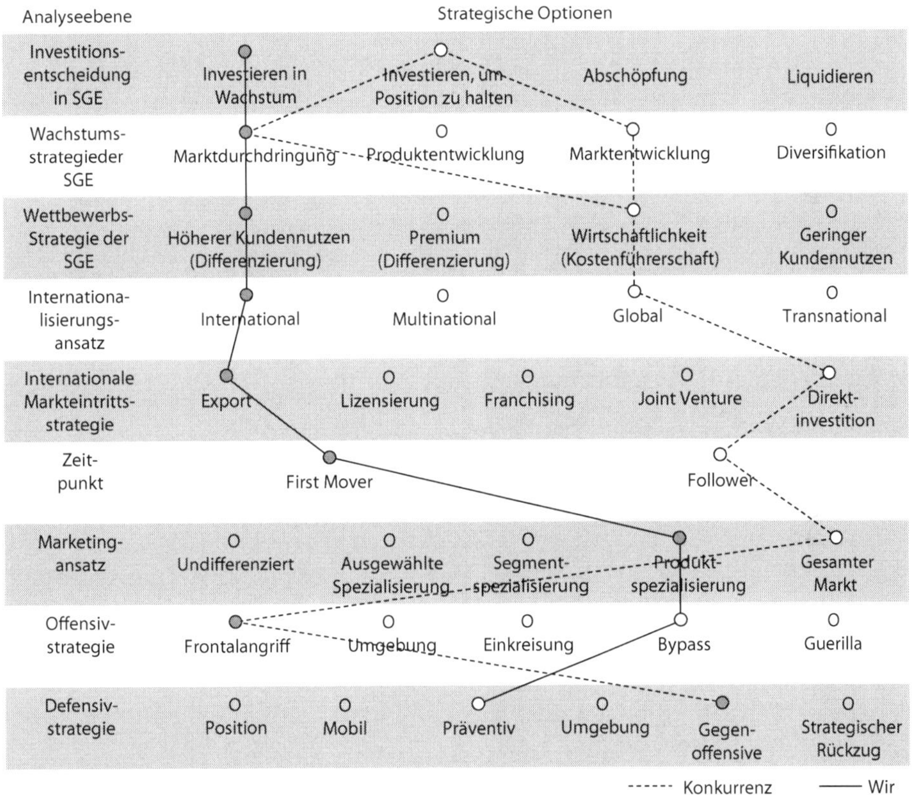

Abbildung 33: Strategie-Profil des Mitbewerbers

Marketing-Taktiken

Der letzte Schritt der Konkurrenzanalyse besteht aus der Beurteilung der individuellen Marketing-Entscheidungen. Diese beziehen sich auf

- Positionierung,
- Produkt- und Marken-Entscheidungen,
- Preisgestaltung,
- Vertriebsmanagement und
- Kommunikation.

Während die vorangegangenen Analyseschritte dazu dienten, vorherzusagen, wie sich der Mitbewerber wahrscheinlich verhalten wird, gibt dieser Schritt Aufschlüsse darüber, was der Mitbewerber wirklich macht. Quellen für Informationen können sein:

- Preislisten,
- Werbekampagnen,
- Promotion,
- Messen und Fachausstellungen,
- Vertriebs-Mitarbeiter-Besprechungen,
- Gemeinsame Kundengruppen und Händler.

Die Konkurrenzanalyse kann mit einem Puzzle verglichen werden. Jeder individuelle Teil kann für sich allein noch nicht genug Aussagekraft haben, um den Konkurrenten umfassend beurteilen und einschätzen zu können. Die Herausforderung ist daher, so viele Informationsteile wie möglich zu sammeln und diese korrekt zusammenzufügen, um ein möglichst umfassendes Gesamtbild eines Mitbewerbers zu generieren. Um bereits gewisse Muster zu erkennen, ist es jedoch nicht nötig, alle Informationen zu haben.

4.3. Interne Analyse

Warum sind einige Unternehmen erfolgreicher als andere? Welches Geheimnis steckt hinter überdurchschnittlich erfolgreichen Unternehmen? Im strategischen Management gibt es zwei **zentrale Denkschulen**, die versuchen, auf diese Fragen eine Antwort zu geben:

- die marktorientierte Sichtweise (market-based view – MBV)
- die ressourcenorientierte Sichtweise (resource-based view – RBV)

Der MBV basiert auf der Annahme, dass der Erfolg von Unternehmen von den Eigenschaften der Branche abhängt, in der das Unternehmen tätig ist (Branchenattraktivität, Branchenstruktur usw.). Der RBV hingegen nimmt an, dass der Unternehmenserfolg auf der unterschiedlichen und einzigartigen Ressourcenausstattung und den Fähigkeiten des Unternehmens basiert.

Die marktorientierte Sichtweise (market-based view – MBV)

Michael E. Porters Modell der fünf Kräfte (five forces – 4.3)[82] ist ein Analyse-Werkzeug der marktorientierten Sichtweise. Es identifiziert das Zusammenspiel von fünf Marktfaktoren (Verhandlungsmacht der Lieferanten, Verhandlungsmacht der Kunden, Bedrohung durch Substitute, Rivalität der konkurrierenden Unternehmen, Bedrohung durch den Eintritt neuer Wettbewerber), die die Attraktivität, den Wettbewerb und die Profitabilität einer Branche bestimmen. Der Erfolg eines Unternehmens hängt deshalb weitgehend davon ab,

- wie gut eine attraktive Branche identifiziert werden kann,
- wie gut es sich in dieser attraktiven Branche positioniert und
- wie gut es sich den Branchenstrukturen anpassen und seine Strategien darauf abgestimmt entwickeln kann.

82 *Porter*, 1985.

Darauf aufbauend folgt der **Strategieentwicklungsprozess** in vier Stufen:[83]

(1) Zuerst wird das Umfeld des Unternehmens analysiert, indem das Makro-Umfeld, die Branche und die Mitbewerber untersucht werden.
(2) Darauf aufbauend wählt ein Unternehmen jene Branche, die überdurchschnittliche Erlöse verspricht.
(3) Das Unternehmen entwickelt Strategien, die mit dieser erfolgversprechenden Branchenstruktur übereinstimmen.
(4) Schließlich entwickelt oder erwirbt das Unternehmen die nötigen Ressourcen und Fähigkeiten, um diese Strategien umsetzen zu können.

Die ressourcenorientierte Sichtweise (resource-based view – RBV)

Der RBV impliziert eine konträre Vorgehensweise.[84] Er basiert auf der zentralen Annahme, dass jedes Unternehmen aus einer Ansammlung von einzigartigen Ressourcen und Fähigkeiten besteht, die ausschlaggebend für überdurchschnittlichen Unternehmenserfolg verantwortlich sind. Ein Unternehmen hat demnach einen langfristigen Wettbewerbsvorteil, wenn es Ressourcen und Fähigkeiten besitzt, die

- für den Markt wertvoll (d.h., dass sie für die Kundengruppen Wert schaffen),
- selten (d.h., dass kein Mitbewerber diese Ressourcen besitzt),
- nicht imitierbar oder substituierbar (d.h., dass Mitbewerber Schwierigkeiten haben, diese zu erwerben oder zu entwickeln) und
- zu anderen Produkten oder Märkten transferierbar sind.

In diesem Fall ist das Unternehmen eine Art Monopolist. Es besitzt die nötigen Ressourcen oder Fähigkeiten (Kernkompetenzen), die Wert für die Kundengruppen schaffen und nicht leicht von Mitbewerbern imitiert oder substituiert werden können. In diesem Paradigma folgt die Strategieentwicklung einer anderen Logik:[85]

(1) Stärken und Schwächen des Unternehmens werden analysiert,
(2) darauf aufbauend werden Kernkompetenzen identifiziert,
(3) Branchen und Märkte werden identifiziert, in denen diese Kernkompetenzen bestmöglich genutzt werden können, und
(4) Strategien für diese Branchen und Märkte werden auf Basis der Kernkompetenzen entwickelt und implementiert.

Auch in der ressourcenorientierten Sichtweise ist es essentiell, das Umfeld des Unternehmens sowie die Branche zu analysieren und zu verstehen. Jedoch hat sich der RBV als geeigneter erwiesen, um überdurchschnittliche Erfolge zu erklären. Langfristig ist ein Unternehmen nur erfolgreich, wenn es einen höheren Kundennutzen liefern kann als seine Mitbewerber. Ein Unternehmen erreicht dann einen langfristigen Wettbewerbsvorteil, wenn dieser erhöhte Kundennutzen effektiver und/oder effizienter angeboten wird, und zwar durch eine einzigartige Ressourcen- und Fähigkeiten-Kombination, die die Mitbewerber nicht besitzen, kopieren oder substituieren können. Um diese Quellen

83 *Bailom* et al., 2007; *Hitt* et al., 2005.
84 *Barney* & *Hesterly*, 2006.
85 *Bailom* et al., 2007; *Hitt* et al., 2005.

von Wettbewerbsvorteilen innerhalb von Unternehmen zu identifizieren stehen unterschiedlichste Analyse-Werkzeuge zur Verfügung.

4.3.1. Die Wertekette (value chain)

Ein Unternehmen kann Wettbewerbsvorteile dadurch erreichen, dass es die einzelnen Aktivitäten der Wertekette effektiver (Differenzierungsvorteil) oder effizienter (Kostenvorteil) als seine Mitbewerber leistet. Entwickelt von *Michael E. Porter*[86] beschreibt die Wertekette die einzelnen Aktivitäten, die ein Unternehmen leisten muss, um ein Produkt oder eine Dienstleistung auf den Markt zu bringen (siehe Abbildung 34). Sie teilt den Prozess in einzelne strategisch relevante Aktivitäten, die entweder zu einem Kosten- oder zu einem Differenzierungsvorteil am Markt führen können und deshalb die Margen beeinflussen.

Primäraktivitäten sind direkt mit der Erstellung des Produkts oder des Services verbunden. Sie umfassen typischerweise:

- Eingehende Logistik: Aktivitäten, die sich mit dem Erhalt, dem Lagern und der internen Verteilung der Produktionsmittel, die für die Leistungs- bzw. Produkterstellung benötigt werden, befassen, wie z.B. Lagerhaltung, Bestandskontrolle und interne Transportsysteme.
- Arbeitsabläufe (Arbeitsprozesse): Aktivitäten, die mit der Transformation von Produktionsmitteln in Produkte verbunden sind, wie z.B. Produktion, Montage, Verpackung, Erhaltung des Equipments, Qualitätssicherung.
- Ausgehende Logistik: Aktivitäten, die sich auf die Distribution der Produkte beziehen, wie z.B. Sammlung, Lagerung und Lieferung an die Kundengruppen.
- Marketing und Sales: Aktivitäten, wie z.B. Marktsegmentierung, Zielgruppenanalyse, Sales-Management, Werbung, Preisstrategien, Produkt- und Marken-Management.
- Service: Aktivitäten, die den Wert des Produkts erhöhen, wie z.B. After-sales-Service, Reparatur- und Erhaltungsmaßnahmen, Kundentraining, Kundenbetreuung.

Unterstützende Prozesse (**Sekundäraktivitäten**) sind notwendig, um die Primäraktivitäten ausführen zu können. Sie tragen zur Effektivität und Effizienz bei und umfassen:

- Unternehmensinfrastruktur: Aktivitäten und formale Systeme, die sich mit Planung, Finanzierung, Qualitätskontrolle, Accounting und Informationsmanagement befassen.
- Personalmanagement: Aktivitäten, die sich um Rekrutierung, Training, Entwicklung und Be- bzw. Entlohnung von Mitarbeiterinnen und Mitarbeitern kümmern.
- Technologieentwicklung: Aktivitäten, die Know-how, Forschung und Entwicklung, Produktdesign, Prozessverbesserung und IT-Entwicklung umfassen.
- Beschaffung: Aktivitäten, die für das Erlangen von Ressourcen als Input für die Primäraktivitäten benötigt werden, wie z.B. Lieferantenauswahl, Qualitätsverhandlungen, Preisverhandlungen, Lieferbedingungen.

Die individuellen Aktivitäten der Wertekette sind strategisch relevant, weil sich daraus Kosten- bzw. Differenzierungsvorteile ableiten lassen und mit jeder Aktivität in einem

86 *Porter*, 1985.

Unternehmen Gewinn oder Verlust gemacht werden kann, je nachdem, wie effektiv und effizient diese im Vergleich zu den Mitbewerbern ausgeführt werden.

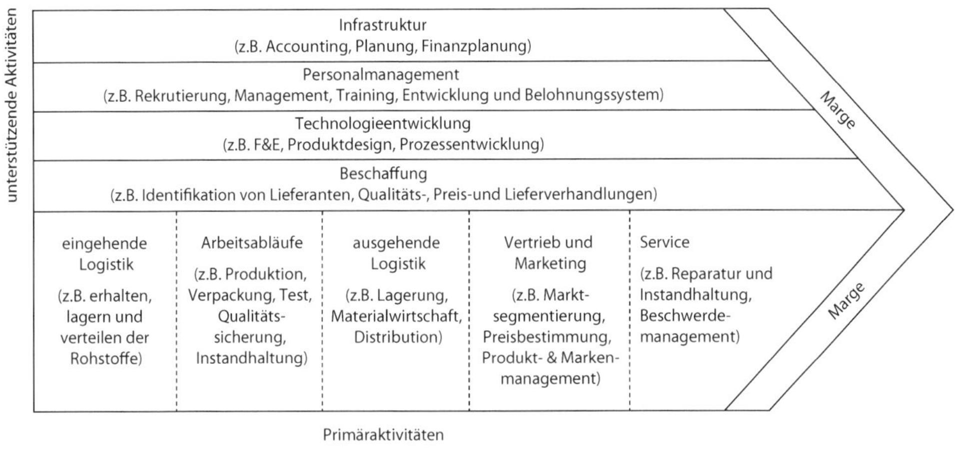

Abbildung 34: Die Wertekette (Quelle: Modifiziert nach *Porter*, 1985)

Eine Wertekette sollte demnach Antworten auf folgende Fragen geben:

- Was sind die Aktivitäten in der Unternehmenswertekette? Abbildung 34 zeigt die generische Wertekette, die auf die jeweilige Branche und das jeweilige Unternehmen zugeschnitten werden muss, indem weitere Aktivitäten hinzugefügt, irrelevante Aktivitäten entfernt oder Aktivitäten umbenannt werden.
- Welche Aktivitäten sind strategisch wichtig in der Branche? In diesem Schritt wird die Wichtigkeit der einzelnen Aktivitäten analysiert. Es ist wichtig, zu beachten, dass die Art der Branche festlegt, welche Aktivitäten für den Erfolg relevant sind.
- Wie gut führen wir diese Aktivitäten aus? Indem individuelle Aktivitäten mit denen des stärksten Konkurrenten in der Branche verglichen werden, können Stärken und Schwächen des Unternehmens identifiziert werden.
- Welche Aktivitäten tragen zu Gewinn bzw. Verlust bei? Wenn Kosten mit den jeweiligen Aktivitäten in Verbindung gebracht werden, kann analysiert werden, wo Wert geschaffen wird und welche Aktivitäten zu Verlusten beitragen. Diese Analyse benötigt allerdings detaillierte Daten, die viele Informationssysteme nicht bereitstellen.
- Welche Aktivitäten tragen zu Wettbewerbsvorteilen oder Kernkompetenzen bei? Wenn ein Unternehmen eine stärkere Leistung in einer Aktivität (sei es durch effektivere oder durch effizientere Abläufe) als die Konkurrenz zeigt und diese strategisch wichtig ist, hat es einen Wettbewerbsvorteil. Wenn diese Aktivität auch nicht imitiert oder substituiert werden kann, handelt es sich um eine Kernkompetenz (siehe 4.5.2).
- Welche Aktivitäten eignen sich für Outsourcing? Die Wertekettenanalyse kann auch dafür genutzt werden, Aktivitäten zu identifizieren, die an andere Unternehmen ausgelagert werden. Wenn ein Unternehmen wenig Kompetenz in einer spezifischen Aktivität hat und ein Outsourcing-Partner diese Aktivität effizienter oder effektiver ausführen kann, sollte diese ausgelagert werden.

Beispiel

Abbildung 35 illustriert die **Wertekette eines Pharmaunternehmens**. In diesem Beispiel werden die strategische Wichtigkeit der Primäraktivitäten, der Budgetanteil der jeweiligen Aktivitäten und die relative Leistung (im Vergleich zum stärksten Mitbewerber) gezeigt. Sie zeigt, ob die in jede Aktivität investierten Ressourcen und die Leistung jeder Aktivität mit der strategischen Wichtigkeit übereinstimmen.

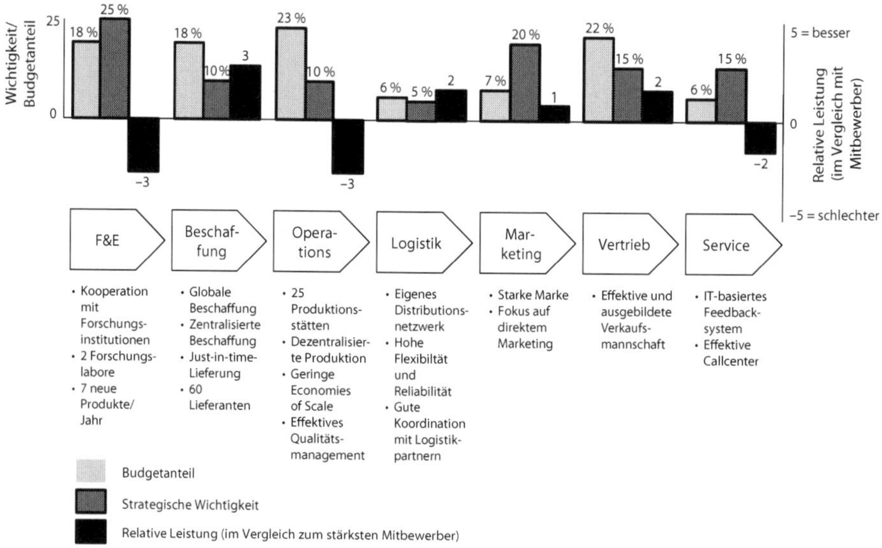

Abbildung 35: Analyse der Wertekette eines Pharmaunternehmens (Quelle: modifiziert nach *Müller-Stewens* & *Lechner*, 2005)

Folgende Schlüsse lassen sich daraus ziehen:

- F&E hat die größte strategische Wichtigkeit (25 Prozent), aber erhält nur 18 Prozent des Budgets. Da die Leistung von F&E unter der des stärksten Konkurrenten liegt, sollten mehr Ressourcen in diese Aktivität fließen, um die Leistung zu verbessern.
- Der Produktionsprozess ist problematisch. Er hat wenig strategische Relevanz (10 Prozent), aber benötigt 23 Prozent des Budgets und die Leistung ist unter der der Konkurrenz. Diese Aktivität ist ein Kandidat für Outsourcing-Bestrebungen.
- Auch das Marketing ist nicht im Gleichgewicht. Es ist von strategischer Wichtigkeit (20 Prozent), erhält allerdings nur 7 Prozent des Budgets. Da die Leistung aber über der Konkurrenz liegt, sind hier keine Änderungen nötig.

Eine weitere nützliche Darstellung der Wertekettenanalyse ist die Analyse der strategischen Wichtigkeit (**Strategic Priority Analysis – SPA**).[87] Unter der Verwendung einer zweidimensionalen Matrix, in der die Wichtigkeit der einzelnen Wertekettenaktivitäten auf der x-Achse aufgetragen wird und die Leistung auf der y-Achse, können vier Handlungsempfehlungen abgeleitet werden (Abbildung 36):

- Aktivitäten im Quadrant 1, die mit einer hohen Leistung und einer hohen Wichtigkeit charakterisiert sind, repräsentieren die Möglichkeit für das Erreichen oder Erhalten von Wettbewerbsvorteilen. Diese sind die Schlüsselstärken eines Unter-

87 *Martilla* & *James*, 1977.

nehmens. Für dieses Beispiel ist nur Marketing und Sales in diesem Quadranten eingetragen.

- Geringe Leistungen in sehr wichtigen Aktivitäten benötigen sofortige Aufmerksamkeit (Quadrant II). Um die Wettbewerbsfähigkeit zu erhöhen, muss ein Unternehmen diese Aktivitäten verbessern. Forschung und Entwicklung sowie Service benötigen in diesem Beispiel starke Verbesserungsmaßnahmen.
- Quadrant III umfasst Aktivitäten, die in der Leistung und der Wichtigkeit schwach sind. Normalerweise ist es nicht nötig, hier zusätzlichen Aufwand zu betreiben. Diese Aktivitäten der Wertekette sind von geringer Priorität. Im Fall des Pharmaunternehmens wurde der Prozess „Arbeitsabläufe" hier positioniert.
- Aktivitäten im Quadrant IV werden mit hoher Leistung, aber geringer Wichtigkeit bewertet. Das bedeutet, dass Ressourcen, die in diese Aktivitäten fließen, woanders genutzt werden können. In unserem Beispiel sind Beschaffung und Logistik hier positioniert.

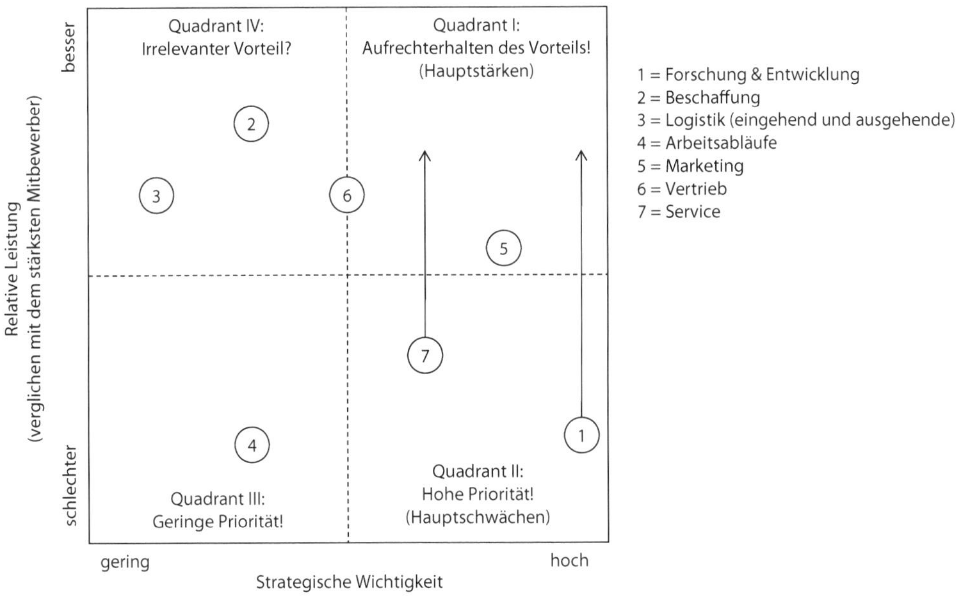

Abbildung 36: Analyse der strategischen Wichtigkeit (Strategic priority analysis – SPA)

Die Wertekettenanalyse ist ein wichtiges Instrument für eine Reihe von weiteren Analysen, wie z.B. Differenzierungsvorteile, Kernkompetenzen (4.5.2) und Generische Strategien (6.2.3).

4.3.2. Kernkompetenzen

Kernkompetenzen sind definiert als „integrierte und durch organisationale Lernprozesse koordinierte Gesamtheiten von Technologien, Know-how, Prozessen und Einstellungen,

- die für die Kundengruppen erkennbar wertvoll sind,
- gegenüber der Konkurrenz einmalig sind,
- schwer imitierbar sind und
- potenziell Zugang zu einer Vielzahl von Märkten eröffnen.“[88]

Die Identifikation von Kernkompetenzen umfasst drei Schritte, in denen folgende Fragen beantwortet werden:

Schritt 1: Was sind unsere Wettbewerbsvorteile gegenüber unseren Mitbewerbern?

Schritt 2: Welche Ressourcen und Fähigkeiten sind die Quellen für diese Vorteile?

Schritt 3: Welche dieser Ressourcen und Fähigkeiten sind wertvoll, einzigartig, nicht imitierbar und in andere Märkte und Branchen transferierbar?

Schritt 1

In einem ersten Schritt wird eine Liste mit Kaufkriterien (wie z.B. Produkteigenschaften, Produktqualität, Service, Markenimage, Preis) aus Kundensicht erstellt, basierend auf qualitativer Marktforschung. Mit Hilfe von Conjoint-Analyse, Beurteilungsskalen, Reihenfolgen oder konstanten Summen wird dann die relative Wichtigkeit der Faktoren bestimmt und die Leistung mit dem stärksten Konkurrenten verglichen.

Abbildung 37 zeigt ein hypothetisches Stärken/Schwächen-Profil für einen Produzenten von Modeschmuck. Sein Wettbewerbsvorteil gegenüber dem stärksten Mitbewerber liegt in dem modischen Design, dem Markennamen und der Produktqualität; nachteilig sind der hohe Preis und das Sortiment.

Kaufkriterien	Gewichtung	Leistung im Vergleich zum stärksten Mitbewerber (−2 = viel schlechter, 0 = gleich, +2 = viel besser)					Gewichtete Bewertung
		−2	−1	0	+1	+2	
Modisches Design	30					●	60
Produktqualität	20				●		20
Markenimage	15					●	30
Preis	25		●				−25
Sortiment	10		●				−10

Abbildung 37: Wettbewerbsvorteile aus der Kundensicht

Der nächste Schritt betrifft die Analyse von Quellen von Wettbewerbsvorteilen, indem die Wertekette[89] (siehe 4.5.1) des Unternehmens untersucht wird. Die Wertekette beinhaltet eine Reihe von Aktivitäten, die von einem Unternehmen realisiert werden, um Produkte zu entwickeln, herzustellen und auf den Markt zu bringen.

McKinsey and Company[90] haben eine generische Wertekette entwickelt, die aus sechs verschiedenen Prozessen besteht, die für die Erstellung und Vermarktung von Produkten benötigt werden: Technologieentwicklung, Produktdesign, Produktion, Marketing, Vertrieb und Service.

88 *Hinterhuber*, 2004b; *Hinterhuber* & *Matzler*, 2003.
89 *Porter*, 1985.
90 *Barney* & *Hesterly*, 2006.

Eine weitere weit verbreitete Variante der Wertekette wurde von *Michael E. Porter* entwickelt. Diese besteht aus Primäraktivitäten (die direkt mit der Produktion und der Distribution der Produkte verbunden sind) und Sekundäraktivitäten (die für die Unterstützung der Primäraktivitäten benötigt werden). Ein Unternehmen kann entscheiden, wie die einzelnen Aktivitäten unternehmensintern ausgeführt und welche an andere Unternehmen ausgelagert werden. Abhängig von der Leistung in den einzelnen Aktivitäten im Vergleich zu den Mitbewerbern kann das Unternehmen spezifische Stärken und Schwächen ableiten und kann mehr oder weniger Wert schaffen, indem es über mehr oder weniger effektive oder effiziente Prozesse verfügt als die Konkurrenz. Die strategische Wichtigkeit der einzelnen Aktivitäten hängt von der Branche ab. In der Pharmaindustrie sind beispielsweise Forschung und Entwicklung entscheidende Prozesse. Im Handel liegen die Erfolgsfaktoren in der Beschaffung und eingehenden Logistik. Für Consulting-Unternehmen ist das Personalmanagement essentiell.

Deshalb sollte ein Unternehmen die strategische Wichtigkeit jedes einzelnen Prozesses evaluieren und die Leistung mit der der Mitbewerber vergleichen, um Stärken und Schwächen zu identifizieren (siehe Abbildung 38).

	Kritische Erfolgsfaktoren (Aktivitäten der Wertekette)	Gewichtung	Leistung im Vergleich zum stärksten Mitbewerber (–2 = viel schlechter, 0 = gleich, +2 = viel besser)					Gewichtete Bewertung
			–2	–1	0	+1	+2	
Sekundäraktivitäten	Firmeninfrastruktur	5		●				–5
	Personalentwicklung	10			●			0
	Technologie-Entwicklung	20					●	40
	Beschaffung	2,5		●				–2,5
Primäraktivitäten	Eingehende Logistik	2,5			●			0
	Arbeitsabläufe	15					●	15
	Ausgehende Logistik	5			●			0
	Markting & Vertrieb	30					●	60
	Service	5				●		5

Abbildung 38: Werteketten-Analyse

Das Unternehmen in diesem Beispiel hat drei klare Wettbewerbsvorteile: Technologieentwicklung, Arbeitsabläufe und Marketing & Sales.

Im nächsten Schritt analysieren wir die Ressourcen und Fähigkeiten, die eine Quelle für Wettbewerbsvorteile sein können.

Schritt 2

Was führt zu individuellen Wettbewerbsvorteilen – aus der Kunden- und Werteketten-perspektive? Um diese Frage zu beantworten, identifizieren wir zuerst die Ressourcen und Fähigkeiten, die zu den Stärken und Wettbewerbsvorteilen des Unternehmens beitragen. Schritt für Schritt evaluieren wir die Ursachen für die jeweiligen Wettbewerbsvorteile, indem wir folgende Fragen stellen:

- Warum haben wir einen Vorteil in den Arbeitsabläufen?
- Warum sind wir in der Lage, ein qualitativ hochwertigeres Produkt mit einem modischeren Design als unsere Mitbewerber anzubieten?

Die Liste der tangiblen und intangiblen Ressourcen in Tabelle 7 und die Liste mit Beispielen für Fähigkeiten in Tabelle 8 helfen dabei, die Quellen der Wettbewerbsvorteile zu identifizieren.

Tangible Ressourcen	
Physische Ressourcen	Gebäude, Grundstücke, Entwicklungsstand der Maschinen, Zugang zu Rohstoffen …
Finanzielle Ressourcen	Eigenkapital, Fremdkapital, Kreditwürdigkeit …
Organisationale Ressourcen	Planungssysteme, Kontrollsystem, Management-Informationssystem, Koordinationssystem …
Intangible Ressourcen	
Humanressourcen	Wissen, Vertrauen, Ausbildung der Mitarbeiterinnen und Mitarbeiter, unternehmerische Fähigkeiten, Ideen, Innovationspotenzial, Commitment und Loyalität …
Technologische Ressourcen	Technologien, Patente, Forschungsnetzwerke, technisches und wissenschaftliches Personal …
Kulturelle Ressourcen	Unternehmenskultur, Kooperationsverhalten, Reputation des Unternehmens (bei Kunden, Lieferanten etc.), Markenwiedererkennung, Image …

Tabelle 7: Beispiele für Ressourcen als Quelle von Wettbewerbsvorteilen[91]

Funktionaler Bereich	**Fähigkeiten**
Unternehmensebene	• Finanzielle Kontrolle • Strategisches Management der Geschäftseinheiten • Innovationsfähigkeit • Multidivisionale Koordination • Akquisitionsmanagement
Managementinformation	Gut funktionierendes Managementinformationssystem und MIS-basierte Entscheidungsfindung
Forschung & Entwicklung	• Forschungskompetenzen • Produktentwicklungskompetenzen • Prozessentwicklungskompetenzen
Logistik	• Logistische Kompetenzen • Prozesskontrolle • Schnittstellenmanagement
Produktion	• Nutzung von Economies of Scale • Kontinuierliche Verbesserung • Flexibilität

91 Modifiziert nach *Grant*, 2008.

Produktdesign	Design-Fähigkeiten
Marketing	• Markenmanagement • Fähigkeiten, auf Marktbedürfnisse zu reagieren • Kundenbeziehungsmanagement
Distribution/Vertrieb	• Effizienz bei der Akquisition und dem Bestellprozess • Geschwindigkeit der Distribution • Qualität des Kundenservices

Tabelle 8: Beispiele für Fähigkeiten als Quelle von Wettbewerbsvorteilen[92]

Tabelle 9 zeigt die Ressourcen und Fähigkeiten, die die Quelle der Wettbewerbsvorteile in unserem Beispiel sind.

Wettbewerbsvorteile aus Kundensicht	**Ressourcen und Fähigkeiten hinter den Vorteilen**
Modisches Design	Trendkompetenz: Fähigkeit, Trends vorauszusehen, beispielsweise durch ein weltweites Netzwerk von Trendforschern, Designern und Künstlern
Produktqualität	Technisch ausgereifte Fertigungsstätten und Qualitätsmanagementsysteme; einzigartige Schleiftechnologie, die zur Herstellung von Kristallen mit höchster Qualität führt
Markenimage	• Marketingkompetenz: hoch qualifiziertes und erfahrenes Marketingpersonal • Jahrzehnte, in denen höchste Qualität produziert und ein hervorragender Markenname aufgebaut wurde • Kundenbeziehungsmanagementsysteme
Wettbewerbsvorteile in der Wertekette	**Ressourcen und Fähigkeiten hinter den Vorteilen**
Technologieentwicklung	• „First Mover“ in der Entwicklung der Schleiftechnologie mit ständigen Investitionen in die Technologieverbesserung • Hochqualifiziertes Personal
Arbeitsabläufe	Technisch ausgereifte Fertigungsstätten und Qualitätsmanagementsysteme
Marketing & Sales	Hochqualifiziertes und erfahrenes Marketingpersonal
Service	Gut organisierte Vertriebs- und Kundenservice-Abteilungen

Tabelle 9: Ressourcen und Fähigkeiten als Quelle von Wettbewerbsvorteilen

92 Modifiziert nach *Grant*, 2008.

Schritt 3

Kernkompetenzen haben folgenden Eigenschaften: Sie sind wertvoll, selten, nicht imitierbar, ohne Substitute und auf andere Märkte transferierbar. Deshalb wird jede Quelle von Wettbewerbsvorteilen auf diese Voraussetzungen hin analysiert, indem jede der folgenden Fragen beantwortet wird:

- Ist die Ressource oder Fähigkeit wertvoll, d.h. führt sie zu klaren Wettbewerbsvorteilen auf unserem Markt?
- Ist die Ressource oder Fähigkeit selten, d.h. hat kein anderer Mitbewerber diese Ressource oder Fähigkeit?
- Ist die Ressource oder Fähigkeit nicht imitier- oder substituierbar, d.h. haben Mitbewerber Schwierigkeiten, diese zu bekommen oder zu entwickeln?
- Ist die Ressource oder Fähigkeit auf andere Märkte oder Produkte transferierbar, d.h. kann sie genutzt werden, um Wettbewerbsvorteile auf neuen Märkten zu gewinnen?

Abbildung 39 zeigt ein einfaches Instrument, das dabei hilft, Kernkompetenzen auf Basis dieser vier Fragen zu identifizieren.

Ressource oder Fähigkeit	Ist die Ressource/ Fähigkeit wertvoll?	Ist die Ressource/ Fähigkeit selten?	Ist die Ressource/ Fähigkeit schwer zu imitieren/substituieren?	Ist die Ressource/ Fähigkeit transferierbar?	Evaluation
Hoch qualifiziertes und erfahrenes Marketingpersonal	Ja [x] Nein [ ]	Ja [ ] Nein [x]	Ja [ ] Nein [x]	Ja [x] Nein [ ]	Kein Wettbewerbsvorteil
Fähigkeit, Trends vorauszusehen	Ja [x] Nein [ ]	Ja [x] Nein [ ]	Ja [x] Nein [ ]	Ja [x] Nein [ ]	Kernkompetenz!
Technisch ausgereifte Fertigungsstätten und Qualitätsmanagementsysteme	Ja [x] Nein [ ]	Ja [x] Nein [ ]	Ja [ ] Nein [x]	Ja [x] Nein [ ]	Kurzfristiger Vorteil
Einzigartige Schleiftechnologie	Ja [x] Nein [ ]	Ja [x] Nein [ ]	Ja [x] Nein [ ]	Ja [x] Nein [ ]	Kernkompetenz!
Höchste Qualität, hervorragender Markenname, Management-fähigkeiten	Ja [x] Nein [ ]	Ja [x] Nein [ ]	Ja [ ] Nein [x]	Ja [x] Nein [ ]	Kurzfristiger Vorteil
Kundenbeziehungs-managementsysteme	Ja [x] Nein [ ]	Ja [ ] Nein [x]	Ja [ ] Nein [x]	Ja [x] Nein [ ]	Kein Wettbewerbsvorteil
Hoch qualifizierte Ingenieure	Ja [x] Nein [ ]	Ja [x] Nein [ ]	Ja [ ] Nein [x]	Ja [x] Nein [ ]	Kurzfristiger Vorteil
Gut organisierte Vertriebs- und Kundenservice-Abteilungen	Ja [x] Nein [ ]	Ja [x] Nein [ ]	Ja [ ] Nein [x]	Ja [x] Nein [ ]	Kurzfristiger Vorteil

Abbildung 39: Identifikation von Kernkompetenzen

Wenn Ressourcen oder Fähigkeiten wertvoll, aber nicht selten sind, führen sie nicht zu einem Wettbewerbsvorteil (z.B. hochqualifizierte und erfahrene Marketing-Mitarbeiterinnen und -mitarbeiter in unserem Beispiel). Sind sie wertvoll und selten, aber nicht schwer zu imitieren oder zu substituieren, resultieren sie nur in einem kurzfristigen Vorteil (z.B. ein ausgefeiltes Qualitätsmanagementsystem). Sind Ressourcen und Fähigkeiten wertvoll, selten, schwer zu imitieren und zu substituieren, bieten sie einen langfristigen Wettbewerbsvorteil. Wenn sie darüber hinaus noch auf andere Märkte transferierbar bzw. für andere Produkte einsetzbar sind, können sie für eine erfolgreiche Diversifikationsstrategie eingesetzt werden (z.B. Schleiftechnologien). Deshalb sind die Fähigkeit, Trends vorauszusagen und die einzigartige Schleiftechnologie Kernkompetenzen. Da sie für weitere Märkte und Produkte genutzt werden können (z.B. Kristallfiguren, Schmuck und Accessoires, Heimdecor), bilden sie die Quelle von langfristigen Wettbewerbsvorteilen.

4.3.3. Dynamische Fähigkeiten

Ein Kritikpunkt am RBV ist, dass dieser als statische Perspektive die Kernkompetenzen eines Unternehmens nur zu einem bestimmten Zeitpunkt identifiziert. Da sich im heutigen sehr komplexen Unternehmensumfeld Technologien, Kundenbedürfnisse und Wettbewerbsbedingungen rasant weiterentwickeln und verändern, ist das Vorliegen von Kernkompetenzen zu einem bestimmten Zeitpunkt allerdings nicht mehr ausreichend, um langfristig Wettbewerbsvorteile zu erlangen. Vielmehr braucht es sogenannte dynamische Fähigkeiten, die es erlauben, bestehende operationale und funktionale Fähigkeiten und Kernkompetenzen anzupassen, weiterzuentwickeln oder bei Bedarf neu zu entwickeln. Dynamische Fähigkeiten beschreiben somit laut *David Teece* das Potenzial von Unternehmen,

- sich an schnell ändernde Bedingungen im Unternehmensumfeld und am Markt anzupassen,
- Chancen zu identifizieren und zu nutzen, indem vorhandene interne Bündel an Ressourcen und Fähigkeiten verändert, weiterentwickelt und neu entwickelt und
- externe Ressourcen und Fähigkeiten neu in das Unternehmen integriert werden.[93]

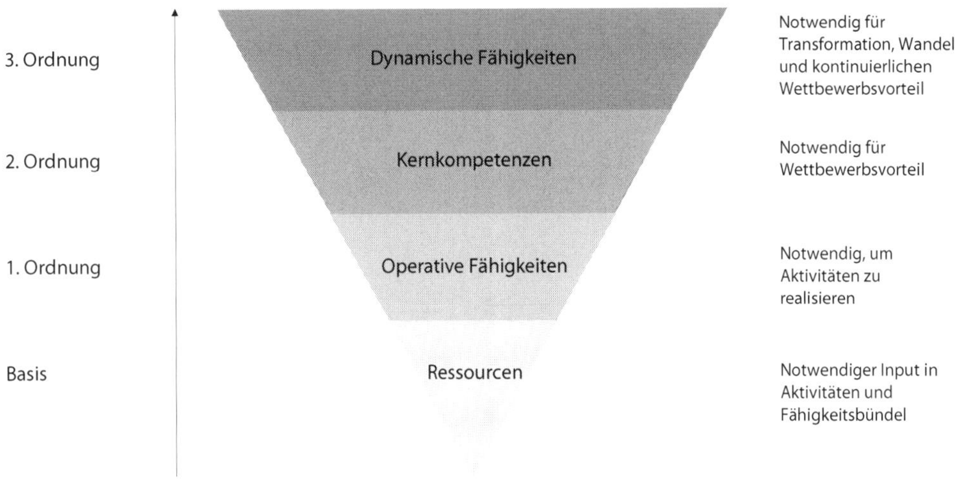

Abbildung 40: Ebenen der Fähigkeiten (Quelle: basierend auf *Ambrosini* & *Bowman*, 2009)

93 *Teece*, 2007; *Teece, Pisano* & *Shuen*, 1997.

Dynamische Fähigkeiten werden oft als übergeordnete „Meta-Fähigkeiten" beschrieben.[94] Sie beinhalten

(1) das Erkennen von Gelegenheiten und Chancen,
(2) das Ergreifen dieser Gelegenheiten,
(3) das Transformieren dieser Gelegenheiten durch Verbessern, Rekombinieren und Schützen von Investments.[95]

Unternehmen, die über dynamische Fähigkeiten verfügen, nutzen diese, um sich durch Innovation an veränderte Umweltbedingungen schneller anzupassen und somit immer wieder Wettbewerbsvorteile zu erlangen. Indem nicht nur die vorhandenen Ressourcen und Fähigkeiten rekombiniert und weiterentwickelt werden, sondern gleichzeitig externe Ressourcen und Fähigkeiten integriert werden, können Unternehmen Marktentwicklungen besser antizipieren, Optionen erkennen, innovative Produkte und Geschäftsmodelle entwickeln und neue Geschäftsfelder erschließen.

Kritik am Konzept der dynamischen Fähigkeiten betrifft vor allem die Abstraktheit des Konzepts und die damit verbundenen Schwierigkeiten, diese systematisch zu identifizieren und zu analysieren.[96] Es hilft hierbei, dynamische Fähigkeiten mit spezifischen, systematischen und identifizierbaren Prozessen, Mustern und Routinen gleichzusetzen.[97]

Beispiel

Ein Beispiel ist **IBM**, das unter der Führung von CEO *Lou Gerstner* durch die Einführung systematischer Managementprozesse dynamische Fähigkeiten aufbauen konnte. In den 1990er Jahren hatte IBM große Probleme, an frühere Erfolge anzuknüpfen. *Gerstner* analysierte: „...the company didn't lack for smart, talented people. Its problems weren't fundamentally technical in nature. It had file drawers full of winning strategies. Yet the company was frozen in place."[98]

IBM war nicht in der Lage, auf neue Möglichkeiten entsprechend zu reagieren und Ressourcen und Fähigkeiten im Unternehmen zu verändern und umzuschichten. Daraufhin wurden mehrere Prozesse zur systematischen Identifizierung von neuen Geschäftsfeldern und neuer potenzieller Geschäftsmodelle eingeführt. Diese umfassten das Identifizieren von neuen technologischen Trends und disruptiven Technologien, die das Potenzial haben, Industrien langfristig zu transformieren. Dazu gab es regelmäßige Treffen diverser Teams mit Teilnehmern aus unterschiedlichsten Funktionen und Geschäftsbereichen. Weitere Prozesse betrafen das systematische Transformieren dieser Ideen in strategische Initiativen durch Investieren und Schützen dieser neuen Geschäftsfelder.[99]

94 *Ambrosini* & *Bowman*, 2009.
95 *Teece*, 2007.
96 *Collis*, *Anand* & *Field*, 2021.
97 *Grant*, 2018.
98 *Harreld*, *O'Reilly III* & *Tushman*, 2007. p. 26.
99 *Harreld*, *O'Reilly III* & *Tushman*, 2007.

4.4. Die SWOT-Analyse

„A pessimist sees the difficulty in every opportunity;
an optimist sees the opportunity in every difficulty.“
(*Winston Churchill* [100])

Die SWOT-Analyse ist die systematische Bewertung der Stärken (**S**trenghts), Schwächen (**W**eaknesses), Chancen/Möglichkeiten (**O**pportunities) und Risiken/Bedrohungen (**R**isks) eines Unternehmens und deren strategischen Implikationen. Dieses Instrument wird im strategischen Management sehr häufig verwendet.[101] Die Basis der SWOT-Analyse ist die Identifizierung von Stärken und Schwächen eines Unternehmens, die im Wesentlichen auf der Internen Analyse (siehe Kernkompetenzen und Werteketten-Analyse) aufbaut, und von Möglichkeiten und Bedrohungen, die aus der Externen Analyse (siehe PESTEL-Analyse, Branchenanalyse und Konkurrenzanalyse) abgeleitet werden.[102]

Zu oft endet hier aber die SWOT-Analyse – es werden einfach die Stärken und Schwächen des Unternehmens und Entwicklungen der Umwelt beschrieben. Außerdem beziehen sich die identifizierten Stärken oft nicht auf wirkliche Kernkompetenzen, sondern auf Bereiche, die das Unternehmen „ganz gut“ macht. Die SWOT-Analyse ist aber nur dann ein sinnvolles Instrument, wenn die Stärken rigoros definiert werden. Eine Stärke ist nicht einfach ein Bereich, in dem ein Unternehmen seine Sache gut macht, sondern in dem das Unternehmen besser als die Konkurrenz ist oder – noch besser – jemals sein kann. Wichtig ist, dass das Ergebnis der SWOT-Analyse nicht nur beschreibender Natur (deskriptiv) ist, sondern auch Handlungsempfehlungen für die Zukunft gibt. Deshalb soll die SWOT-Analyse zu Aktionen und Strategien, die auf der genauen Prüfung der Faktoren basieren, führen.

Stärken und Schwächen werden prinzipiell aus der Internen Analyse generiert, aber es werden auch Vergleiche mit Konkurrenten gezogen. Die Chancen und Risiken werden aus der Umweltanalyse abgeleitet. Diese beiden Analyse-Schritte müssen also vor der SWOT-Analyse durchgeführt werden. Im Folgenden werden zusätzliche Faktoren beschrieben, die nicht in der klassischen Internen bzw. Externen Analyse diskutiert wurden.

Wie bereits beschrieben, bringt die SWOT-Analyse nicht nur Beschreibungen, sondern auch Handlungsempfehlungen für Aktivitäten und Ressourcen. Wenn beide Dimensionen Stärken/Schwächen und Chancen/Risiken kombiniert werden, ergibt sich eine 2 × 2-Matrix. Für jedes Feld können nun Handlungsempfehlungen gegeben werden. Das größte Augenmerk liegt auf dem Feld Stärken/Chancen, weil sich hieraus die attraktivsten Ziele ergeben. Diese Ziele können auch für die Zielplanung genutzt werden. Das Feld Schwächen/Risiken, d.h. eine Bedrohung von außen zeigt die Schwäche eines Unternehmens – muss aber auch betrachtet werden, um diese Situationen zu vermeiden. Abbildung 41 zeigt die strategischen Implikationen der SWOT-Analyse.

100 *Langworth*, 2008.
101 *Fehringer*, 2007.
102 *Andrews*, 1971.

	Stärken	Schwächen
Chancen	NUTZEN (EXPLOIT): Verwendung von Stärken, um Chancen zu nutzen *Dies ist das Feld, um Strategien basierend auf angestrebten Chancen und den Unternehmensstärken zu entwickeln.*	ENTWICKELN (DEVELOP): Investitionen, um Schwächen in Stärken zu verwandeln und dann Chancen nutzen zu können; und/oder Investitionen, um Schwächen durch das Nutzen von Chancen zu minimieren.
Risiken	KÄMPFEN (CONTEND): Nutzung von Stärken, um Risiken zu vermeiden, um Risiken in neutrale Faktoren oder sogar in Chancen zu verwandeln	ANSPRECHEN/VERMEIDEN (ADDRESS/AVOID): Sich mit Schwächen befassen und Risiken vermeiden. Wenn die Risiken das Kerngeschäft schädigen, müssen die Schwächen mit Hilfe von Investitionen behoben werden. Wenn das Kerngeschäft nicht betroffen ist, sollten diese Situationen vermieden werden.

Abbildung 41: Strategische Implikationen einer SWOT-Analyse.

Interne Faktoren **Externe Faktoren**	**Strengths (S)** S1 S2 S3 S4 S5	**Weaknesses (W)** W1 W2 W3 W4 W5
Opportunities (O) O1 O2 O3 O4 O5	**SO-Strategien**	**WO-Strategien**
Threats (T) T1 T2 T3 T4 T5	**ST-Strategien**	**WT-Strategien**

Abbildung 42: Aufbau einer SWOT-Analyse

Die wesentlichen Schritte der SWOT-Analyse sind:

(1) Analyse der Wettbewerbsvorteile eines Unternehmens. Dabei kann die Stärken/Schwächen-Analyse sowie die Wertekettenanalyse des Unternehmens bzw. seiner Konkurrenten verwendet werden. Es ist aber wichtig, dass eine Stärke nicht ein Bereich ist, in dem das Unternehmen nur gut ist, sondern in dem es (langfristig) besser als die Konkurrenz ist.
(2) Analyse der Umwelt, um Chancen und Risiken zu identifizieren. Besonderes Augenmerk sollte dabei auf die Veränderungen von Konsum- und Kaufverhalten von Kunden gelegt werden.
(3) Identifizierung von Strategiealternativen und Anforderungen durch die Kombination von Stärken/Schwächen und Chancen/Risiken in der oben dargestellten Matrix.
(4) Priorisierung, Planung und Ausführung.

Beispiel

Abbildung 43 illustriert am Beispiel von **Nespresso**, wie die einzelnen Felder der Matrix mit Strategien und Aktionen ausgefüllt wurden. Die Beschreibungen von Stärken, Schwächen, Chancen und Risiken stehen auf den Achsen. In den Feldern der Matrix werden Strategie-Alternativen eingetragen.

Interne Faktoren **Externe Faktoren**	**Strengths (S)** • Hoher Marktanteil • Hohe Markenbekanntheit • Value Proposition (Exklusivität, Qualität, Convenience, Customization) • Exklusives Markenimage • Nachhaltige Kaffee-Produktion • Qualität und Design der Maschinen • Service • Hohe Kundenloyalität • Einzigartiges Geschäftsmodell	**Weaknesses (W)** • Ausgelaufener Patentschutz für Kapseln • Hoher Preis, daher durch Billiganbieter angreifbar • Geringe Distributionsdichte • Recycling-System von Kunden nicht vollständig angenommen
Opportunities (O) • Wachstumsmöglichkeiten außerhalb des Consumer Markets • Wachstumsmöglichkeiten durch Accessories • Wachstumsmöglichkeiten durch neue Distributionskanäle	**SO-Strategies** z.B. Nutzung der Markenbekanntheit und des exklusiven Markenimages, um das Nespresso-System in neuen Zielmärkten zu vermarkten (z.B. Hotelzimmer)	**WO-Strategies** z.B. Kooperationen mit anderen Kaffeeherstellern (Co-Branding), um neue Distributionskanäle zu bedienen (z.B. Supermärkte)
Threats (T) • Steigendes Umweltbewusstsein • Neue Konkurrenten • Imitationen des Systems • Kompatible Kapseln von Fremdherstellern	**ST-Strategies** z.B. Entwicklung einer Nachhaltigkeitsstrategie gemeinsam mit Kaffeeproduzenten	**WT-Strategies** z.B. Marketing-Kampagne, um Recycling-System bekannter zu machen

Abbildung 43: Beispiel einer Stärken-, Schwächen-, Chancen- und Risiken-Matrix (Nespresso)

4.5. Der Trendradar

Eine Entwicklung von Strategien erfordert eine strukturierte Auseinandersetzung mit der möglichen Zukunft des Unternehmens bzw. des Geschäftsmodells. Dazu ist es notwendig, ein tiefes Verständnis der wichtigsten Trends in der Umwelt des Unternehmens (Branchenumwelt – 5-Forces-Analyse, Allgemeine Umwelt – PESTEL-Analyse) zu entwickeln und zu erkennen, welche Trends das Geschäftsmodell bzw. das Unternehmen beeinflussen werden.

Ein einfaches Instrument, das vor allem der strukturierten Analyse von Trends und deren Visualisierung dient, ist der Trendradar. So wie auf einem Radarbildschirm, der einzelne Signale nach deren Entfernung zu einem zentralen Punkt darstellt, bildet der Trendradar unterschiedliche relevante Trends ab – ganz außen jene Trends, die noch in weiter Zukunft liegen, im mittleren Bereiche die mittelfristigen Trends und im Zentrum die kurzfristigen bzw. aktuellen Trends (siehe Abbildung 44). Durch diese Einteilung hinsichtlich der Fristigkeit lassen sich auch gleich Implikationen für das Management ableiten:

(1) Langfristige Trends (> 5 Jahre), Beobachten: Hier gilt es in der Regel, diese Trends zu beobachten und in der strategischen Planung zu berücksichtigen, wenn sie sich nach innen bewegen.
(2) Mittelfristige Trends (2–5 Jahre), Planen: Diese Trends sollten bereits in die strategische Planung des Unternehmens einfließen, da sie innerhalb von 2–5 Jahren relevant werden.
(3) Kurzfristige Trends (1–2 Jahre), Handeln: Diese Trends sind kurzfristig wirksam und beeinflussen das Geschäftsmodell des Unternehmens innerhalb der nächsten 1–2 Jahre.
(4) Aktuelle Trends, Sofortmaßnahmen: Diese Trends sind bereits eingetreten und ein sofortiges Reagieren ist nötig.

Trends lassen sich auch danach bewerten, wie stark sie das Geschäftsmodell beeinflussen werden. Die Größe der Punkte im Trendradar spiegelt die Relevanz der Trends (d.h. deren Einfluss auf das Geschäftsmodell – stark, mittel, niedrig). „Autonomes Fahren" beispielsweise wird die Branche der Mobilität sehr stark verändern, es wird aber noch Jahre dauern, bis die Stufe 5 des autonomen Fahrens (autonomes Fahren ohne Fahrer) erreicht wird.

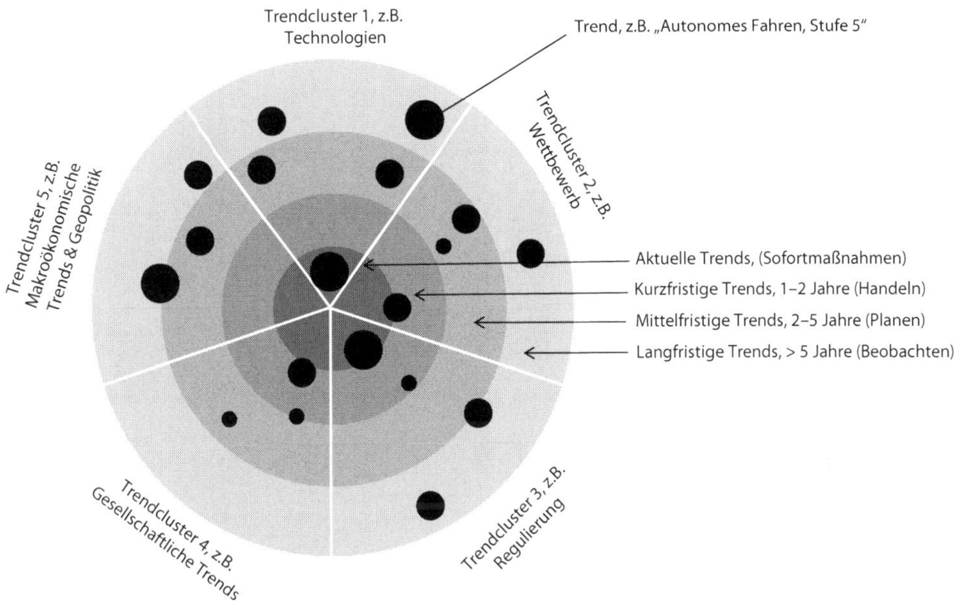

Abbildung 44: Beispiel Trendradar (Quelle: in Anlehnung an *Stadler, Hautz, Matzler* & *von den Eichen*, 2021)

Bei der Erstellung eines Trendradars geht man am besten in mehreren Schritten vor und arbeitet in interdisziplinär zusammengesetzten Arbeitsgruppen, um eine möglichst umfassende und realistische Identifikation und Bewertung von Trends sicherzustellen.

Schritt 1: **Definition der Suchfelder.** Ausgangspunkt für einen Trendradar sind in der Regel eine PESTEL-Analyse (siehe 4.2) und die Branchenanalyse (siehe 4.3), die die wichtigsten Umweltfaktoren zusammenfasst. Daraus werden die wichtigsten Themenfelder (Trendcluster) für die Trendanalyse identifiziert.

Schritt 2: **Identifikation der Trends.** Hier ist eine möglichst breite Analyse wichtig – auch unter Einbindung externer Expertinnen und Experten –, um alle relevanten Trends zu identifizieren. In dieser Stufe kann man sich natürlicher vieler Trendanalysen unterschiedlicher Think Tanks oder Beratungsagenturen bedienen (z.B. Megatrends), die auch branchen- bzw. länderspezifisch vorhanden sind. Es kommt aber immer wesentlich darauf an, zu untersuchen, wie einzelne Trends das eigene Geschäftsmodell beeinflussen.

Schritt 3: **Bewertung der Trends.** Die Trends werden nun nach zwei Kriterien bewertet: 1. Wie stark ist der Einfluss dieses Trends auf unser Geschäftsmodell (stark, mittel, niedrig)? und 2. Wann wird dieser Trend relevant (aktuell, kurzfristig, mittelfristig, langfristig)?

Schritt 4: **Visualisierung der Trends im Trendradar** (siehe Abbildung 44). Der Trendradar ist ein sehr gutes Visualisierungs- und Kommunikationsinstrument und ermöglicht die laufende Beobachtung einzelner Trends mit ihren zeitlichen Veränderungen.

Schritt 5: **Maßnahmen.** Entsprechend der Einordnung der Trends in den Trendradar werden nun einzelne Strategien und Maßnahmen erarbeitet, wie das Unternehmen auf die Trends reagieren soll.

4.6. Die Szenario-Analyse

Die Szenario-Analyse ist ein Planungsinstrument, das simultan verschiedene Einflussfaktoren (oder Treiber der Zukunft) verbindet, um mögliche Zukunftsvisionen oder Szenarien zu kreieren.[103] Im Gegensatz zur Prognose, bei der die Frage „Wie wird die Zukunft aussehen?" gestellt wird, wird bei der Szenario-Analyse gefragt „Wie könnte die Welt aussehen ... und was können wir tun, damit die Zukunft so wird?". Darüber hinaus wird die Frage gestellt: „Was sollten wir jetzt tun, damit wir für die Zukunft gerüstet sind, nur für den Fall, dass die Zukunft tatsächlich so aussieht?"

Will beispielsweise ein Automobilhersteller die Marktpenetration von Elektroautos vorhersagen, wird er im Rahmen einer Szenario-Analyse unterschiedliche Trends identifizieren, die einen Einfluss darauf haben, und diese dann zusammenführen, um daraus eine Prognose zu erstellen. Unter diesen Trends sind dann Treiber wie TCO (Total Cost of Ownership, darunter fallen unter anderem die Entwicklung der Batteriepreise, Entwicklung der Stromkosten), Funktionalität (z.B. Batteriereichweite), Ausbau der Ladeinfrastruktur, Förderungen usw.

In der Szenario-Analyse werden also verschiedene zusammenlaufende Faktoren bzw. Treiber kombiniert, um komplexe mögliche Zukunftsvisionen zu ermitteln, die zumindest eine bestimmte Eintrittswahrscheinlichkeit haben. Eine Szenario-Analyse berücksichtigt mehrere Faktoren, die sich gleichzeitig ändern können, die dann wiederum die langfristigen Entwicklungen beeinflussen können. Deshalb umfasst die Szenario-Analyse eine sehr facettenreiche Realität.

Im Beispiel des Elektroautoherstellers könnte ein optimistisches Szenario folgendermaßen aussehen: stark fallende Batteriepreise, ein starkes Ansteigen der Batteriereichweiten, eine sehr gut ausgebaute Ladeinfrastruktur und zahlreiche Förderungen für den Ankauf von Elektroautos durch die öffentliche Hand. In einem pessimistischen Szenario könnte man von nur geringen Reduktionen der Batteriekosten, geringen Verbesserungen der Reichweiten, einer mangelhaft ausgebauten Ladeinfrastruktur usw. ausgehen. Solche umfangreiche Beschreibung einzelner Treiber kann die Zukunft in einer realistischeren Weise darstellen und einen besseren Ausgangspunkt für die Strategieformulierung bieten.

In diesem Beispiel werden vier Faktoren (Treiber) mit drei verschiedenen Ausprägungsmöglichkeiten für die Zukunftsanalyse herangezogen. Daraus lassen sich 81 Szenarien generieren. Allerdings würde niemand 81 Szenarien analysieren wollen, da die meisten davon gar nicht eintreten werden. Deshalb wird eine Auswahl getroffen, um die drei bis vier plausibelsten oder geeignetsten Szenarien zu ermitteln, die für die weitere strategische Analyse herangezogen werden. Für diese Szenarien werden mögliche Strategien erarbeitet, die wichtigsten Einflussfaktoren der Zukunft identifiziert und Aktivitäten, um für diese Zukunft gerüstet zu sein, erarbeitet.

103 *Shoemaker*, 1995.

Die Erstellung einer Szenario-Analyse erfolgt in mehreren Schritten:[104]

(1) Definition des Fokus der Analyse
(2) Identifizierung der Einflussfaktoren für die zukünftigen Entwicklungen
(3) Spezifizierung der Ausprägungen, Veränderungen oder Ereignisse, die die Zukunft beeinflussen können
(4) Kombination dieser Faktoren, um vollständige Szenarien zu entwickeln
(5) Auswahl von drei bis vier Szenarien
(6) Analyse der ausgewählten Szenarien und Strategieentwicklung
(7) Integration der Ergebnisse, um kurz- und langfristige Strategien, Aktivitäten und Investitionen zu entwickeln und Ausarbeitung der strategischen Pläne

Definition des Fokus der Analyse

Viele Szenarien dienen zur Ausarbeitung einer bestimmten Strategie, wie beispielsweise der Marketingstrategie. Dabei ist das Ziel, herauszufinden, welche Produkte auf den Zielmärkten angeboten werden sollen. Um eine tiefgehende Analyse zu ermöglichen, benötigt man kreatives Denken, die Identifikation der relevanten Umweltfaktoren und der internen Einflüsse sowie die Festlegung eines spezifischen Zeitrahmens (wobei meist eine langfristige Sichtweise eingenommen wird).

In unserem Beispiel wird eine Szenarioanalyse für die Marktpenetration (Markthochlauf) von Elektroautos im Jahre 2030 in Deutschland durchgeführt.

Identifizierung der Einflussfaktoren für die zukünftigen Entwicklungen

Welche Faktoren können nun einen Einfluss auf die Unternehmenszukunft oder die Branchenentwicklung haben? Welche sind davon am wichtigsten? Dies sind die Fragen, die in diesem Schritt gestellt werden. Dabei werden die drei bis fünf wichtigsten Einflussfaktoren, basierend auf der PESTEL-Analyse (4.2) und der internen Analyse (4.5), ermittelt. Einzelne Treiber eines Szenarios können aber auch von unternehmensinternen Faktoren abhängen, wie F&E Projekte, neue Geschäftsmodellentwicklungen usw.

In unserem Beispiel der Szenario-Analyse für Elektroautos sind die Haupttreiber für die Marktpenetration die Total Cost of Ownership (z.B. Batteriepreise, Strompreise, laufende Kosten eines Elektroautos), Funktionalität eines Elektroautos (z.B. Reichweite, Angebotsvielfalt), Ladeinfrastruktur und Regulierung/Förderungen.

Spezifizierung der Ausprägungen, Veränderungen oder Ereignisse, die die Zukunft beeinflussen können

Einflussfaktoren können viele Ausprägungen haben, die nicht alle wahrscheinlich sind, aber dennoch möglich. Beispielsweise kann die Inflationsrate theoretisch jeden beliebigen Prozentsatz annehmen. In der Realität wird sie sich zwischen null (oder in seltenen Fällen der Deflation mit einem negativen Prozentsatz) und 15 Prozent bewegen (außer es wird eine Hyperinflation vermutet). Für die Szenario-Analyse ist es aber ausreichend, ungefähre Werte zu verwenden (statt Ausprägungen von 2,0 Prozent, 2,1 Prozent, 2,2 Prozent usw., sollten eine geringe Inflationsrate von beispielsweise 2 Prozent, eine moderate

104 Dieser Prozess wurde von *Mercer* (1995) übernommen.

Inflationsrate von 6 Prozent und eine hohe Inflationsrate von 12 Prozent verwendet werden). Die Wahrscheinlichkeit, dass bei diesen Ausprägungen die tatsächliche Inflationsrate der Zukunft exakt geschätzt wurde, ist gering. Darum geht es bei der Szenario-Analyse aber auch nicht. Durch die Kombination mehrerer Triebkräfte und verschiedener Ausprägungen wird eine Reihe möglicher Szenarien gebildet, die dann für die Strategieformulierung verwendet werden. Das Ziel ist es, eine Auswahl aller möglichen Szenarien zu entwickeln – auch Extremfälle.

Beispiele für die Ausprägungen einzelner Treiber für das Szenario der Marktpenetration von Elektroautos bis 2030 könnten Batteriepreise zwischen 120 EUR/kWh, 90 EUR/kWh, oder 65 EUR/kWh sein. Die EU könnte CO_2-Grenzen für Flotten zwischen 90 g/km, 65 g/km oder 49 g/km festlegen.

Kombination dieser Faktoren, um vollständige Szenarien zu entwickeln

Der nächste Schritt ist die Kombination der Einflussfaktoren, um konsistente Szenarien zu entwickeln (siehe Abbildung 45). Es könnten dabei aber Ausprägungen kombiniert werden, die gar nicht zusammenpassen. Deshalb muss auf Konsistenz geachtet werden.

In unserem Beispiel wäre es unwahrscheinlich, dass die EU hohe CO_2-Flottengrenzen setzt und nicht gleichzeitig Förderungen für Elektroautos vergeben werden, da Elektroautos wichtig sind, um die CO_2Grenzwerte einzuhalten. Ein intern konsistentes Szenario würde daher niedrige CO_2-Grenzwerte und Förderungen beinhalten.

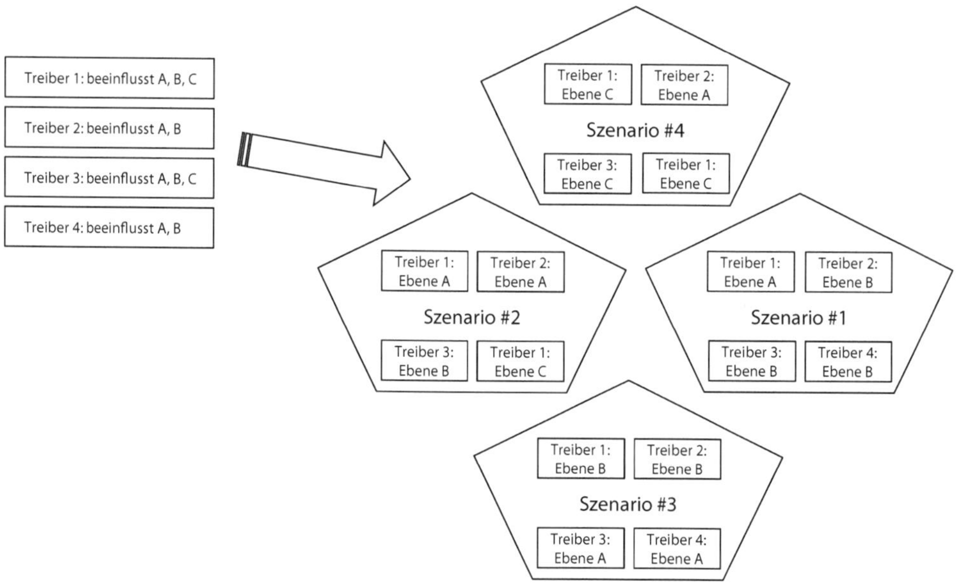

Abbildung 45: Treiber der Szenarien

Auswahl von drei bis vier Szenarien

Wenige Einflussfaktoren können schnell eine unüberschaubare Anzahl von Szenarien generieren (je nach Anzahl der Ausprägungen). Deshalb muss die Auswahl auf drei bis vier Szenarien eingeschränkt werden, die aber eine Auswahl an möglichen Zukunftsvisionen beinhaltet. So kann der Einsatz auf einige wenige Szenarien beschränkt werden und damit kann die Analyse mehr ins Detail gehen. Die Realität wird natürlich anders als eines der entwickelten Szenarien sein, aber die Auswahl von drei bis vier Szenarien kann doch die Betrachtung der möglichen Zukunft und der möglichen Implikationen erleichtern. Zu diesem Zeitpunkt ist es sinnvoll, den Szenarien Namen zu geben, um die Diskussion anzuregen und einen Überblick zu behalten. Hilfreich ist auch, die Szenarien sehr detailgenau zu beschreiben. Häufig werden dabei pessimistische, realistische und optimistische Szenarien erstellt.

In unserem Beispiel wurden drei Szenarien erstellt, ein „Contra-EV Szenario", ein „Mittleres Szenario" und ein „Pro-EV Szenario" (siehe Tabelle 10), die zu unterschiedlichen Markthochläufen (Marktpenetration) führen (siehe Abbildung 46).

Contra-EV-Szenario 2030 450.000 EV	**Mittleres Szenario 2030** 900.000 EV	**Pro-EV Szenario 2030** 1.300.000 EV
TCO: Batteriepreise 120 Euro/kWh, Mineralöl günstig, Gasantriebe als wirtschaftlichere Alternative zu EV; BEV und PHEV setzen sich in der Masse nicht durch	TCO: Batteriepreise bei 90 Euro/kWh, Herstellkosten ICV und EV auf vergleichbarem Niveau, Kostenvorteile EV bei Wartung und Wertverlust	TCO: Batteriepreise bei 65 Euro/kWh, Herstellkosten ICV ab 2020 höher als EV; Alle OEM setzen auf EV als Zukunftstechnologie
Funktionalität: Reichweitenangst weiter Kaufhindernis, zu wenig Auswahl in Massensegmenten, kaum Nischen bedient mit EV, überwiegend Klein-und Zweitwagen als EV nachgefragt	Funktionalität: Reichweitenproblematik spielt keine kaufentscheidende Rolle mehr (über 600 km), Lebenszyklus Batterie inkl. „second life" günstiger als ICV, alle Segmente elektrisch	Funktionalität: BEV dominant, PHEV nachrangig; Wettbewerb über Kosten, Reichweite und Werterhalt bei EV, alle Massensegmente und Nischen gut belegt
Ladeinfrastruktur: Zu wenig zugängliche Ladestationen und Schnellladepunkte, Probleme bei Standards, Stromerzeuger in wirtschaftlicher Not, kein barrierefreies Zahlen beim Stromtanken	Ladeinfrastruktur: 250.000 zugängliche Ladepunkte, davon 25.000 Schnellladepunkte, Apps in Echtzeit regeln Verfügbarkeit und Bezahlen (auch bei temporären Spitzen)	Ladeinfrastruktur: 500.000 zugängliche Ladepunkte, davon 50.000 Schnellladepunkte, Apps in Echtzeit regeln Verfügbarkeit und Bezahlen (auch bei temporären Spitzen)
Regulierung: C02 Flottengrenzwert 90g/km, Förderung EV politisch sehr schwach, wenig Fahrverbote für ICV, wirksame Abgasnachbehandlung ICV	Regulierung: CO2 Flottengrenzwert 65g/km CO2 für PKW, vereinzelt Fahrverbote ICV in Großstädten, moderate Mineralsteuererhöhungen, viele Ausnahmeregelungen	Regulierung: CO_2 Flottengrenzwert 49g/km CO_2 für PKW, viele Fahrverbote ICV, Massive Mineralsteuererhöhungen, Energiewende erfolgreich

Tabelle 10: Szenarien für die Marktpenetration von Elektroautos[105]

105 Quelle: *Bratzel, Thömmes & Tellermann*, 2017.

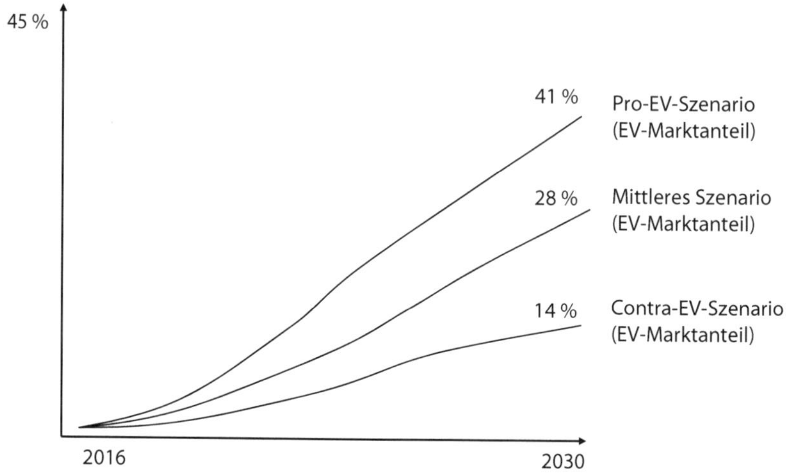

Abbildung 46: Marktanteil von Elektroautos in Deutschland 2030 (Quelle: *Bratzel* et al., 2017)

Analyse der ausgewählten Szenarien und Strategieentwicklung

Für jedes Szenario wird nun eine Analyse erstellt und daraus werden Strategien abgeleitet. Die Strategen nehmen dabei an, dass das Szenario eintritt, und planen dementsprechend. Die Analyse sollte Veränderungen in der Branchenstruktur (Fünf-Kräfte-Modell – siehe 4.3), Aktionen und Reaktionen der Wettbewerber, Unsicherheiten und Risiken sowie die Folgen für das Unternehmen beinhalten. Bestehende Strategien werden auch darauf getestet, ob sie in einem derartigen Szenario zielführend sind. Fragen wie „Wie wird die Strategie in der Zukunft funktionieren? Was hätten wir besser machen können? Welche Alternativstrategien gibt es?" sind dabei hilfreich. Dieser Prozess wird in Abbildung 47 dargestellt.

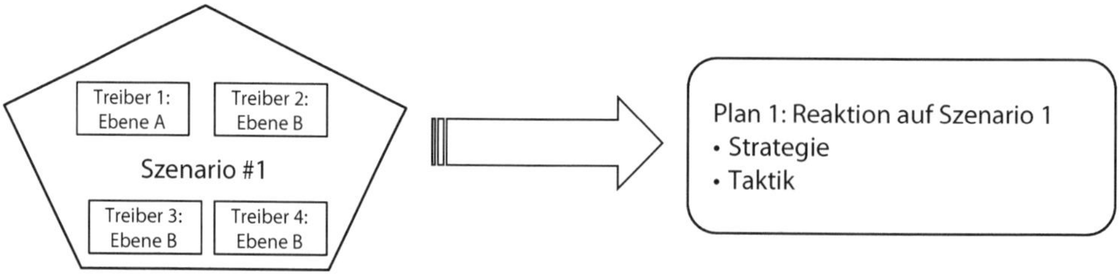

Abbildung 47: Analyse jedes Szenarios

Integration der Ergebnisse

Die Analyse der ausgewählten Szenarien und Pläne erlaubt dem Unternehmen, kurz- und langfristige Richtungen, Aktivitäten, Investitionen und Strategiealternativen zu identifizieren. Wie in Abbildung 48 gezeigt wird, müssen dafür die Ergebnisse aller Szenarien integriert werden, um Einblick in Gemeinsamkeiten und Unterschiede zu gewinnen. Einige Schlussfolgerungen können auch daraus gezogen werden, wie realistisch die Ergebnisse sind, welche Gemeinsamkeiten bzw. Unterschiede es in den Ergebnissen gibt. Die Szenario-Analyse kann auch dabei helfen, kostengünstige und risikoarme Investitionen zu analysieren, die dem Unternehmen möglicherweise Wettbewerbsvorteile einbringen können. Außerdem kann das Unternehmen frühzeitig kosteneffiziente Schritte unternehmen, um möglichen Bedrohungen entgegenzuwirken oder Katastrophen-Szenarien zu entgehen.

Die Analyse von Szenarien kann wahrscheinliche und unwahrscheinliche Entwicklungen unterscheiden. Dennoch kann die Beschäftigung mit unwahrscheinlichen Ereignissen hilfreich sein, weil – sollten sie dennoch eintreffen – das Unternehmen sich damit schon beschäftigt hat.

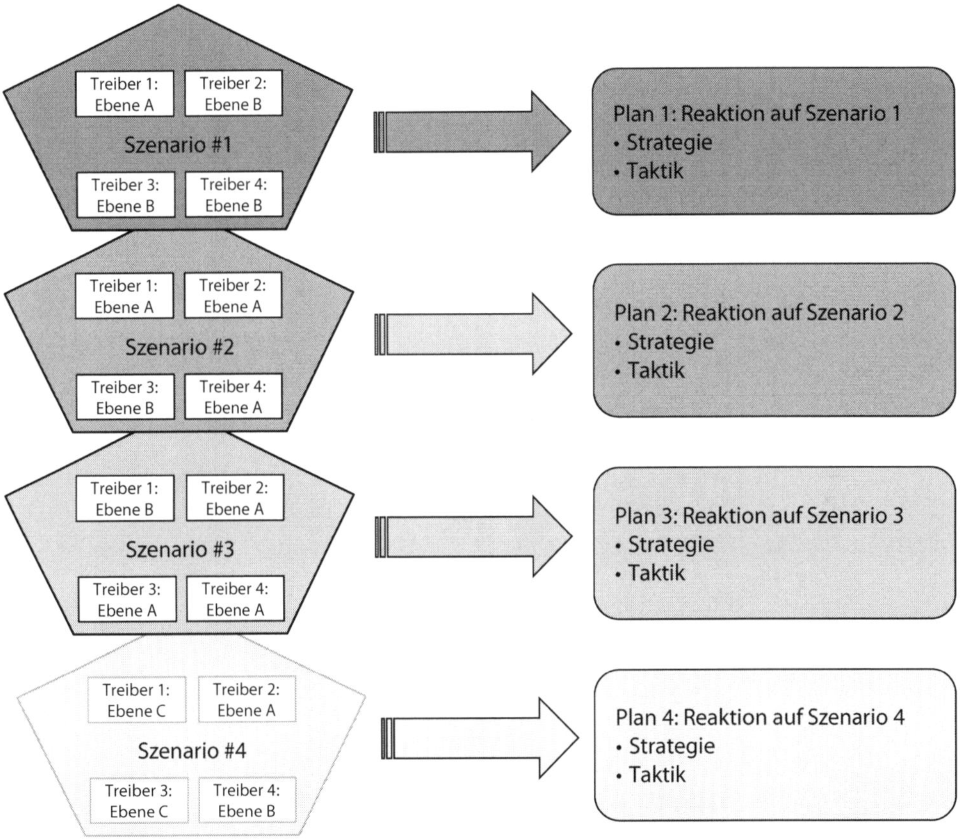

Abbildung 48: Integrierte Ergebnisse der Szenarioanalyse

5. Strategische Ziele

Nachdem in Vision und Leitbild die grobe Richtung vorgegeben wurde, können basierend auf den strategischen Prinzipien und der strategischen Analyse die strategischen Ziele abgeleitet werden. Dafür wird ein umfassender Strategieplan entwickelt, der Prognosen über die zukünftigen Entwicklungen und Budgetaufteilungen umfasst.

5.1. Prognose, Zielsetzung und Budgetierung

Um einen umfassenden Strategieplan zu entwickeln, sind drei Prozesse notwendig. Zuerst muss eine detaillierte Prognose über zukünftige Nachfrage und Umsätze vorliegen. Dies kann über unterschiedliche Instrumente erfolgen. Zweitens werden diese Prognosen verwendet, um realistische Ziele zu setzen. Drittens werden die Maßnahmen festgelegt, mit denen die Ziele erreicht werden sollen.

5.1.1. Prognose

Die Prognose von Umsätzen umfasst zwei Teile: (1) die Marktprognosen, um das zukünftige Umsatzvolumen zu schätzen, und (2) die Umsatzprognose, die Schätzungen über Umsatz und Marktanteil liefert. Dabei gibt es unterschiedliche Wege, wie man zu den entsprechenden Daten kommt. Die klassischen Wege sind Primär- und Sekundärforschung. Bei Ersterer entwickelt ein Unternehmen seine eigenen Prognosen basierend auf Kundenbefragungen, Expertenmeinungen, Schätzungen der Vertriebsmitarbeiterinnen und Vertriebsmitarbeiter usw. Im zweiten Fall werden Prognosen über das Kaufverhalten von spezialisierten Unternehmen, meist Marktforschungsunternehmen, die regelmäßig Verkaufstrends in vielen Branchen ermitteln, herangezogen.

Es gibt viele Methoden, die Unternehmen für die Prognose von Umsätzen heranziehen können. Diese können auf Kundendaten (z.B. der Beurteilung von Kaufabsichten), Expertenmeinungen (z.B. Einschätzungen des Vertriebs) oder historischen Daten (z.B. Zeitreihenanalysen) basieren. All diese Methoden haben Vor- und Nachteile. Tabelle 11 gibt einen Überblick über die verschiedenen Prognose-Methoden mit ihren Stärken und Schwächen.

Diese Prognosen sind wichtige Bestandteile für die Formulierung von Zielen. Ohne realistische Annahmen über Markttrends ist es unmöglich, realistische Ziele zu setzen. Das Resultat der Verkaufsprognosen zeigt zukünftige Entwicklungen bei einem bestimmten strategischen Plan, oder mit anderen Worten, wie sich Umsätze entwickeln werden, wenn die Strategie verändert wird oder zusätzliche Ressourcen verwendet werden. Wenn die Umsatzprognostizierung unter den strategischen Zielen der strategischen Geschäftseinheit liegen, müssen Managerinnen und Manager reagieren und zusätzliche oder neue Initiativen entwickeln oder das Budget revidieren. Deshalb spielen Prognosen, Zielsetzung und Budgetierung zusammen.

Methode	Beschreibung	Stärke	Schwäche
1. Bewertung der Kaufabsichten	In einer repräsentativen Umfrage werden Kunden gebeten, anzugeben, wie groß ihre Absicht ist, ein bestimmtes Produkt in nächster Zeit zu kaufen.	• Funktioniert gut für Produkte, deren Käufe geplant werden (z.B. industrielle Produkte), oder für neue Produkte. • Prognosen werden direkt von den Absichten der Kunden, das Produkt zu kaufen, abgeleitet.	• Braucht repräsentative und verlässliche Marktforschung • Kann kostenintensiv und zeitaufwändig sein
2. Schätzungen des Vertriebspersonals	Verkaufsmitarbeiter schätzen den zukünftigen Umsatz, den sie erreichen können, ein.	• Verkaufsmitarbeiter haben normalerweise viel Wissen über den Markt, Konkurrenten etc. • Schätzungen sind für individuelle Verkaufsbereiche verfügbar. • Leicht durchführbar	• Schätzungen könnten beeinflusst werden, wenn Verkaufsmitarbeiter ihre Ziele niedrig ansetzen wollen.
3. Expertenmeinungen (Delphi-Methode: in mehreren Runden werden Schätzungen aggregiert und zurückgesendet)	Experten (z.B. Händler, Handelsorganisationen, Consultants) werden über die zukünftigen Umsätze befragt.	• Verwendet Kollektive • Leicht und schnell durchführbar	• Kann kostenintensiv sein • Schwierigkeiten, Experten zu finden und zu motivieren
4. Markttests	Das Unternehmen wählt einen repräsentativen Markt (z.B. Städte, Regionen), in dem Produkte mit dem gesamten Marketingplan (oder Variationen um den Effekt einzelner Maßnahmen zu testen) eingeführt und Marktreaktionen getestet werden.	• Funktioniert bei neuen Produkten • Effektivität von Marketing-Maßnahmen kann getestet werden.	• Teuer und zeitaufwändig • Konkurrenten lernen die Strategie kennen
5. Zeitreihenanalyse	Statistische Methoden (z.B. ökonometrisches Modell) werden für Voraussagen über die Zukunft auf Basis von historischen Verkaufszahlen verwendet.	• Wenig subjektiv	• Nicht geeignet für Innovationen (weil es keine historischen Daten gibt) • Benötigt große statistische Fähigkeiten

Tabelle 11: Umsatzprognosemethoden[106]

106 Modifiziert nach *Cravens* & *Piercy*, 2006.

Neben diesen klassischen Wegen, Prognosen zu erstellen, haben sich durch neue technologische Entwicklungen **Prognosemärkte** herausgebildet, die eine neuere Form der Prognosen ermöglicht.

Organisationen stehen vor der Herausforderung, in einem immer dynamischeren und komplexeren Unternehmensumfeld Veränderungen, technische Entwicklungen und mögliche Chancen und Gelegenheiten zu identifizieren und zu antizipieren. Wie in der Ideengenerierung können Unternehmen auch zu diesem Zwecke Crowdsourcing-Mechanismen, unterstützt durch digitale Technologien, nutzen.[107]

Digitale Plattformen erlauben verschiedene Arten von Mechanismen, um Informationen, Wissen und Meinungen von einer großen Anzahl von Akteuren zu aggregieren und zusammenzuführen und somit Einschätzungen über Eintrittswahrscheinlichkeiten verschiedener Alternativen zu generieren.

Mit Prognosemärkten können sich Organisationen Marktmechanismen zunutze machen, um die einzelnen Prognosen ihrer Mitarbeiterinnen und Mitarbeiter zu aggregieren. Diese Intranet-basierten Prognosemärkte funktionieren ähnlich wie Wahlbörsen und nutzen effiziente Marktmechanismen, um individuelle Vorhersagen und Wissen der Belegschaft aus unterschiedlichsten Funktionen und Geschäftsbereichen zu aggregieren. Durch diesen Input der Belegschaft können strategische Entscheidungsfindungen bei Markteintritten, Produkteinführungen, strategischen Partnerschaften, M&A oder Preisstrategien verbesset werden.[108] In diesen Märkten kaufen und verkaufen Teilnehmer virtuelle Aktien, die zukünftige Events bzw. Alternativen repräsentieren. Der durch diesen Handel entstandene „Aktienkurs“ in so einem Markt zeigt somit die Eintrittswahrscheinlichkeit einer Alternative[109] (siehe Abbildung 49).

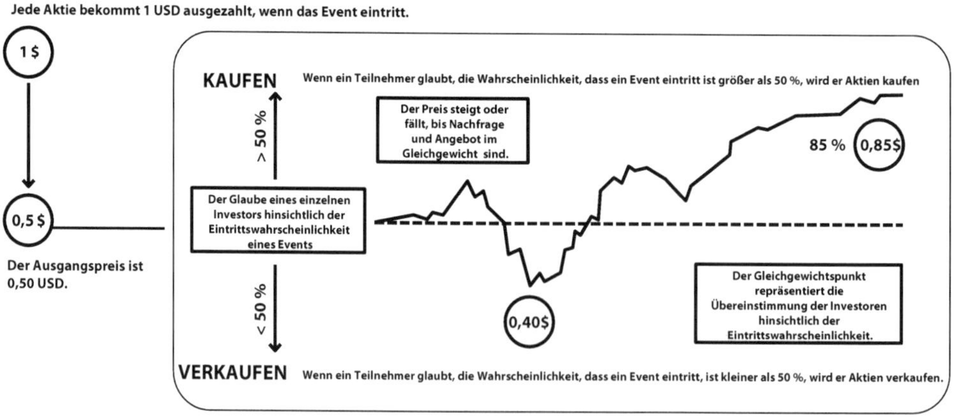

Abbildung 49: Funktionsweise von Prognosemärkten (Quelle: adaptiert nach *Mann*, 2016, S. 308)

107 *Borison* & *Hamm*, 2010.
108 *Borison* & *Hamm*, 2010; *Stadler* et al., 2021.
109 *Mann*, 2016.

Diese Art der Prognose eignet sich für Entscheidungen zu strategischen Maßnahmen, Preispolitik, Wettbewerbern, Absatzmärkten, Produkteinführungen und Ähnlichem.

Es gibt hier verschiedene Varianten in der Ausgestaltung des Aggregationsmechanismus. Bei Social-Media-basierten Prognosemärkten können die Teilnehmer – anders als bei der herkömmlichen Variante – zusätzlich qualitative Kommentare abgeben und ihre Entscheidungen erklären und begründen und somit zusätzliche Informationen liefern.[110] Der Software-Entwickler Rite-Solutions hat zum Beispiel ein Entscheidungshilfe-Tool eingeführt, bei dem die Mitarbeiterinnen und Mitarbeiter auf einem virtuellen Ideenmarkt investieren können. Umgesetzt werden Ideen ab einem bestimmten Maß an Unterstützung.[111]

Es hat sich gezeigt, dass Prognosemärkte im Vergleich zu herkömmlichen Methoden, wie Umfragen, in kürzerer Zeit mit weniger Teilnehmern genauere Ergebnisse liefern.[112] Auch Unternehmen in sehr traditionellen Branchen, wie beispielsweise Zeppelin Rental, ein Vermieter von Baumaschinen, nutzen diese sozialen digitalen Technologien. Die aggregierten Vorhersagen aus diesen Tools stimmen meist zu 80 %, teilweise sogar zu 90 %, mit den tatsächlich eintretenden Events überein.[113] Hinsichtlich der großen Unsicherheiten und Komplexität, denen sich Unternehmen heute gegenübersehen, sind diese Vorhersagewerte außergewöhnlich genau. Immer mehr Marktforschungsinstitute und Intermediäre bieten daher spezialisierte Plattformlösungen und helfen Organisationen in der Umsetzung solcher Prognosemärkte.

5.1.2. Zielsetzung und Budgetierung

Das Setzen von Zielen und das Aufstellen von Budgets gehen Hand in Hand. Beide sind das Herzstück jedes strategischen Plans. Der Plan zeigt detailliert, welche Ziele es gibt, wie diese erreicht werden und wie hoch die Kosten für jede Aktivität geschätzt werden. Das Budget hängt deshalb von den strategischen Zielen der Geschäftseinheit und natürlich den finanziellen Gegebenheiten des Unternehmens ab. Es gibt prinzipiell vier Möglichkeiten, um das Budget festzulegen:

- **Extrapolation (Fortschreibung)**: Dabei dient das vergangene Budget als Basis, das entweder gesteigert, verringert oder unverändert gelassen wird. Dieser Ansatz ist aber problematisch, weil es sich nicht an den Zielen, veränderten Strategien, Kosten oder Konkurrenten orientiert.
- **Prozentsatz der Umsätze/Gewinne**: Das Budget wird als Teil der erwarteten Umsätze oder des erwarteten Gewinns gesehen. Es handelt sich dabei um eine sehr einfache Methode, um das Budget festzusetzen. Allerdings werden dabei Ursachen und Wirkungen vertauscht, da die Umsatzerlöse eine Ursache der Strategien und Maßnahmen sind und nicht umgekehrt.

110 *Stadler* et al., 2021.
111 *Gast* & *Zanini*, 2012.
112 *Borison* & *Hamm*, 2010.
113 *Stadler* et al., 2021; ZeppelinRental-CrowdWorx.

- **Target Costing (Zielkostenmanagement)**: Das Unternehmen bestimmt das Ziel-Umsatz-Volumen und den angepeilten Gewinn. Die verbleibenden Zielkosten werden verwendet, um das Budget zu berechnen. Dieser Ansatz verwendet eine „All-you-can-afford"-Methode und kehrt wie die vorige Methode Kausalzusammenhänge zwischen Budget und Zielumsatz oder -gewinn um.
- **Bottom-up-Budgeting**: Dieser Ansatz leitet das nötige Budget von den Zielen der Geschäftseinheit ab. Er bestimmt alle Aktivitäten, die dafür nötig sind, berechnet die Kosten jeder Aktivität sowie das Gesamtbudget. Der Bottom-up-Ansatz benötigt eine Aufstellung aller anfallenden Kosten.

Da das **Bottom-up-Budgeting** effektiver, aber auch komplexer ist, wird im Folgenden dieser Ansatz genauer beschrieben. Drei Schritte sind dafür notwendig:

1. Ziele setzen,
2. Aufgaben festlegen und
3. Budget aufstellen.

Ziele setzen

Die Ziele einer strategischen Geschäftseinheit tragen zur Gesamtvision und zum Leitbild des Unternehmens bei. Deshalb ist es wichtig, gemäß der Hierarchie der Ziele, die Strategie der Geschäftseinheit aus der Gesamtunternehmensstrategie abzuleiten und so zum langfristigen Unternehmenserfolg und der Unternehmensentwicklung beizutragen. Gut geführte Unternehmen übersetzen ihre visionären Ziele in Langzeitziele auf der Ebene der Geschäftseinheit und leiten davon systematisch die Ziele für die einzelnen funktionalen Einheiten (z.B. Abteilungen) ab (siehe Abbildung 50).

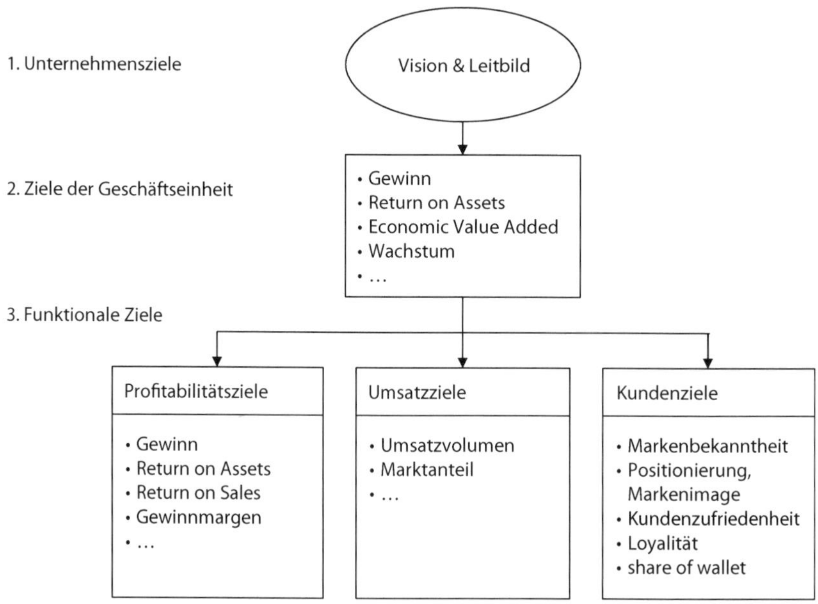

Abbildung 50: Die Hierarchie der Ziele

Deshalb werden beispielsweise die Marketingziele von den Zielen der strategischen Geschäftseinheit abgeleitet. Im folgenden Beispiel sind die Ziele der Geschäftseinheit:

- Gewinn (vor Steuern): € 2.800.000
- Return on Assets (ROA): 6 %
- Marktanteil: 16 %
- Umsatzvolumen: € 61.000.000

Diese Ziele der Geschäftseinheit werden nun in Marketingziele übertragen. Es gibt drei Typen von **Marketingzielen** (gesamt und pro Segment):[114]

(1) Gewinnziele (z.B. Gewinn, Return on Assets, Return on Sales, Gewinnmargen)
(2) Umsatzziele (z.B. Umsatzvolumen, Umsatz pro Einheit, Marktanteil)
(3) Kundenziele (z.B. Markenbekanntheit, Positionierung, Kundenzufriedenheit, Loyalität, „share-of-wallet")

Der Marketingmanager muss nun festlegen, wie die einzelnen Marktsegmente oder Kundengruppen zu diesem Gesamtziel beitragen können. Dazu muss er:

(1) Gewinnziele pro Segment festsetzen,
(2) Umsatzvolumen und Marktanteil festlegen, die für das Erreichen des angestrebten Gewinns benötigt werden,
(3) Ziele für Markenbekanntheit, Markenimage, Wiederkaufsrate, Kundenzufriedenheit, Loyalität etc. festlegen, die für das Erreichen des angestrebten Marktanteils benötigt werden.

Für den dritten Schritt ist die Staircase-Analyse (5.2) sehr hilfreich. Sie zeigt die Bestandteile, die zum zukünftigen Umsatzvolumen beitragen. Die **Staircase-Analyse** (siehe Abbildung 52) schätzt:

(1) das Marktpotenzial: das Maximum aller Kunden, die ein Produkt einer bestimmten Produktkategorie kaufen könnten
(2) den aktuellen Markt: die Anzahl der Kunden, die tatsächlich ein Produkt dieser Produktkategorie kaufen
(3) die Markenbekanntheit: der Prozentsatz der Kunden des aktuellen Marktes, die die Marke kennen
(4) das Markenimage: der Prozentsatz der Kunden, die die Marke kennen und sie attraktiv finden
(5) die Kaufrate: die Anzahl der Kunden, die das Produkt tatsächlich gekauft haben
(6) den „share of wallet": der Anteil des Unternehmens am jährlichen Kaufvolumen der Kunden
(7) die Wiederkaufsrate: die Anzahl der Kunden, die das Produkt wieder kaufen
(8) die Cross-buying-Rate: die Anzahl der Kunden, die mehr als eine Produktkategorie eines bestimmten Unternehmens kaufen

Für jeden dieser Faktoren wird ein spezifisches Ziel formuliert.

114 *Lambin*, 2007.

Ein weiterer systematischer Ansatz ist das Konzept der **Net Marketing Contribution** (NMC).[115] Dieses Konzept misst, wie Marketing-Strategien zum Gesamtgewinn einer Geschäftseinheit beitragen, und hilft, nötige Marketing-Aktivitäten zu identifizieren. Die NMC wird wie folgt berechnet:

Brutto-Gewinn – Marketing-Ausgaben =

(Gesamtstück × Stückpreis) – Kosten der verkauften Stück – Marketing-Ausgaben

Das NMC kann daher weiter heruntergebrochen werden, um Strategien zur Gewinnmaximierung zu identifizieren (siehe Abbildung 51).

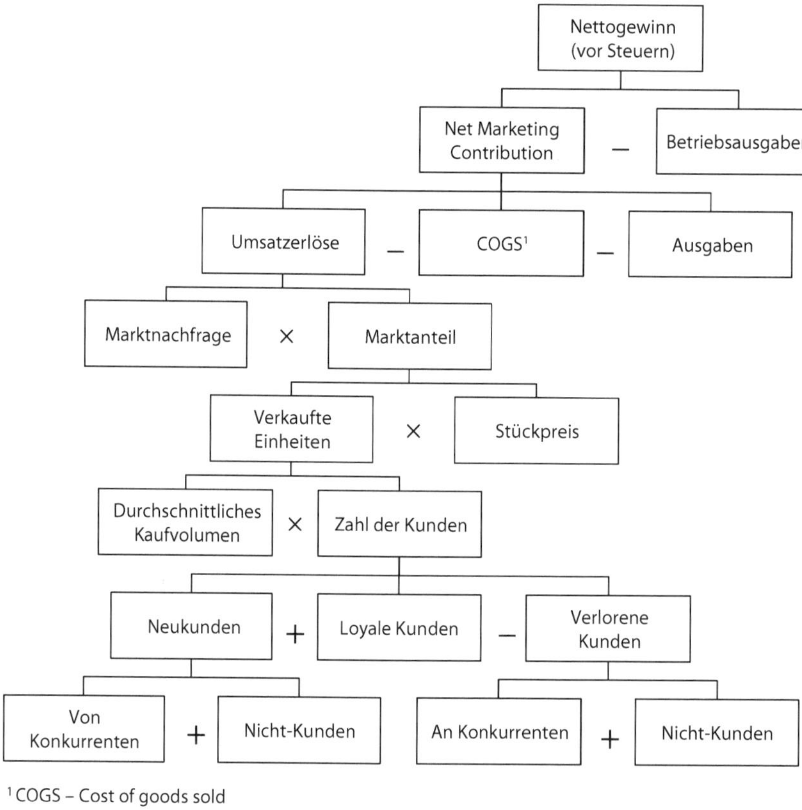

Abbildung 51: Der Marketing-Gewinn-Baum

Jede Zelle dieses Baums repräsentiert eine Möglichkeit, den Gesamtgewinn zu steigern:

(1) Der Gesamtgewinn kann durch das Steigern der Net Marketing Contribution oder das Einsparen von Ausgaben (z.B. F&E-Ausgaben, Overheadkosten) gesteigert werden.
(2) Die Net Marketing Contribution kann gesteigert werden, indem das Umsatzvolumen höher wird oder die Herstellungskosten reduziert werden (COGS – Costs of

115 *Best*, 2009.

sold goods, d.h. Gesamtkosten, die für die Produktion eines Produkts benötigt werden, die durch das Verkaufsvolumen variieren, z.B. Material, Arbeitskosten, Transport, Produktions-Overhead basierend auf der Verwendung der Produktionsstätte), oder indem die Marketing-Effizienz gesteigert wird (und damit die Ausgaben für Marketing-Aktivitäten gesenkt werden).

(3) Das Umsatzvolumen kann durch höhere Nachfrage oder einen höheren Marktanteil gesteigert werden.
(4) Der Marktanteil kann durch eine höhere Verkaufsmenge oder einen geringeren Verkaufspreis pro Stück erzielt gesteigert werden.
(5) Die Anzahl der verkauften Einheiten kann durch eine Erhöhung der Anzahl der Kunden oder des durchschnittlichen Kaufvolumens gesteigert werden.
(6) Die Zahl der Kunden kann durch das Gewinnen von Neukunden und das Behalten von bestehenden Kunden gesteigert werden.
(7) Die Anzahl der Neukunden kann durch das Gewinnen von Kunden der Konkurrenz oder von bisherigen Nicht-Kunden gesteigert werden.
(8) Die Anzahl der verlorenen Kunden kann durch eine Erhöhung der Loyalität, durch die Reduzierung der Kunden, die Marken wechseln, oder durch die Vermeidung von Inaktivität von Kunden gesenkt werden.

Deshalb können für jede einzelne Zelle spezifische Ziele formuliert werden. Es ist wichtig, dass die Ziele spezifisch, messbar, erreichbar, relevant und zeitlich konkret sind.

Aufgaben festlegen

Wenn spezifische Ziele formuliert wurden, können auch die Aufgaben festgelegt werden. Wenn das allgemeine Ziel ist, einen Marktanteil von 16 Prozent, einen Ziel-ROA (Return on Assets) von 6 Prozent und einen Zielumsatz von € 61.000.000 zu erreichen, können Manager die Ziele für jede Geschäftseinheit und jedes einzelne Marktsegment festsetzen und Aufgaben festlegen, wie diese Ziele erreicht werden. Beispiele für Aufgaben sind:

- Promotion-Aktivitäten steigern, um Versuchseinkäufe zu stimulieren
- Rabatte gewähren
- Prospekte und Postsendungen erstellen, um Aufmerksamkeit zu erregen
- Werbung schalten, um das Markenimage festzulegen.

Das folgende Beispiel erläutert die dahinterliegende Logik:

Schritt 1: **Ziele festlegen:** Segment 2 hat derzeit einen Marktanteil von 14 Prozent. Dieser soll auf 16 Prozent gesteigert werden (siehe Tabelle 12, die die Ziele und das Budget zeigt), um das Gesamtziel der Geschäftseinheit zu erreichen.

Schritt 2: **Anzahl der Neukunden festlegen:** Derzeit beträgt das Umsatzvolumen im zweiten Segment € 26.390.000 (191.232 Stück), was auf 218.551 Stück (+ 27.318 Stück) gesteigert werden soll. Der durchschnittliche Kunde kauft 1,5 Produkte pro Jahr. Deshalb müssen 18.213 Neukunden akquiriert werden.

Schritt 3: **Notwendige Marketing-Aktivitäten festlegen:** Ein Mix aus verschiedenen Marketing-Aktivitäten ist notwendig, um neue Kunden anzusprechen (Medien-Werbung, Prospekte und Postsendungen, um die Bekanntheit der Marke zu steigern; Promotions und Rabatte, um Versuchskäufe zu stimulieren). Es wird geschätzt, dass ca. € 35 für die Akquise eines neuen Kunden aufgewendet werden müssen (z.B. für Werbung, Prospekte, Promotions und Rabatte).

Schritt 4: **Budgeterstellung:** Das Marketing-Budget für die Neu-Kunden-Akquise ist deshalb: 18.212 × € 35 = € 637.420.

Natürlich ist eine Vielzahl von weiteren Aktivitäten notwendig, um die Bekanntheit der Marke zu steigern, auf die Aktionen der Mitbewerber zu reagieren und loyale Kunden zu halten. Auch für diese Aktivitäten werden die Kosten geschätzt und in einem umfassenden Plan kombiniert (siehe Tabelle 12).

Geschäftseinheit 1: Net marketing contribution

	Segment 1	**Segment 2**	**Segment 3**	**Segment 4**	***Gesamt***
Gesamtmarkt					
Volumen (Einheiten)	480.000	1.300.000	250.000	860.000	*2.890.000*
Durchschnittsstückpreis (€)	120	145	120	125	*133*
Dollar Umsatz (Mio)	57.600.000	188.500.000	30.000.000	107.500.000	*383.600.000*
Unternehmensumsatz					
Durchschnittsstückpreis (€)	125	138	118	126	*130*
Verkaufte Einheiten	101.376	218.551	82.627	68.254	*470.808*
Marktanteil (%, Stück)	21,1	16,8	33,1	7,9	16,3
Umsatzerlöse (Mio)	12.672.000	30.160.000	9.750.000	8.600.000	*61.182.000*
Marktanteil (%, Euro sales)	22,0	16,0	32,5	8,0	15,9
Gesamtkosten (Mio)	8.236.800	19.604.000	6.337.500	5.590.000	*39.768.300*
Rohertrag (Mio)	4.435.200	10.556.000	3.412.500	3.010.000	*21.413.700*
Direkte Marketingkosten					
Promotions	120.000	350.000	60.000	120.000	*650.000*
Rabatte	60.000	160.000	35.000	50.000	*305.000*
Prospekte und Postsendungen	40.000	110.000	20.000	50.000	*220.000*
Sonstiges	50.000	100.000	25.000	45.000	*220.000*
Semi-fixe Marketingkosten					
Medienwerbung	450.000	1.200.000	200.000	400.000	*2.250.000*
POS	100.000	250.000	60.000	95.000	*505.000*
Public Relations	20.000	50.000	10.000	20.000	*100.000*

Geschäftseinheit 1: Net marketing contribution

	Segment 1	Segment 2	Segment 3	Segment 4	*Gesamt*
Fixe Marketingkosten					
Marketingabteilung	120.000	240.000	60.000	120.000	*540.000*
Vertrieb	240.000	480.000	120.000	240.000	*1.080.000*
Marktforschung	50.000	125.000	25.000	45.000	*245.000*
Sonstiges	10.000	30.000	5.000	10.000	*55.000*
Gesamtausgaben	1.260.000	3.095.000	620.000	1.195.000	*6.170.000*
in % der Verkaufserlöse	9,94	10,26	6,36	13,90	10,08
Net Marketing Contribution	**3.175.200**	**7.461.000**	**2.792.500**	**1.815.000**	***15.243.700***
Sonstige Ausgaben	2.150.000	6.900.000	1.450.000	1.900.000	*12.400.000*
Nettogewinn (vor Steuern)	**1.025.200**	**561.000**	**1.342.500**	**-85.000**	***2.843.700***
Assets	11.200.000	19.800.000	5.200.000	10.900.000	*47.100.000*
Return on assets (%)	**9,15**	**2,83**	**25,82**	**-0,78**	**6,04**
Return on sales (%)	8,09	1,86	13,77	-0,99	*4,65*

Tabelle 12: Beispiel eines Marketing-Budgets

Budget erstellen

Die Kosten für alle Aktivitäten können auf direkte Kosten (z.B. Promotions, Rabatte, Prospekte), semi-fixe Kosten (z.B. Werbung, Public Relations) und Fixkosten (z.B. Kosten für die Marketing-Abteilung, Vertriebsmitarbeiterinnen und -mitarbeiter) aufgeteilt werden. Wenn alle Aufgaben und Aktivitäten festgelegt sind, werden die Kosten geschätzt und das Budget ist fertig.

Tabelle 12 zeigt das Beispiel eines Marketingbudgets einer strategischen Geschäftseinheit, das in Segment-Marketing-Budgets heruntergebrochen wurde. Segment 4 erwirtschaftet einen Verlust, alle anderen Segmente machen Gewinne. Insgesamt werden die Ziele der strategischen Geschäftseinheit erfüllt.

Budgets werden normalerweise für ein Jahr erstellt. Allerdings kann es in verschiedenen Abteilungen auch zu einer kürzeren Budgetplanungsdauer kommen, wenn z.B. Marktentwicklungen miteinbezogen werden (z.B. auf Monats- oder Quartalsbasis). Dadurch können Manager flexibler auf Aktionen der Konkurrenz, Veränderungen im Markt und in der Nachfrage etc. reagieren und sofort Maßnahmen ergreifen. Dementsprechend ändern sie auch ihre strategischen Pläne.

5.2. Staircase-Analyse

Um Strategien umzusetzen, müssen klare Ziele formuliert werden. Diese Ziele können sich auf die Rentabilität, das Absatzvolumen, den Marktanteil, das Markenimage, die Kundenzufriedenheit usw. beziehen. Sie müssen hoch genug gesetzt werden, um die Mitarbeiterinnen und Mitarbeiter zu motivieren, und tief genug, um realistischerweise erreicht werden zu können, ohne die Belegschaft zu demotivieren. Auf jeden Fall müssen sie spezifisch, messbar und erreichbar sein. In vielen Unternehmen misslingen Strategien, weil das Management nicht die richtigen Ziele formuliert. Oft werden beispielsweise funktionale Strategien nicht mit der Gesamtunternehmensstrategie in Einklang gebracht. Manchmal werden Ziele auch willkürlich festgelegt.

Ein hilfreiches Instrument, um klare Ziele festzulegen, ist die Staircase-Analyse. Durch das schrittweise Vorgehen bis hin zur Kaufentscheidung erhält man die Lücken, die für den Verlust von Marktanteilen verantwortlich sind. Die Logik der Staircase-Analyse ist einfach, wenn man folgenden Fragen folgt:

- Was ist das Marktpotenzial?
- Was ist der aktuelle Markt?
- Wie hoch ist die Markenbekanntheit?
- Wie viele Kundinnen und Kunden finden unsere Marke attraktiv?
- Wie viele Kundinnen und Kunden, die unsere Marke attraktiv finden, haben sie auch im letzten Jahr gekauft?
- Wie groß ist unser „share of wallet“ der Kunden?
- Wie viele Kundinnen und Kunden wurden vollkommen zufriedengestellt?
- Wie viele Kundinnen und Kunden werden unsere Marke wieder kaufen?
- Wie viele Kundinnen und Kunden kaufen auch andere Produkte unseres Portfolios?

Durch die Beantwortung dieser Fragen können Gründe für den Verlust von Marktanteilen auf jeder einzelnen Stufe der Staircase-Analyse gefunden werden. Daraus können realistische Ziele abgeleitet werden, die helfen, diese Lücken zu füllen. Es können auch Gründe, warum die Lücken derartig groß sind, identifiziert werden und entsprechende Handlungsmaßnahmen beschlossen werden.

Abbildung 52 zeigt die Staircase-Analyse für ein Online-Büchergeschäft in einem europäischen Markt. Indem oben genannte Fragen beantwortet werden, werden eine „Treppe“ (Staircase) erstellt, Ziele abgeleitet und Maßnahmen, um die Lücken zu schließen, definiert.

Was ist das Marktpotenzial?

Das Marktpotenzial besteht aus allen potenziellen Käufern oder Nutzern eines Produkts, die das Bedürfnis danach, die nötigen Ressourcen für die Nutzung und die Fähigkeit, dafür zu bezahlen, haben.[116] In unserem Beispiel, dem Online-Buchhändler, besteht der Markt aus 71 Millionen potenziellen Kundinnen und Kunden. Die durchschnittlichen jährlichen Ausgaben belaufen sich auf 60 Euro. Deshalb ist das Marktpotenzial 4,260 Milliarden Euro.

116 *Lehmann* & *Winer*, 2008.

Was ist der aktuelle Markt?

Im Fall unseres Online-Buchhändlers können nicht alle potenziellen Kunden erreicht werden – nur diejenigen, die einen Internetzugang (67 Prozent der Bevölkerung) besitzen. Deshalb besteht der aktuelle Markt aus 47,6 Millionen Käufern. Der Online-Buchhändler verliert 23,4 Millionen Kundinnen und Kunden, was einem Marktpotenzial von 1,404 Milliarden Euro entspricht, da er nur die Internetnutzer anspricht. Diese Unterscheidung zwischen dem aktuellen und potenziellen Markt ist wichtig, da im Falle, dass die Verbreitung des Internets steigt, auch die Größe und die Zukunftsaussichten des Zielmarktes wachsen.

Wie sieht die Markenbekanntheit in diesem Markt aus?

Es gibt zwei Möglichkeiten, um Markenbekanntheit zu messen: ungestützte und gestützte Bekanntheit. **Ungestützte Bekanntheit** ist eine Methode, um die Markenbekanntheit des Zielmarktes zu messen, ohne dass den Befragten dabei Markennamen genannt werden (z.B.: Welche Online-Buchhändler kennen Sie?). Im Gegensatz dazu wird beim **gestützten Abfragen** eine Liste mit Markennamen verwendet und die Kundinnen und Kunden werden gefragt, welche dieser Marken sie kennen. Die Markenbekanntheit ist beim gestützten Abrufen immer höher als beim ungestützten Abrufen. Der große Unterschied zwischen diesen beiden Formen ist, dass entweder Marken automatisch mit einem bestimmten Produkt oder einer Produktkategorie verbunden werden oder nicht – und damit entweder stark im Gehirn verankert sind oder nicht.

In unserem Beispiel liegt die ungestützte Bekanntheit bei 90 Prozent. Das bedeutet, dass das Unternehmen 10 Prozent der potenziellen Kundinnen und Kunden in dieser Stufe verliert (288 Millionen Euro). Von den Kundinnen und Kunden, die die Marke kennen, können 95 Prozent mit Hilfe der Liste von Online-Buchhändlern diese Marke abrufen. Insgesamt verliert das Unternehmen 414 Millionen Euro der potenziellen Umsätze, da nicht alle Internet-Nutzer die Marke kennen.

Wie viele Kundinnen und Kunden finden unsere Marke attraktiv?

Markenbekanntheit, also das Kennen der Marke, ist nicht genug. Um erfolgreich zu sein, müssen Kundinnen und Kunden die Marke auch attraktiv finden. Deshalb wird im nächsten Schritt getestet, wie viele Kundinnen und Kunden, die die Marke kennen, diese auch attraktiv finden. In unserem Beispiel zeigte die Marktforschung, dass die Marke nicht nur sehr bekannt ist, sondern auch vom Großteil der Kundinnen und Kunden attraktiv gefunden wird (85 Prozent). Deshalb werden in diesem Schritt nur 15 Prozent der potenziellen Kundinnen und Kunden verloren (366 Millionen Euro).

Wie viele Kundinnen und Kunden, die unsere Marke attraktiv finden, haben sie auch im letzten Jahr gekauft?

Im nächsten Schritt wird analysiert, wie viele Kundinnen und Kunden die Marke attraktiv finden und sie auch tatsächlich kaufen. Wenn es einen großen Unterschied zwischen diesen beiden Schritten gibt, muss ein Unternehmen die Gründe dafür herausfinden und versuchen, diese Lücke zu schließen. In unserem Beispiel kauften nur 15 Prozent der potenziellen Kundinnen und Kunden, die das Online-Buchgeschäft attraktiv finden, im letzten Jahr Bücher in diesem Geschäft. Deshalb hat der Online-Buchhändler 1,764 Milliarden Euro an potenziellen Umsätzen verloren. Durch Marktforschung konnte herausgefunden werden, dass dafür folgende Gründe entscheidend sind: (1) 55 Prozent der Nicht-Käufer besitzen keine Kreditkarte, (2) 19 Prozent fanden das gesuchte Buch nicht bei dem Buchhändler, (3) 12 Prozent wollten im Internet nicht mit Kreditkarte zahlen und (4) 14 Prozent der Nicht-Käufer vertrauten dem Online-Buchhändler nicht.

Wie groß ist unser „share of wallet" des Kunden?

Der „share of wallet“ ist der Anteil des Umsatzes, den ein Unternehmen vom Kunden bekommt. In unserem Fall bekommt der Online-Buchhändler 40 Prozent des „share of wallet“ (die durchschnittlichen Verkaufsvolumen pro Kunde betragen 24 Euro und der Kunde gibt durchschnittlich pro Jahr 60 Euro für Bücher aus: 24 Euro/60 Euro = 40 Prozent des „share of wallet“). Der „share of wallet“ ist ein wichtiger Indikator für mögliches Wachstum, da er zeigt, wie viel Wachstumspotenzial ein Unternehmen nutzen kann, ohne dabei neue Kundinnen und Kunden akquirieren zu müssen. In dieser Phase verliert der Online-Buchhändler 187,2 Millionen Euro der Umsätze, da er nur 40 Prozent der jährlichen Ausgaben der Kundinnen und Kunden für Bücher bekommt.

Wie viele Kundinnen und Kunden wurden vollkommen zufriedengestellt?

Kundenzufriedenheit ist eines der wichtigsten Ziele. Sie gibt sofortiges und präzises Feedback darüber, ob das Unternehmen in der Lage ist, die Kundenanforderungen zu erfüllen. Kundenzufriedenheit führt dazu, dass Kundinnen und Kunden die Produkte wieder kaufen, die Produkte weiterempfehlen und weitere Produkte desselben Unternehmens kaufen (Cross-buying).

Wie viele Kundinnen und Kunden werden unsere Marke wieder kaufen?

Ein weiterer wichtiger Performance-Indikator ist die Wiederkaufsrate. Ein Unternehmen mit einer Wiederkaufsrate von 70 Prozent hat 80 Prozent seiner Kundinnen und Kunden nach fünf Jahren verloren; ein Unternehmen mit einer 80-prozentigen Wiederkaufsrate hat dann mehr als zwei Drittel verloren. Da jeder verlorene Kunde ersetzt werden muss, um keine Umsätze zu verlieren, und das Anziehen neuer Kundinnen und Kunden durchschnittlich fünf bis sieben Mal so viel kostet, wie bestehende Kunden zu behalten, ist eine hohe Wiederkaufsrate ein kritischer Erfolgsfaktor. In unserem Fall des Online-Buchhändlers werden 1,46 Millionen Euro durch eine Wiederkaufsrate von 72 Prozent (80 Prozent der 90 Prozent zufriedenen Kundinnen und Kunden kaufen wieder) im ersten Jahr verloren.

Wie viele Kundinnen und Kunden kaufen auch andere Produkte unseres Portfolios?

Cross-buying bedeutet, dass Kundinnen und Kunden auch andere Produkte eines Unternehmensportfolios kaufen. Cross-selling ist üblicherweise sehr effektiv, da es die Umsätze erhöhen kann, indem es auf bereits etablierte Kundenbeziehungen, auf Markenimage, auf Vertrauen und auf Distributionskanäle zurückgreift. Es gibt mehrere Arten, Cross-buying- oder Cross-selling-Raten zu berechnen, z.B. als Prozentsatz der Kundinnen und Kunden, die mehr als ein Produkt des Portfolios kaufen, oder als durchschnittliche Anzahl der Produkte, die Kundinnen und Kunden von einem bestimmten Portfolio kaufen. In unserem Fall bedeutet eine 40-prozentige Cross-buying-Rate, dass 40 Prozent der Kunden mehr als nur Bücher bei dem Anbieter kaufen (z.B. CDs).

Basierend auf der Marktforschung konnte diese „Treppe" (Staircase) erstellt werden. Im nächsten Schritt werden die Ziele formuliert. Dafür müssen Prioritäten gesetzt werden, die die Maßnahmen so effektiv wie möglich machen. Das wird am besten dadurch erreicht, dass die Lücken zwischen den einzelnen Stufen der „Staircase-Analyse" betrachtet werden und die größte Lücke zuerst geschlossen wird. Danach werden realistische Ziele formuliert:

- Markenbekanntheit auf diesem Level halten.
- Positives Markenimage behalten.
- Kaufrate von 15 auf 25 Prozent in den nächsten zwei Jahren steigern.
- „Share of wallet" von 40 auf 50 Prozent in den nächsten zwei Jahren steigern.
- Wiederkaufsrate von 80 auf 85 Prozent in den nächsten zwei Jahren steigern.
- Cross-buying-Rate von 15 auf 40 Prozent in den nächsten zwei Jahren steigern.

Wenn unsere Marktforschung herausgefunden hat, warum die einzelnen Lücken so groß sind (z.B. Gründe für die geringe Kaufrate), können die richtigen Maßnahmen ergriffen werden, um die gesetzten Ziele zu erreichen.

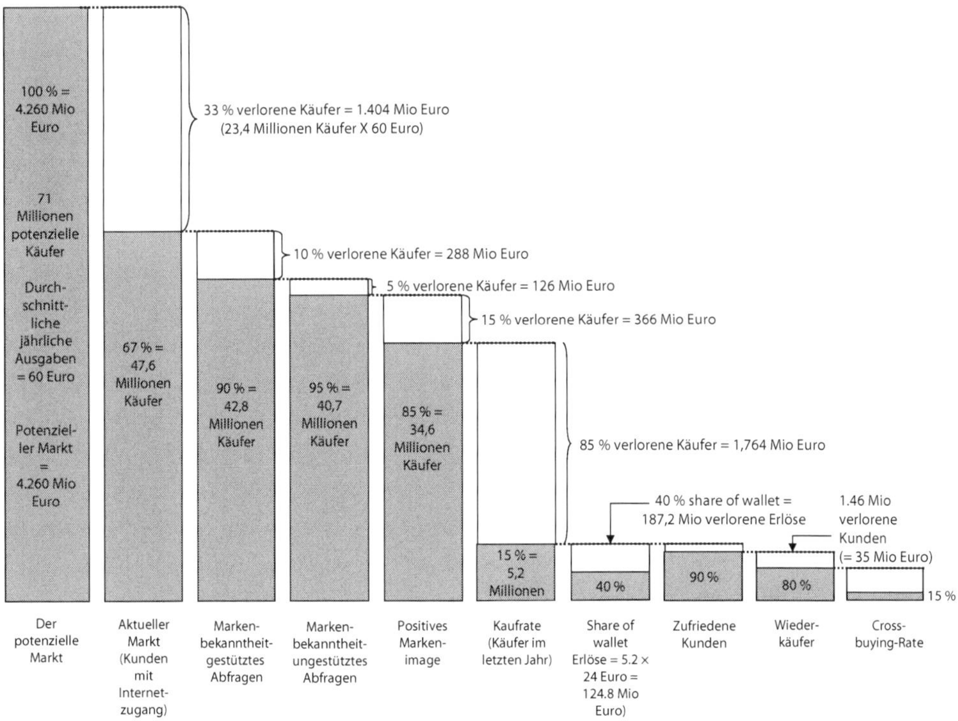

Abbildung 52: Staircase-Analyse für ein Online-Buchgeschäft

6. Strategieformulierung

Strategieformulierung findet auf unterschiedlichsten Ebenen statt (siehe Kapitel 2.2). Auf der Unternehmensebene werden im Folgenden die Instrumente der Portfolio-Analyse und der Ansoff-Matrix beschrieben. Auf der Ebene der Geschäftseinheiten helfen der Strategie-Diamant, die generischen Wettbewerbsstrategien und die Customer-Value-Analyse dabei, Strategien zu formulieren. Exemplarisch werden für die funktionale Ebene von strategischen Geschäftseinheiten noch spezifische Strategien zu Internationalisierung und Neu-Produktentwicklung beschrieben.

6.1. Strategie auf der Unternehmensebene

Eine der Kernfragen der Strategie auf Ebene des Gesamtunternehmens ist die Frage, ob das Unternehmen fokussiert oder diversifiziert sein sollte. Viele Gründe sprechen für Diversifizierung (d.h. Investition in unterschiedliche Produkte und Märkte): Economies of Scope, Nutzung von Kernkompetenzen und Synergien in unterschiedlichen Produkten und Märkten und Risikodiversifikation, um die wichtigsten zu nennen.

Ob Diversifikation oder Fokussierung vorzuziehen ist, beschäftigt die Strategieforschung schon seit Jahrzehnten.[117] Eine zentrale Frage ist dabei: Sind fokussierte Unternehmen erfolgreicher als diversifizierte Unternehmen oder umgekehrt?

Ein Phänomen, das dabei immer wieder beobachtet wird, ist der „Conglomerate Discount" bzw. das „Conglomerate Premium". Von einem **Conglomerate Discount** spricht man, wenn der Marktwert (Anzahl der Aktien multipliziert mit dem Aktienkurs, d.h. Marktkapitalisierung) eines diversifizierten Unternehmens niedriger ist als der Wert der Summe seiner Einzelteile (sprich der einzelnen Geschäftseinheiten). Mit anderen Worten bedeutet ein Conglomerate Discount, dass an der Börse ein Bewertungsabschlag für diversifizierte Unternehmen gemacht wird. Abbildung 53 stellt den Conglomerate Discount des Daimler-Konzerns im September 2008 dar.

117 *Hautz* et al., 2013.

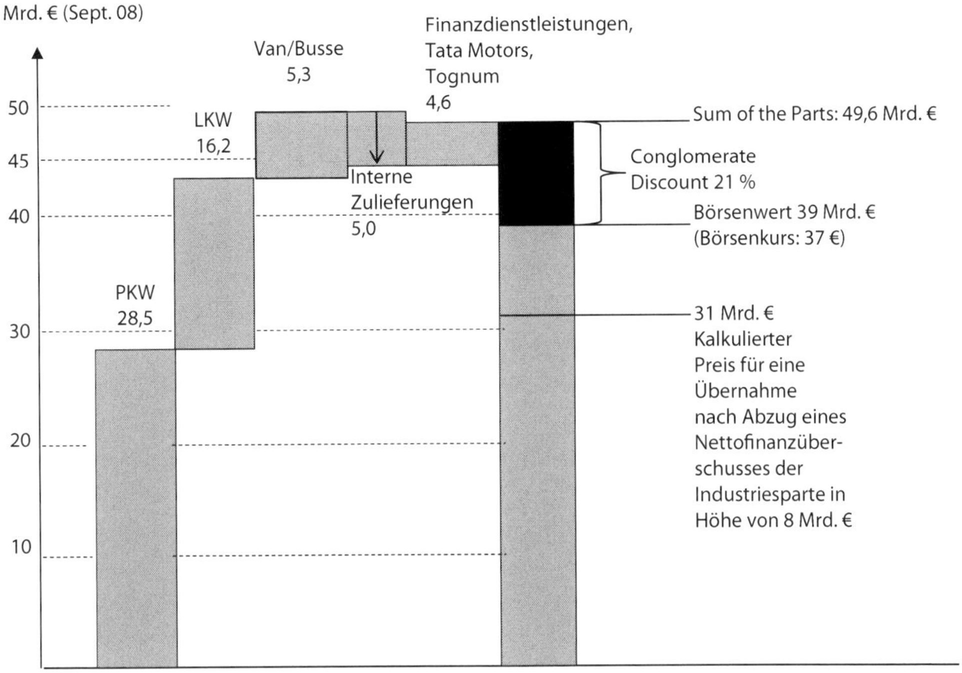

Abbildung 53: Conglomerate Discount (Quelle: *Müller-Stewens* & *Brauer*, 2009)

Von einem **Conglomerate Premium** hingegen spricht man, wenn die Marktkapitalisierung eines Unternehmens höher ist, als der Wert der Summe der Einzelteile. In diesem Falle honoriert die Börse die Diversifikation eines Unternehmens. Der durchschnittliche Conglomerate Discount deutscher Aktiengesellschaften beträgt zwischen 5 und 10 %, europaweit sogar bis zu 20 %.[118] Eine US-Studie[119] zeigt, dass der durchschnittliche Conglomerate Discount amerikanischer Aktiengesellschaften im Jahre 2012 6 % betrug. Allerdings weist etwa ein Drittel der Unternehmen ein Conglomerate Premium aus, der bis zu 40 % gehen kann (Abbildung 54). Eine Langzeitstudie der BCG (Boston Consulting Group zeigte über einen Zeitraum von 22 Jahren einen durchschnittlichen Conglomerate Discount von 13,9 %, wobei es in den einzelnen Jahren zu erheblichen Schwankungen (zwischen ca. 20 % und ca. 2 % kam), ein Conglomerate Discount war in jedem einzelnen Jahr zu beobachten.[120]

118 *Heppelmann* & *Hoffleith*, 2008.
119 *McTaggart* et al., 2011.
120 *Kengelbach, Farag, Schwetzler* & *Rudolph*, 2014.

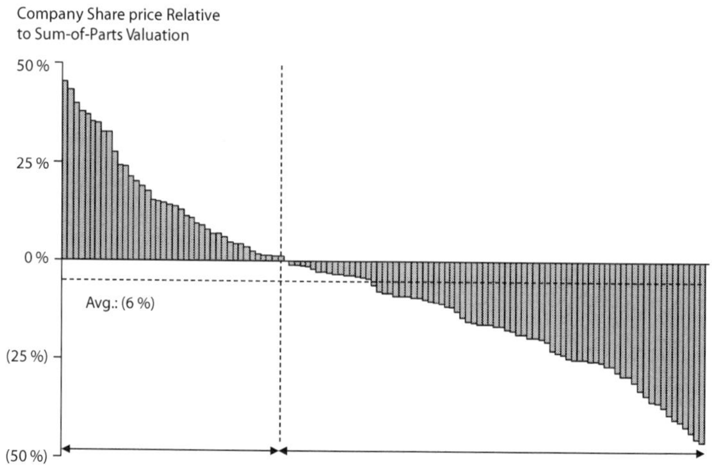

Abbildung 54: Conglomerate Discount und Conglomerate Premium US-amerikanischer Unternehmen (Quelle: *McTaggart* et al., 2011)

Worin liegen nun Gründe für einen Conglomerate Discount oder ein Conglomerate Premium? Die Antwort ist im Grunde meist einfach: Die Zentrale verursacht mehr Kosten, als sie Wert stiftet! Mit anderen Worten trägt die Zentrale nicht zur Wertsteigerung bei, sondern sie vernichtet Wert. Je nachdem wie gut die Zentrale ihre wertsteigernden Aufgaben erledigt, erhöht oder vernichtet sie Unternehmenswert. Tabelle 13 gibt einen Überblick über die wichtigsten Faktoren, die zu einer Wertvernichtung bzw. einer Wertsteigerung führen können.[121]

Wertvernichtende Faktoren	Wertsteigernde Faktoren
Managementkosten: Die Zentrale beschäftigt typischerweise die bestbezahlten Manager, verfügt häufig über gut ausgestattete Büros und Infrastruktur in repräsentativen Lagen.	**Vision und Orientierung**: Die Zentrale kann Geschäftseinheiten auf eine gemeinsame Vision ausrichten, einen gemeinsamen Unternehmenszweck definieren und den Geschäftseinheiten strategische Orientierung und strategische Aufgaben für das Gesamtunternehmen geben.
Komplexitätskosten: Die Zentrale fügt eine zusätzliche Managementebene hinzu und erhöht den Koordinationsaufwand und die Bürokratie.	**Coaching, Unterstützung, Synergien managen**: Die Zentrale kann die Manager der einzelnen Geschäftseinheiten durch Beratung, durch Vermittlung von Managementmethoden und in der Nutzung von Synergien unterstützen.
Undurchsichtige Performance: Analysten und Investoren bevorzugen meist „Pure Players“, da in stark diversifizierten Unternehmen schwache Geschäftseinheiten durch profitable Geschäftseinheiten querfinanziert und damit „mitgezogen“ werden können.	**Zentrale Dienste und Ressourcen zur Verfügung stellen**: Durch zentrale Dienste (z.B. HRM, Rechtsberatung, IT usw.) können Geschäftseinheiten entlastet werden. Zentrale Kernkompetenzen können von den Geschäftseinheiten genutzt werden.

Tabelle 13: Wertsteigernde und wertvernichtende Faktoren[122]

121 Quelle: *McTaggart* et al., 2011.
122 *Johnson* et al., 2008.

Die Zentrale kann prinzipiell drei verschiedene Rollen einnehmen[123] (siehe auch Abbildung 55):

(1) **Portfolio-Manager**: Die Zentrale als Portfolio-Manager versteht sich primär als Investor. Sie identifiziert unterbewertete Unternehmen, akquiriert sie und entwickelt sie zu höherer Performance. Sie stößt Geschäftseinheiten oder Unternehmensteile ab, die nicht zur Wertsteigerung beitragen können. Die Zentrale hält sich aus dem operativen Geschäft heraus und Geschäftseinheiten haben viel Autonomie. Die Zentrale beschränkt sich im Wesentlichen auf das Vorgeben von Zielen, Bewertung der Performance einzelner Geschäftsbereiche, Investitionen oder Devestitionen.

(2) **Synergie-Manager**: Die Zentrale als Synergie-Manager sieht ihre Aufgabe in der Ausrichtung auf eine gemeinsame Vision, in der Nutzung von Synergien zwischen den einzelnen Geschäftseinheiten und der Zurverfügungstellung von zentralen Diensten.

(3) **Kernkompetenz-Manager**: Die Zentrale versteht sich als Quelle der Kernkompetenzen, die den einzelnen Einheiten zur Verfügung gestellt werden. Die Führung ist top-down und die Zentrale mischt sich aktiv in die Strategien der Geschäftseinheiten ein. Sowohl die Nutzung der Synergien zwischen den Geschäftseinheiten als auch die zentrale Führung stehen im Vordergrund.

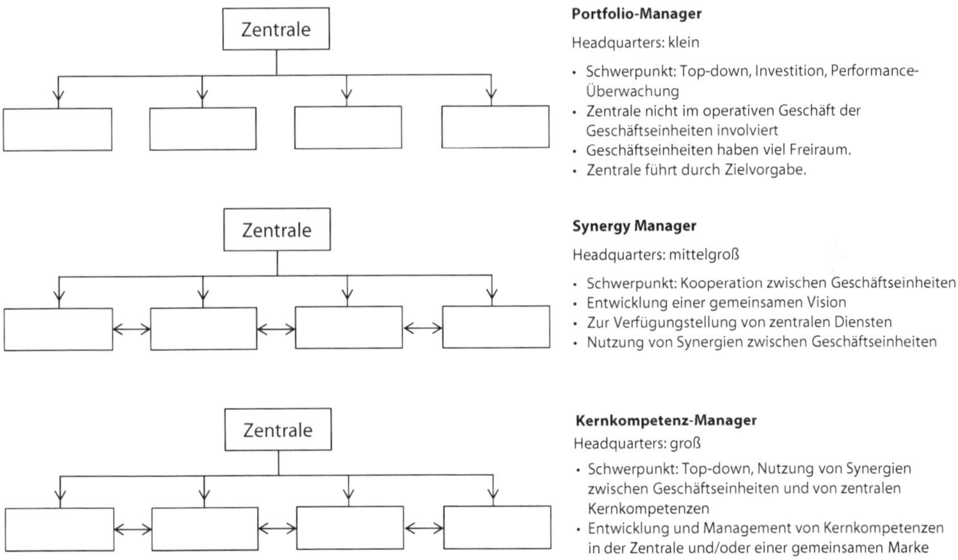

Abbildung 55: Unterschiedliche Rollen der Zentrale (Quelle: *Johnson* et al., 2008)

6.1.1. Portfolio-Analyse

Die meisten Unternehmen bieten mehr als nur ein Produkt oder eine Dienstleistung an und viele Unternehmen haben mehr als eine Geschäftseinheit. Deshalb müssen Managerinnen und Manager ständig entscheiden, wie sie die Ressourcen (Geld, Zeit, Managementkapazitäten) zwischen den einzelnen Produkten und den Geschäftseinhei-

123 *Goold* et al., 1994.

ten verteilen. Allerdings gelten für Produkte und Geschäftseinheiten, während sie von einer Phase des Lebenszyklus (3.1) zur nächsten wandern, unterschiedliche Wachstumsraten, Ressourcenbedürfnisse und Rentabilitäten. Deshalb gibt es einige, die ein geringes Wachstum aufweisen, aber viel Cashflow bringen; andere haben eine hohe Wachstumsrate, aber auch einen negativen Cashflow. Geldflüsse und Risiken in einem Portfolio im Gleichgewicht zu halten, ist daher essentiell.

Managerinnen und Manager müssen entscheiden, welche Produkte oder Geschäftseinheiten mehr Ressourcen und Investitionen benötigen, um beispielsweise das Wachstum voranzutreiben und damit das zukünftige Erfolgspotenzial ausschöpfen zu können, welche Produkte und Geschäftseinheiten ihre Marktposition halten sollen und aus welchen Produkten und Geschäftseinheiten sich das Unternehmen besser zurückziehen sollte. Deshalb sind die Fragen „In welchem Geschäftsfeld operieren wir?" und „In welchem Geschäftsfeld sollten wir in Zukunft sein?" Schlüsselfragen des strategischen Managements.

Natürlich sind das komplexe Fragen, besonders wenn das Unternehmen Dutzende von Produkten oder Geschäftseinheiten zu managen hat. Zwei der am weitesten verbreiteten Methoden, um diese Fragen zu beantworten, sind das Boston-Consulting-Group(BCG)-Portfolio und das General-Electric(GE)-Portfolio. Beide basieren auf der Annahme, dass zwei Fragen für diese Entscheidungen wichtig sind:

- Wie attraktiv ist der Markt?
- Haben unsere Produkte oder Geschäftseinheiten Wettbewerbsvorteile in diesem Markt?

Beide Arten von Portfolios geben Antworten auf diese Fragen. Sie unterscheiden sich aber in ihrer Komplexität und dem Detaillierungsgrad der daraus abgeleiteten Strategien.

Das BCG-Portfolio

Die BCG-Matrix wurde von der Boston Consulting Group in den 1960er Jahren entwickelt.[124] Sie verwendet die zwei Dimensionen Marktwachstum und relativer Marktanteil. Die theoretische Fundierung der BCG-Matrix liegt im Produktlebenszyklus (3.1) und in der Beziehung zwischen Marktanteil und Stückkosten (die durch Erfahrungskurveneffekte und Economies of Scale beeinflusst werden).

Die BCG-Matrix verwendet Marktwachstum als Indikator für die Attraktivität des Marktes, da wachsende Märkte Möglichkeiten für Investitionen bieten und sich leichter Marktanteile gewinnen lassen.[125] Erstens bietet ein wachsender Markt Möglichkeiten, später höhere Erträge aus den Investitionen zu gewinnen. Zweitens sind in den frühen Phasen des Lebenszyklus die Wachstumsraten noch hoch und Marktanteile können leicht durch das Ausdehnen der Kapazitäten oder effektive Vertriebsmaßnahmen – zu einem früheren Zeitpunkt als die Konkurrenz dies tut – gewonnen werden. Damit werden die Verfügbarkeit und der Absatz des Produkts sichergestellt. In Märkten mit hohem Wachstum übersehen viele Mitbewerber auch, dass sie Marktanteile verlieren, weil ihre Absatzmenge immer noch steigt – allerdings unterhalb des Marktwachstums. In gesättigten Märkten kann Wachstum nur durch das Einschränken des Absatzes der Konkurrenten erreicht werden.

124 *Hedley*, 1977.
125 *Hedley*, 1977.

Als Indikator für Wettbewerbsvorteile verwendet die BCG-Matrix den relativen Marktanteil. Je höher der Marktanteil, desto geringer sind die Stückkosten und desto höher sind die Gewinne. Der relative Marktanteil ist der gesamte Umsatz einer Geschäftseinheit dividiert durch den Umsatz des größten Mitbewerbers. Der größte Mitbewerber hat einen Marktanteil, der größer als eins ist, und alle anderen Mitbewerber haben einen geringeren Marktanteil, höhere Stückkosten und eine geringere Rentabilität.

Kombiniert man Marktwachstum mit dem relativen Marktanteil in einer Matrix, entstehen vier Quadranten, die vier verschiedene Typen von Geschäftseinheiten oder Produkten repräsentieren. Für sie gelten unterschiedliche Strategien, unterschiedlicher Investitionsbedarf und verschiedene Cashflow-Profile (Abbildung 56).

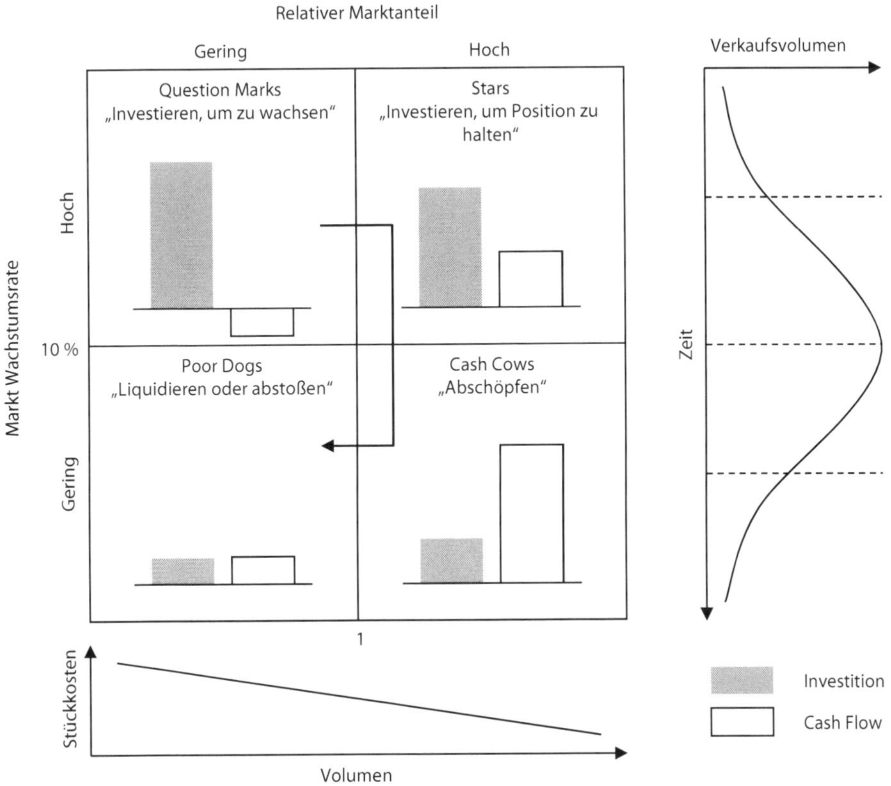

Abbildung 56: Die BCG-Matrix

Tabelle 14 beinhaltet ein Beispiel eines Unternehmens in der Elektronikbranche mit 13 Geschäftseinheiten. Abbildung 57 zeigt das Portfolio. Die Größe der Kreise repräsentiert den Anteil der Geschäftseinheiten am gesamten Absatzvolumen. Die folgenden Implikationen ergeben sich daraus.

- **Question marks** (wenig Marktanteil, hohes Marktwachstum): In unserem Beispiel befinden sich hier Wearables und Kopfhörer. Diese Geschäftseinheiten befinden sich typischerweise in der frühen Phase des Produktlebenszyklus. Da der Markt stark wächst, werden hohe Investitionen in die Kapazitätsvergrößerung, das Marketing, die Distribution etc. benötigt. Der Cashflow ist normalerweise negativ und der Umsatz sollte stärker wachsen als der Markt, damit der Markführer eingeholt werden kann. Diese Geschäftseinheiten werden Fragezeichen genannt, weil es unsicher ist, wie sich deren Zukunft entwickelt. Wenn sie Marktanteil gewinnen können, werden sie zu zukünftigen CASH COWS. Wenn nicht, werden sie zu POOR DOGS und Investitionsfallen.

- **Stars** (hoher Marktanteil, hohes Marktwachstum). In unserem Beispiel sind dies die Smart Remotes, Spielekonsolen, Lautsprecher und Datenspeicher. Die Geschäftseinheiten, die hier positioniert sind, sind die Marktführer in wachsenden Branchen. Da der Markt immer noch wächst, brauchen sie hohe Investitionen. Der Cashflow ist normalerweise ausgeglichen oder leicht positiv. Die Strategie ist es, die Marktposition zu halten, bis die nächste Phase des Produktlebenszyklus weniger Investitionen benötigt und die Geschäftseinheiten zu CASH COWS werden.
- **Cash cows** (hoher Marktanteil, wenig Marktwachstum): Notebooks, PC Monitore, Drucker & Kopiergeräte, DVD Player/Recorder. Diese Geschäftseinheiten benötigen wenige Investitionen, da sie sich in einem reifen Markt befinden und sie klare Kostenvorteile besitzen. Deshalb bieten diese Geschäftseinheiten normalerweise einen Cashflow-Überschuss, der in FRAGEZEICHEN und STARS investiert werden kann und sollte.
- **Poor dogs** (wenig Marktanteil, wenig Marktwachstum): Das wären in unserem Beispiel Digitalkameras, PCs und TV-Geräte. Da sie in einem nur leicht wachsenden oder sogar schrumpfenden Markt sind und nur einen geringen Marktanteil haben, sind diese Geschäftseinheiten üblicherweise Kandidaten, denen die Ressourcen entzogen werden. Da sie sich meist am Ende des Produktlebenszyklus befinden, wird das Unternehmen aus diesen Geschäftsfeldern aussteigen.

	Marktvolumen (Mio. EUR)						
Geschäftseinheit	**2018**	**2019**	**2020***	**2021***	**2022***	**2023***	**CAGR** 2023/2019**
Notebooks	484,00	4.809,00	4.792,00	4.783,00	4.780,00	4.776,00	–0,17
Desktop PCs	862,00	846,00	837,00	831,00	828,00	827,00	–0,57
PC Monitors	595,00	589,00	585,00	581,00	578,00	576,00	–0,56
Printers & Copiers	399,00	338,00	329,00	322,00	317,00	313,00	–1,90
TV	6.534,00	6.515,00	6.278,00	6.471,00	6.619,00	6.734,00	0,83
Smart Remotes	4,00	5,00	6,00	6,00	7,00	7,00	8,78
DVD Player/Recorder	169,00	146,00	123,00	100,00	76,00	53,00	–22,38
Digital Cameras	1.090,00	1.060,00	1.040,00	1.030,00	1.020,00	1.020,00	–0,96
Speakers	1.002,00	1.156,00	1.288,00	1.488,00	1.669,00	1.815,00	11,94
Headphones	407,00	426,00	428,00	447,00	461,00	471,00	2,54
Data Storage	904,00	914,00	923,00	930,00	936,00	942,00	0,76
Wearables	361,00	374,00	474,00	437,00	417,00	412,00	2,45
Game Consoles	1.370,00	1.410,00	1.460,00	1.500,00	1.550,00	1.590,00	3,05

* Forecast

** CAGR (compound annual growth rate)

Geschäftseinheit	Umsatz 2019 (Mio. Euro) Umsatz 2019	Umsatzstärkster Konkurrent	Gewinn
Notebooks	1.100	640	45
Desktop PCs	250	295	-17
PC Monitors	260	200	12
Printers & Copiers	180	150	8
TV	980	2.120	-188
Smart Remotes	0,9	0,8	0,1
DVD Player/Recorder	117	75	4
Digital Cameras	235	333	-48
Speakers	112	58	-18
Headphones	99	112	1,2
Data Storage	306	162	18
Wearables	40	155	-5,2
Game Consoles	412	312	38
	4.091,9		**-152,3**

Tabelle 14: Wachstumsraten und Marktanteile des Elektronik-Unternehmens[126]

Aus der Portfolio-Analyse dieses Unternehmens können folgende Strategien abgleitet werden:

(1) Ausstieg aus den TVs, Desktop PCs und Digitalkameras
(2) Notebooks, PC Monitore, Drucker & Kopierer, und DVD Payer/Recorder so lange behalten, wie sie profitabel sind
(3) Investitionen in Wearables und Kopfhörer (Question Marks) sowie in Smart Remotes, Speakers, Spielekonsolen und Datenspeicher (Stars), um die Wettbewerbsposition zu verbessern
(4) Halten der Marktanteile der Cash Cows Notebooks, PC Monitore, Printer & Kopierer, DVD Player/Recorder; Cashflow, der durch diese Geschäftseinheiten generiert wird, sollte für den Ausbau von „Question marks“ investiert werden.

Ein gut geführtes Portfolio wird durch das Gleichgewicht des Cashflows und des ausbalancierten Risikos charakterisiert und sollte Geschäftseinheiten in jedem der vier Quadranten (auch „poor dogs“, solange sie profitabel sind) beinhalten. In unserem Beispiel sollten möglichst bald neue Geschäftseinheiten aufgebaut werden, da im Portfolio nur zwei Question Marks zu finden sind.

Die BCG-Matrix wird oft verwendet und ist auch sehr bekannt. Allerdings hat sie ein paar **Nachteile**, derer man sich bewusst sein sollte:[127]

Es wird oft argumentiert, dass das Verwenden von Marktwachstum und relativem Marktanteil eine zu starke Vereinfachung sei. Ob ein Markt attraktiv ist oder nicht, hängt von

126 Quellen: Mehrere Publikationen der von BITCOM und Statista sowie Schätzungen der Autoren.
127 *Haberberg* & *Rieple*, 2008.

vielen weiteren Faktoren ab, z.B. der Marktgröße, der Wettbewerbsintensität usw. Auch der Wettbewerbsvorteil liegt nicht nur im relativen Marktanteil. Faktoren wie F&E-Fähigkeiten und Marketingkompetenzen spielen auch eine entscheidende Rolle bei der Festlegung von Wettbewerbsvorteilen.

Die Feststellung von Marktanteilen und die Teilung der y-Achse in hoch und gering können Probleme verursachen. Erstens ist es für viele Unternehmen schwierig, verlässliche Marktdaten zu bekommen, und zweitens kann ein Markt sehr eng oder sehr breit definiert werden (siehe die Unterscheidung zwischen Soft-Drink-Markt und Energy-Drink-Markt im Fall von Red Bull - 4.1). Von dieser Definition des Marktes hängt es aber ab, ob der Marktanteil hoch oder gering ist.

Das Portfolio ignoriert Synergien zwischen den Geschäftseinheiten oder Produkten. Deshalb können von einem Ausstieg aus einem Markt andere Geschäftseinheiten betroffen sein, weil die Fixkosten nicht mehr aufgeteilt werden können. Diese würde zu höheren Stückkosten führen.

Schließlich macht die Verwendung des relativen Marktanteils nur Sinn, wenn Economies of Scale und die Erfahrungskurveneffekte eine große Rolle spielen. In Branchen, in denen reine Größe nicht zu Kostenvorteilen führt, ist der relative Marktanteil kein geeigneter Indikator für Wettbewerbsvorteile.

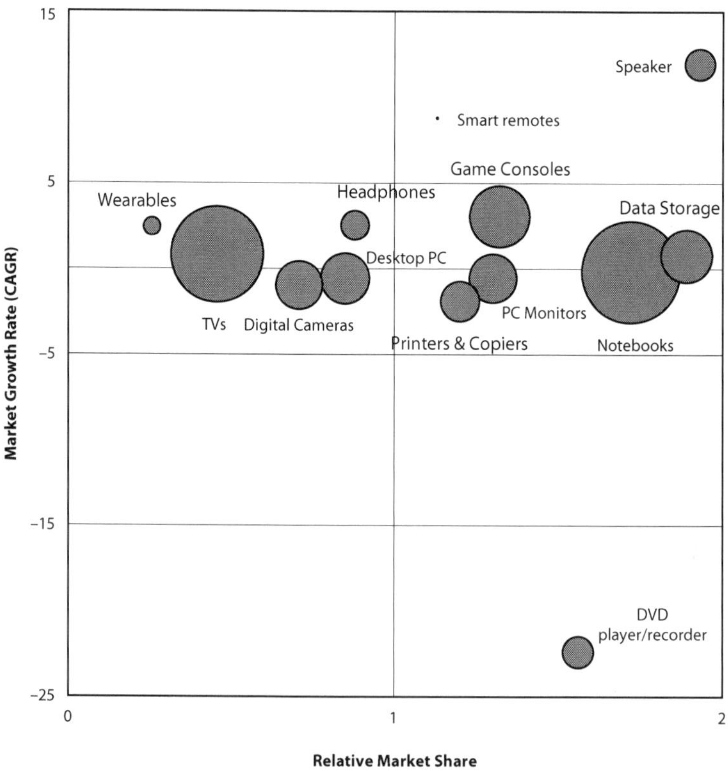

Abbildung 57: BCG-Matrix für ein Elektronik-Unternehmen

Das GE-Portfolio

General Electric entwickelte eine komplexere Matrix, um einzelne Geschäftseinheiten zu bewerten. Diese basiert auf denselben Annahmen wie die BCG-Matrix, verwendet aber mehr Information für die Beurteilung von Marktattraktivität und Wettbewerbsvorteilen. Sie beinhaltet neun Felder, aus denen Strategieempfehlungen abgeleitet werden können (siehe Abbildung 58).[128]

Um das Portfolio zu erstellen, sind fünf Schritte notwendig:

(1) Definition und Gewichtung der Marktattraktivitätskriterien
(2) Definition und Gewichtung der Kriterien, um die relative Wettbewerbsposition zu messen
(3) Evaluierung der Marktattraktivität und der relativen Wettbewerbsposition
(4) Berechnung der gewichteten Punktezahl für die Marktattraktivität und die relative Wettbewerbsposition
(5) Positionierung der Geschäftseinheiten im Portfolio und Strategieformulierung.

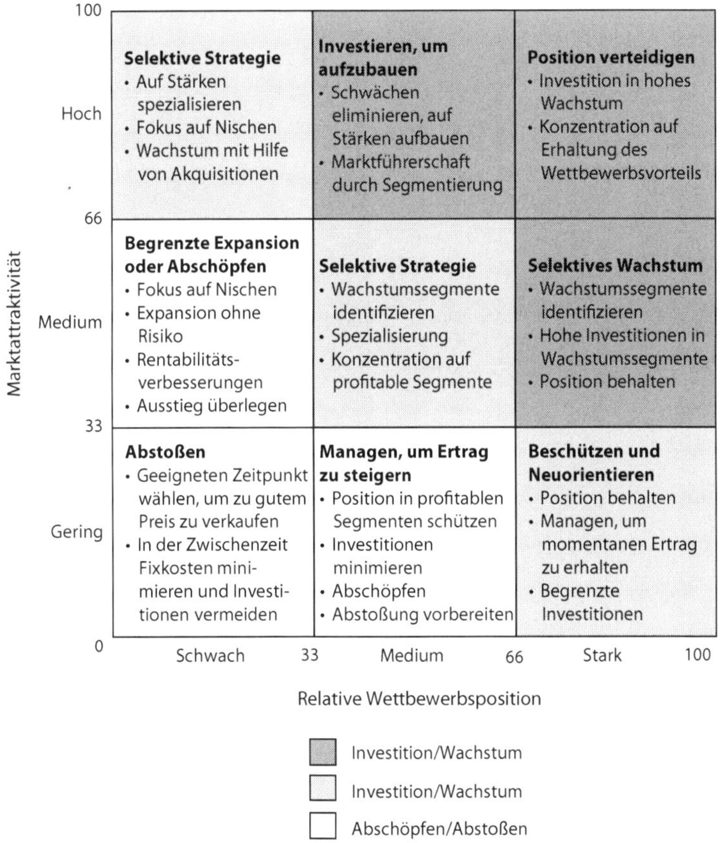

Abbildung 58: Die GE-Portfolio-Matrix (Quelle: modifiziert nach *Hollensen*, 2003)

128 *Rigby*, 2003; *Robinson* et al., 1978.

Es gibt eine Reihe von Indikatoren, die für die Bewertung der Marktattraktivität und der relativen Wettbewerbsposition herangezogen werden können (siehe Tabelle 15). Die Auswahl der Indikatoren und ihre Gewichtung muss sehr sorgfältig vorgenommen werden, da sie in verschiedenen Branchen variieren können. Sie sollten die Erfolgsfaktoren der jeweiligen Branche repräsentieren.

Marktattraktivität	**Relative Wettbewerbsposition**
Marktwachstum	Marktanteil
Marktgröße	Produktqualität
Gewinnmargen	F&E-Fähigkeiten
Wettbewerbsintensität	Marketing-Fähigkeiten
Markteintrittsbarrieren	Markenbekanntheit und -image
Lebenszyklus	Produktionsfähigkeiten
Konjunkturabhängigkeit	Kosteneffizienz

Tabelle 15: Typische Indikatoren zur Messung der Marktattraktivität und der relativen Wettbewerbsposition

Nachdem diese Faktoren evaluiert wurden (z.B. mit Punkten von 0 bis 100), wird die gewichtete Punktezahl berechnet (Bewertung multipliziert mit der Gewichtung). Die Geschäftseinheiten können dann in der Matrix positioniert und Strategien daraus abgeleitet werden (Tabelle 16).

Geschäftseinheit: Flat-screen TV				
Bewertung der Marktattraktivität				
Kriterium	Gewichtung (%)	Bewertung/Anmerkungen	Punkte (0–100)	Gewichtete Punkte
Marktwachstum	30	Markt in Sättigungsphase, ab 2010 leicht schrumpfend (CAGR 2009–2011: -1,26 %);	20	6
Marktgröße	25	Marktgröße 2011 = 5,700 Mio. Euro; bereits hohe Marktdurchdringung erreicht: Ende 2011 werden 80 % aller Haushalte bereits einen Flatscreen-TV haben, 2016 bereits 98 %; Die Anzahl der Flatscreens pro Haushalt wird langfristig von 1,7 auf 2 steigen.	40	10
Wettbewerbsintensität	10	Hohe Wettbewerbsintensität, zahlreiche Anbieter am Markt	30	3
Gewinnmargen	20	Preiswettbewerb hat bereits begonnen, Durchschnittspreise werden von 713 EUR auf 620 EUR im Jahre 2011 fallen.	20	4
Markteintrittsbarrieren	15	Durchschnittlich: vor allem Economies of Scale und Markenname	30	4,5
	100			27,5

Geschäftseinheit: Flat-screen TV				
Bewertung der relativen Wettbewerbsposition				
Kriterium	Gewichtung (%)	Bewertung/Anmerkungen	Punkte (0–100)	Gewichtete Punkte
Relativer Marktanteil	30	Geringer relative Marktanteil (0,27); starke Kostennachteile durch geringere Economies of Scale und Erfahrungskurveneffekte	10	3
F&E-Stärken	15	Gering, hinter dem Wettbewerb bei der Einführung neuer Technologien, F&E-Budget nur 1/3 des stärksten Mitbewerbers	10	1,5
Marketing-Fähigkeiten	20	Markenbekanntheit und Image basierend auf Marktforschung unter dem Wettbewerb, geringeres Marketing-Budget als stärkster Mitbewerber	15	3
Distribution & Sales	25	Begrenzter Zugang zu Distributionskanälen, nur bei 3 von 7 großen Elektronik-Händlern beziehbar	10	2,5
Produktionsfähigkeiten	10	Durchschnittlich, teilweise veraltete, ineffiziente Produktionsprozesse und -anlagen	50	5
	100			15

Tabelle 16: Bewertung der Marktattraktivität und der relativen Wettbewerbsposition

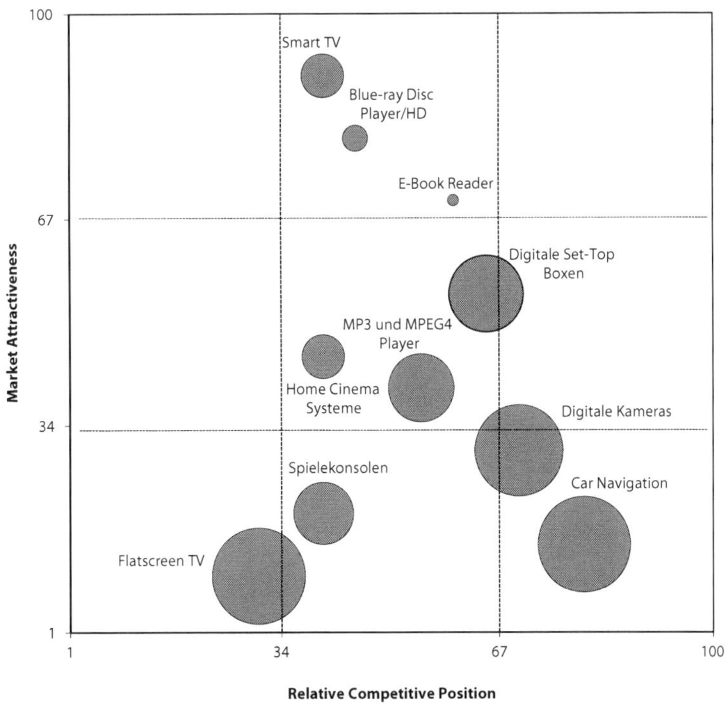

Abbildung 59: BCG-Matrix für ein Elektronik-Unternehmen

Die GE-Matrix ist komplexer als die BCG-Matrix und verarbeitet mehr Markt- und Unternehmensinformationen. Allerdings hat auch sie einige wichtige Limitationen. Da die Faktoren ausgewählt, gewichtet und evaluiert werden müssen, bieten sie Raum für Subjektivität.

Die Portfolio-Analyse kann für verschiedene Ebenen, z.B. Geschäftseinheiten, Produktlinien oder einzelne Produkte, angewendet werden. Diese Grundidee kann aber noch für weitere Anwendungsgebiete verwendet werden, wie z.B. Länder-Portfolios (Marktattraktivität und relative Wettbewerbsposition), Segment-Portfolios (Segmentattraktivität und relative Wettbewerbsposition) oder Kunden-Portfolios (Kundenattraktivität und relative Wettbewerbsposition).

6.1.2. Die Ansoff-Matrix

Wachstum ist ein wichtiges strategisches Ziel und für die meisten Unternehmen aus mindestens drei Gründen ein absolutes Muss:

(1) Um Aktienpreise zu erhöhen und damit den Shareholder Value zu steigern ist es nötig, schneller zu wachsen, als die Anteilseigner erwarten. Da der aktuelle Börsenkurs bereits zukünftige Wachstumsraten berücksichtigt, ist die einzige Möglichkeit, den Aktienpreis zu erhöhen, die Erwartungen bezüglich der Wachstumsraten zu übertreffen. Ein Unternehmen, das die Wachstumserwartungen lediglich erfüllt, erreicht nur, dass der Börsenkurs nicht fällt; ein Unternehmen, das die erwarteten Wachstumserwartungen nicht erreicht, wird mit fallenden Kursen rechnen müssen.[129]

(2) Wenn ein Unternehmen langsamer wächst als seine Mitbewerber, verliert es Marktanteile und die Konkurrenten können einen Kostenvorteil auf Basis des Erfahrungskurveneffekts (3.2) und der Economies of Scale (3.3) erreichen.

(3) Selbst wenn ein Unternehmen entscheidet, nicht zu wachsen, muss es dennoch immer neue Kundengruppen und neue Märkte für seine Produkte erschließen, damit es sein bisheriges Umsatzvolumen erhält. Denn kein Unternehmen kann auf Dauer 100 Prozent seiner Kunden behalten. Es muss Kunden, die es an Mitbewerber verloren hat, bzw. Kunden, die nicht mehr aktiv die Produkte kaufen, ersetzen.

Die Frage ist nun: Wie kann ein Unternehmen oder eine strategische Geschäftseinheit sicherstellen, kontinuierlich zu wachsen? *Igor Ansoff*, ein Strategie-Professor, entwickelte eine einfache, aber praktische Matrix, um diese Frage zu beantworten, nämlich durch die Kombination der beiden Dimensionen „Produkte“ (neue und bestehende) und „Märkte“ (neue und bestehende).[130] Die Ansoff-Matrix hilft deshalb, folgende Fragestellungen zu beantworten:

- Was sind mögliche Wachstumsstrategien?
- Welche Wachstumsstrategien sind in Bezug auf die Risiken und die notwendigen Ressourcen vorteilhafter?
- Welche Wachstumsmöglichkeiten gibt es innerhalb der vier Wachstumsstrategien?
- Was ist eine viable und langfristige Wachstumsstrategie für das Unternehmen bzw. die strategische Geschäftseinheit?

129 *Christensen* & *Raynor*, 2003.
130 *Ansoff*, 1957.

Die Ansoff-Matrix bietet vier verschiedene Wachstumsstrategien:

Marktdurchdringung

Die einfachste und vielversprechendste Möglichkeit, zu wachsen, ist, den Umsatz der bestehenden Produkte in den bestehenden Märkten zu erhöhen. Solange es Wachstumspotenzial in den bestehenden Märkten gibt, sollte ein Unternehmen diese Strategie verfolgen. Das Unternehmen besitzt bereits Wissen über diesen Markt, hat ein vollständig entwickeltes und etabliertes Produkt, besitzt die notwendigen Ressourcen und hat Zugang zu den Distributionskanälen. Die Kunden sind mit der Marke vertraut, kennen das Produkt und sind einfacher anzusprechen als neue Kunden in einem neuen Markt. Deshalb, wie einige Studien zeigen, hat diese Wachstumsstrategie die höchste Erfolgsrate (50 Prozent) im Vergleich zu den anderen Wachstumsstrategien und benötigt die wenigsten Ressourcen.[131] Für die Marktdurchdringung gibt es verschiedene Optionen.

Steigerung der Verwendungsrate

Hier versuchen Unternehmen, Kunden zu überzeugen, ihr Produkt häufiger zu verwenden. Kreditkartenunternehmen bieten ihren Kunden Bonusprogramme an, bei denen für jeden abgebuchten Euro ein Bonuspunkt gutgeschrieben wird, den der Kunde für verschiedene Angebote einlösen kann (wie z.B. Vielfliegermeilen). Damit werden Kunden motiviert, ihre Kreditkarte möglichst oft zu verwenden anstatt bar zu bezahlen oder mit einer anderen Kreditkarte, die der Kunde möglicherweise besitzt.

Steigerung der Verwendungsmenge

Eine weitere Option, um den Umsatz eines bestehenden Produkts in einem bestehenden Markt zu erhöhen, ist, die Quantität der Nutzung zu steigern. Ein Zahnpasta-Hersteller beispielsweise vergrößerte die Öffnung der Tube. So verwendeten Kunden mehr Zahnpasta, jedes Mal, wenn sie sich die Zähne putzten – ohne dass sie es merkten. Einige Internethändler verlangen keine Versandgebühr ab einer bestimmten Einkaufsmenge. Das kann den Umsatz deutlich erhöhen, da viele Kunden, die beispielsweise ein Produkt für 85 Euro gekauft haben, ein weiteres Produkt in den Warenkorb legen, um Versandkosten zu vermeiden, wenn die Bestellmenge von 100 Euro überschritten wird.

Bekehrung von Nicht-Käufern

In jedem Markt gibt es Kunden, die aus verschiedenen Gründen das Produkt nicht verwenden und kaufen. Wenn ein Unternehmen einen dieser Gründe herausfindet, kann es Maßnahmen ergreifen, um diese Nicht-Käufer in Käufer zu verwandeln. Diese Strategie ist vor allem für Freemium-Geschäftsmodelle von Bedeutung. Bei einem Freemium-Geschäftsmodell bekommen Kunden die Basisversion eines Produkts gratis und bezahlen eine Prämie, wenn sie sich für die Premiumversion entscheiden. Das ist ein beliebtes Geschäftsmodell für Internet Startups, Apps oder Computerspiele. Skype Dropbox, Spotify oder LinkedIn sind Beispiele dafür. Das Freemium-Geschäftsmodell wird aber auch im B2B-Bereich verwendet, ein Beispiel dafür ist Yammer.[132]

131 *Becker*, 2001.
132 *Kumar*, 2014.

Die Gratisversionen dieser Angebote zieht viele Kunden an. Es kommt dann darauf an, diese in Käufer der Premiumversion zu konvertieren. Die Leser der New York Times hatten für viele Jahre Gratiszugang zur Zeitung. Im Jahre 2011 wurde dann die Paywall eingerichtet, die die Anzahl der Gratisartikel auf 20 im Monat reduziert, will man mehr lesen, muss mein ein Abo abschließen. Die New York Times stellte aber bald fest, dass sie zu viele Gratisartikel gewährte und hat später die Paywall auf zehn und dann auf fünf Artikel im Monat reduziert.

Neue Anwendungen

Der Absatz von Produkten kann auch gesteigert werden, wenn Kunden neue Anwendungsmöglichkeiten bestehender Produkte gezeigt werden. Barilla, der italienische Produzent von Nudeln, bietet eine Vielzahl von Rezepten auf jeder Packung Nudeln an, um die Kunden anzuregen, mehr Nudeln zu essen. Danone hat den Verkauf von „Fruchtzwergen", einem erfolgreichen Quark-Produkt in Deutschland erhöht, indem es mittels Fernsehwerbung Kindern gezeigt hat, dass das Produkt im Sommer als Eis verwendet werden kann. „Fruchtzwerge" müssen dafür mit einem Stäbchen in den Gefrierschrank gestellt werden und Kinder können sich so ihr eigenes Eis herstellen.

Rückgewinnung von verlorenen Kunden

Das durchschnittliche Unternehmen hat einen Kundenschwund von 20 bis 40 Prozent im Jahr. Eine Studie von Marketing Metrics zeigt, dass es eine durchschnittliche Wahrscheinlichkeit von 60 bis 70 Prozent gibt, einem Kunden Produkte erfolgreich wiederzuverkaufen, eine Wahrscheinlichkeit von 20 bis 40 Prozent, einen verlorenen Kunden rückzugewinnen und eine Wahrscheinlichkeit von fünf bis 20 Prozent, einen neuen Kunden zu gewinnen.[133]

Ein Mobiltelefonanbieter begann, verlorene Kunden zu kontaktieren und herauszufinden, warum sie den Anbieter wechselten. Dann hat das Unternehmen spezielle Angebote gestaltet, um diese Kunden zurückzuholen. Die Erfolgsrate lag dabei bei 15 bis 20 Prozent. Starbucks sendet Kunden automatisiert Nachrichten, wenn diese für eine bestimmte Zeit keine Filiale mehr besucht haben, und macht spezielle Angebote auf Basis der Kaufhistorie, um Kunden zum Wiederkauf zu animieren.

Kunden der Konkurrenz überzeugen

Dies ist meist die schwierigste Art und Weise, um zu wachsen, weil das Unternehmen dafür einen klaren Preisvorteil oder eine klare Differenzierung in Bezug auf die Mitbewerber benötigt. Es kann aber dennoch eine erfolgreiche Strategie sein. Ein Anbieter für Enterprise-Resource-Plannning(ERP)-Software bemerkte, dass viele kleine und mittlere Unternehmen mit ihrer bisherigen ERP-Software unzufrieden waren, und fing deshalb an, diese zu kontaktieren. Da dieses Unternehmen sehr nah am Markt war, war es leicht herauszufinden, welche Kunden unzufrieden waren und warum. Auf Basis dieser Information konnte das Unternehmen die Zielgruppe ansprechen und sie als Kunden gewinnen.

133 Marketing Metrics, zitiert in *Griffin* und *Lowenstein* (2001).

Produktentwicklung

Die zweite Strategie besteht darin, modifizierte, verbesserte oder neue Produkte auf einen bestehenden Markt zu bringen. Diese Strategie hat eine durchschnittliche Erfolgsrate von etwa 33 Prozent, benötigt aber acht Mal so viele Ressourcen wie die Marktdurchdringung.

Produktverbesserung

Das Hinzufügen von neuen Produktattributen (z.B. hat Apple seinen Airpod Pro Kopfhörern das „Live Listen“ hinzugefügt, das auch die Funktion eines Hörgeräts übernehmen kann) oder das Verbessern der Produktleistung (wie z.B. verbesserte Kamera eines Smartphones) ist eine typische Strategie in einem heiß umkämpften Markt, der sich bereits in der Reifephase des Produktlebenszyklus befindet. Auf diese Weise können zusätzliche Umsätze erreicht werden, da sich das Produkt besser von dem seiner Mitbewerber unterscheidet.

Produktinnovationen

Synergien können durch die Einführung eines neuen Produkts in einen bestehenden Markt erreicht werden. In diesem Fall wird der Markenname des Unternehmens genutzt und Vorteile aus dem bestehenden Zugang zu diesem Markt und das Wissen über diesen Markt gezogen. Beflügelt durch den Erfolg von Starbucks hat McDonald’s sich entschieden, seinen Kunden zusätzlich in McCafés Kaffee und andere Getränke anzubieten. Durch die Weiternutzung seines Markennamens, seiner Erfahrung im Gestalten von effizienten Prozessen und seinen Zugang zu den bestehenden Kundengruppen, hat das Unternehmen das Risiko minimiert, die bei der Einführung neuer Produkte entstehen können, und einen neuen Weg zu wachsen gefunden.

Produktlinienerweiterung

Wenn ein Unternehmen unter seinem erfolgreichen Namen einem bestehenden Produkt neue Geschmacksrichtungen, Formen, Farben, Verpackungsgrößen usw. gibt, zielt es auf Wachstum durch Produktlinienerweiterung ab. Red Bull, der österreichische Energy-Drink-Hersteller, hat das Produkt Red Bull Sugarfree auf den Markt gebracht, um ein neues Marktsegment zu bedienen.

Cross-selling

Cross-selling ist in den meisten Fällen eine attraktive Möglichkeit für Wachstum. Ein Unternehmen versucht dabei seine neuen Produkte oder Dienstleistungen an bestehende Kundengruppen zu verkaufen. Banken verwenden Cross-selling beispielsweise systematisch, um ihren Umsatz zu erhöhen, indem sie Kunden Services anbieten, die diese vorher noch nicht genutzt haben. Das Digital Flywheel Program von Starbucks verwendet künstliche Intelligenz, um seinen Kunden auf Basis ihrer Präferenzen, der Kaufhistorie, des Wetters, der Tageszeit oder des Geburtstags Vorschläge für Produkte zu machen, die die Kunden noch nicht probiert haben.

Marktentwicklung

Die dritte Wachstumsstrategie ist Marktentwicklung, was bedeutet, dass neue geografische Märkte (Airbnb ist beispielsweise mittlerweile in über 190 Ländern präsent) erschlossen werden oder ein bestehendes Produkt an neue Kundengruppen herangetragen wird (Airbnb spricht nun auch Geschäftsreisende als neue Zielgruppe an). Diese Strategie benötigt normalerweise den Aufbau von Markenbekanntheit und Markenimage, den Zugang zu neuen Distributionskanälen, Konfrontation mit neuen Mitbewerbern, Design von neuen Marketing-Strategien usw. Deshalb benötigt diese Strategie durchschnittlich vier Mal so viele Ressourcen wie die Marktdurchdringungsstrategie und hat eine Erfolgswahrscheinlichkeit von ca. 20 Prozent.

Diversifizierung

Ein neues Produkt auf einen neuen Markt zu bringen, birgt die meisten Risiken. Deshalb hat diese Strategie auch die geringsten Erfolgsaussichten (durchschnittlich fünf Prozent) und benötigt die meisten Ressourcen (zwölf bis vierzehn Mal so viel wie bei der Marktdurchdringungsstrategie). Es gibt vier verschiedene Formen der Differenzierung:

Verwandte Diversifizierung

Eine verwandte Diversifizierung liegt vor, wenn ein Unternehmen in einen neuen Markt mit einem neuen Produkt geht, aber Synergien, beispielsweise durch das gemeinsame Verwenden von Ressourcen oder Fähigkeiten, mit den bisherigen Geschäftsfeldern erlangt.[134] Synergien können genutzt werden, wenn im neuen Markt das neue Produkt unter dem gleichen Markennamen läuft (wie z.B. Richard Bransons Virgin Atlantic Airline, Virgin Records, Virgin Mobile UK, Virgin Express), Marketingfähigkeiten genutzt werden, F&E-Aktivitäten zusammengelegt werden oder Vorteile aus Economies of Scale gezogen werden.

Nicht-verwandte Diversifikation

Bei einer nicht-verwandten Diversifikation tritt ein Unternehmen in einen neuen Markt mit einem neuen Produkt ein, das nicht mit den bisherigen Produkten verwandt ist. In diesem Fall können keine Synergien genutzt werden und das Vorhaben kann sehr risikoreich sein, da das Unternehmen kein Wissen über den Markt hat und auch bei dem neuen Produkt noch keine Expertise besitzt.

Vorwärts- und Rückwärtsintegration

Vertikale Integration ist eine weitere mögliche Wachstumsstrategie. Vorwärtsintegration passiert dann, wenn ein Unternehmen sich entscheidet, sich vorwärts in der Wertschöpfungskette zu bewegen (wie z.B., wenn Vertriebspartner akquiriert werden). Rückwärtsintegration bedeutet, dass ein Unternehmen sich in der Wertschöpfungskette rückwärts bewegt, beispielsweise, wenn es Lieferanten akquiriert.

Die Z-Strategie

Kleine Unternehmen und Firmen, deren Produkte sich in reiferen Branchen befinden, finden ihre einzige Möglichkeit zu wachsen in der Diversifizierung. Speziell, wenn die Wachstumsstrategie nicht systematisch geplant wurde, kann es passieren, dass der einzige Weg für Wachstum darin liegt, ein neues Produkt einzuführen und einen neuen Markt zu erschließen. Wie Abbildung 60 zeigt, ist diese Strategie sehr risikoreich.

134 *Aaker*, 2008.

Das Risiko der Diversifizierung kann aber reduziert werden, wenn ein Unternehmen frühzeitig beginnt, sein Wachstum zu planen. Bevor es mit einem neuen Produkt in einen neuen Markt eintritt, kann das Unternehmen ein neues Produkt für einen bestehenden Markt entwickeln, in dem es bereits Marktwissen hat, der Markenname bekannt ist und der Zugang zu Distributionskanälen gesichert wurde.

Der nächste Schritt besteht darin, das im bestehenden Markt bereits erfolgreich getestete neue Produkt in einen neuen Markt zu bringen oder mit einem bestehenden Produkt in einen neuen Markt zu gehen, um Markenbekanntheit zu generieren, Zugang zu Distributionskanälen zu erlangen und dann ein neues Produkt für diesen Markt zu entwickeln. So muss das Unternehmen nicht direkt von der Marktdurchdringung zur Diversifikation gehen, sondern kann das Risiko der Diversifikation streuen, indem es einen Umweg über eine der anderen Wachstumsstrategien geht. Diese Vorgehensweise muss aber systematisch geplant werden.[135]

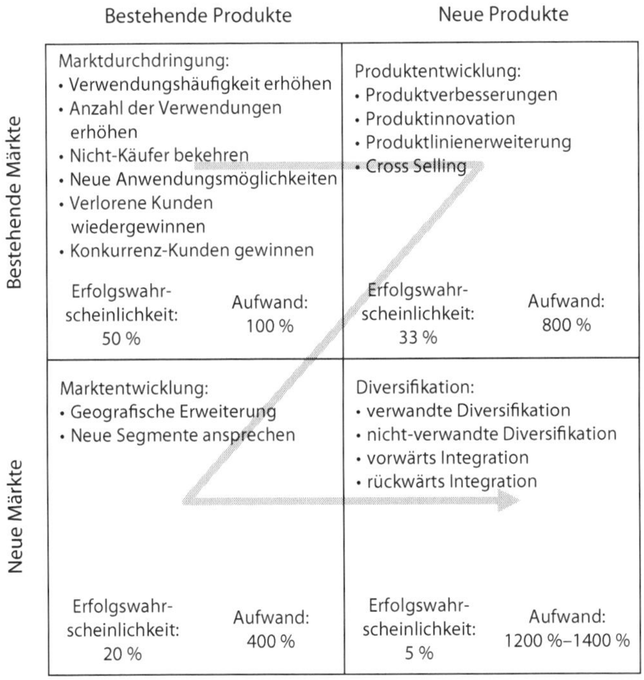

Abbildung 60: Ansoff-Matrix (Quelle: *Becker*, 2001)

6.1.3. Wachstum aus dem Kerngeschäft

Eine etwas andere Systematik von Wachstumsrichtungen stammt von *Chris Zook* und *James Allen*.[136] Auf Basis einer Analyse von 1.800 Unternehmen mit mehr als 500 Millionen Dollar Jahresumsatz identifizierten die zwei Autoren Unternehmen mit nachhaltigem

135 *Becker*, 2001.
136 *Zook* & *Allen*, 2010.

Wachstum. 78 Prozent der Unternehmen, die über ein Jahrzehnt profitabel gewachsen waren (mindestens 5,5 Prozent pro Jahr) und dabei ihre Kapitalkosten verdienten, hatten einen „starken Kern" und eine starke Marktführerschaft. Daraus schließen *Zook* und *Allen*, dass Unternehmen zunächst eine starke Position im Kerngeschäft aufbauen müssen und sich erst dann über Wachstum entlang folgender Wachstumspfade, die eng mit dem Kerngeschäft verbunden sein sollen, Gedanken machen sollten:

- neue geografische Märkte,
- neue Wertschöpfungsstufen,
- neue Vertriebskanäle,
- neue Kundensegmente,
- neue Produkte,
- neue Geschäftsbereiche.

Zook und *Allen* argumentieren, dass Unternehmen entlang dieser Pfade systematisch Wachstumsoptionen identifizieren und anhand folgender Kriterien priorisieren sollten:

- Attraktivität der Wachstumsoption (z.B. Wachstumspotenzial, Wettbewerbssituation)
- Kernkompetenzen (z.B. Wettbewerbsvorteil durch Kernkompetenzen, Bezug zu Kerngeschäft).

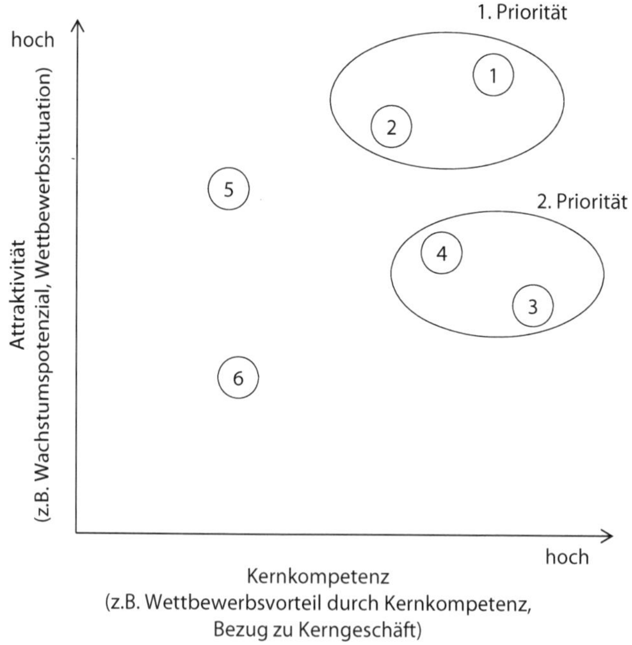

Abbildung 61: Priorisierung von Wachstumsoptionen (Quelle: basierend auf *Zook & Allen*, 2010)

In Anlehnung an *Zook* und *Allen* gibt Abbildung 62 einen systematischen Überblick über sieben unterschiedliche Wachstumsoptionen (die sich teilweise mit *Ansoffs* Wachstumsmatrix überschneiden):

(1) Bestehende Kunden

Die Steigerung der Kundenloyalität wirkt sich unmittelbar auf das Wachstum aus (wenn im gleichen Zeitraum die Zahl der neu akquirierten Kunden nicht stärker zurückgeht als die Steigerung der Loyalitätsrate). Zudem kann es bis zu zehn Mal mehr kosten, neue Kunden zu gewinnen als bestehenden Kunden zu halten.[137] Eine fünfprozentige Steigerung der Wiederkaufsrate kann die Gewinne eines Unternehmens um 25 bis 90 Prozent erhöhen.[138]

Umsätze mit bestehenden Kunden können auch durch eine Steigerung des Share-of-Wallet (Prozent des Einkaufsbudgets eines Kunden, das auf ein bestimmtes Unternehmen fällt), Cross-Selling (Verkauf von zusätzlichen Produkten aus dem Sortiment an einen Kunden) und Up-Selling (Verkauf von höherwertigeren Produkten an einen Kunden) erreicht werden.

(2) Neue Kunden

Hierunter fallen Wachstumsoptionen, die die Erschließung neuer Kundensegmente, die Erschließung von Kunden, die bisher ein bestimmtes Produkt noch nicht nachgefragt hatten, und die Gewinnung von Konkurrenzkunden umfassen.

(3) Neue Kanäle

Darunter fallen Wachstumsmöglichkeiten, die durch die Einrichtung neuer Vertriebskanäle entstehen können. Beim Direktvertrieb erfolgt der Verkauf direkt an den Endkunden – ohne Einschaltung eines Zwischenhändlers. Hier sind z.B. Internet- und Telefonverkauf gemeint. Beim indirekten Vertrieb erfolgt der Verkauf über Zwischenstufen. Multi-Channel-Distribution bedeutet, dass ein Unternehmen mehrere Vertriebskanäle gleichzeitig verwendet.

(4) Neue Produkte bzw. Dienstleistungen

Diese Kategorie von Wachstumsoptionen reicht von der Weiterentwicklung bestehender Produkte bis hin zu Neuentwicklungen. Hierunter fallen aber auch ergänzende bzw. unterstützende Dienstleistungen (z.B. Wartungsverträge) und die Entwicklung von komplementären Zusatzprodukten (z.B. Zubehör eines Autos wie Fahrradträger, Skiträger usw.).

(5) Geografische Expansion

Geografisches Wachstum kann auf regionalen oder auf internationalen Märkten stattfinden.

(6) Neue Geschäftsbereiche

Hierunter fallen Diversifikationsstrategien. Wird das bisherige Leistungsspektrum eines Unternehmens um Produkte erweitert, die in einem engen sachlichen Zusammenhang mit den bestehenden Produkten stehen (z.B. Technologie, Vertriebskanäle, Rohstoffe), spricht man von horizontaler Diversifikation. „Unverbundene" Diversifikation liegt vor, wenn es keinen Zusammenhang zwischen neuen Produkte und bestehenden Produkten oder Märkten gibt.

137 *Reichheld*, 1996.
138 *Reichheld* & *Sasser*, 1990.

(7) Neue Wertschöpfungsstufe

Von Wachstum durch neue Wertschöpfungsstufen spricht man bei Vorwärtsintegration (Übernahme der nächsten Wertschöpfungsstufe) und Rückwärtsintegration (Übernahme der vorhergehenden Wertschöpfungsstufe). Unter diese Kategorie von Wachstumsoption fällt auch der „Verkauf" von freien Kapazitäten (z.B. Verwendung überschüssiger Produktionskapazitäten zur Produktion von Handelsmarken oder der Verkauf von Logistikleistungen an andere Unternehmen).

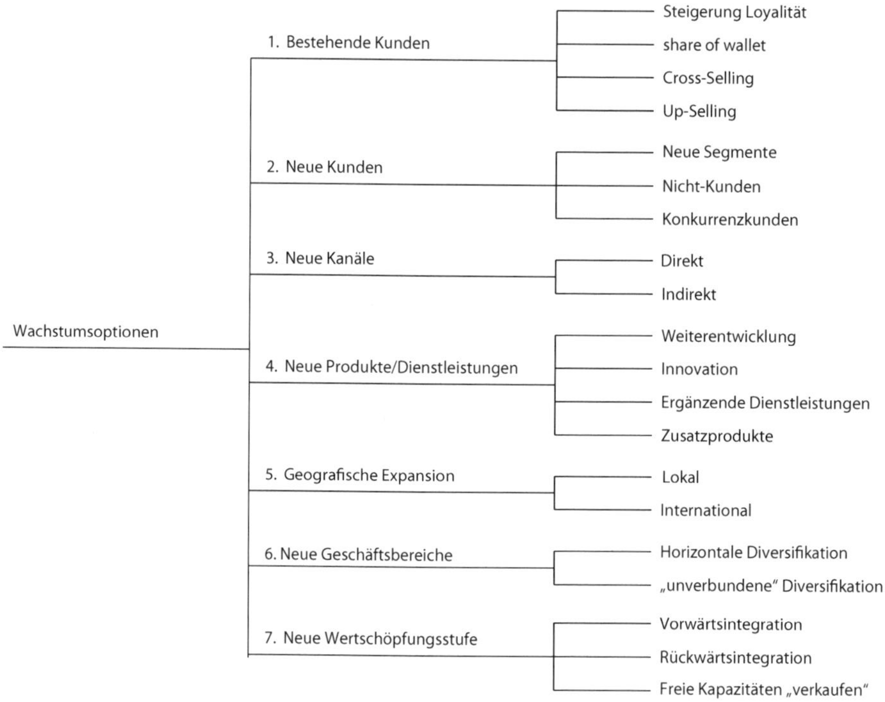

Abbildung 62: Wachstumsoptionen (Quelle: in Anlehnung an *Zook* & *Allen*, 2010)

6.2. Strategie auf der Geschäftseinheit-Ebene

6.2.1. Geschäftsmodell und Geschäftsmodellinnovation

Ein Geschäftsmodell beschreibt die Art und Weise, wie ein Unternehmen Wert generiert (Value Creation) und diesen Wert monetarisiert (Value Capture), d.h. in Gewinn umwandelt.[139] In diesem Sinne stellt ein Geschäftsmodell die „Unternehmenslogik"[140] oder die „Theorie des Unternehmens"[141] dar. Value Creation drückt den Nutzen aus, den das Unternehmen für seine Kunden schafft. Der Kundennutzen entspricht der grundsätzlichen Zahlungsbereitschaft für ein Produkt oder eine Dienstleistung (Willingness to Pay). Liegt der Nutzen über dem Preis, entsteht Mehrwert für den Kunden (Customer

139 *Teece*, 2010.
140 *Casadesus-Masanell* & *Ricart*, 2010.
141 *Drucker*, 1994.

Value Added). Liegen die Kosten unter dem Preis, entsteht Gewinn für das Unternehmen – Value Capture.[142]

In der Managementforschung wird zwischen generischen und spezifischen Geschäftsmodellen unterschieden, je nachdem ob Unternehmen generell behandelt werden oder ob es spezifische Branchen oder sogar spezifische Unternehmen sind. Unternehmen müssen zur Verwendung des Geschäftsmodell-Konzepts die Elemente an ihre spezifischen Gegebenheiten anpassen. Um Innovationen im Geschäftsmodell hervorbringen zu können, muss von einer statischen Sichtweise, die das Geschäftsmodell eines Unternehmens zu einem bestimmten Zeitpunkt beschreibt, zu einer dynamischen Sichtweise übergegangen werden. Dadurch wird der Blick auf Beziehungen zwischen den Elementen des Geschäftsmodells gelegt und werden gegebenenfalls Elemente modifiziert.

Ein Unternehmen kann seinen Gewinn und die Anzahl seiner Kunden durch Veränderungen des Geschäftsmodells steigern. Von Geschäftsmodellinnovation sprechen wir, wenn ein Unternehmen gleichzeitig den Kundennutzen steigert und ein neues Wertschöpfungs- und Ertragsmodell erfindet, mit dem es möglich ist, diesen Kundennutzen zu monetarisieren.

Abbildung 63 stellt in abstrahierter Form drei Möglichkeiten einer Geschäftsmodellinnovation dar. Im ersten Fall (A) verändert das Unternehmen zwar nicht den Wert eines Produkts oder einer Dienstleistung, es gelingt aber, den Customer Value Added zu steigern und durch eine neue Wertschöpfungsarchitektur die Kosten und den Preis zu senken. Es wird Mehrwert für den Kunden und für das Unternehmen geschaffen. Im zweiten Fall (B) führt eine Innovation zu höherer Zahlungsbereitschaft, d.h. höherem Nutzen für den Kunden. Ein höherer Preis und eine neue Wertschöpfungsarchitektur erlauben eine höhere Monetarisierung. Im dritten Fall (C) wird der Kundennutzen gesenkt – ein vereinfachtes, „abgespecktes“ Produkt wird angeboten. Die Preissenkung dafür ist überproportional, der Mehrwert für den Kunden steigt. Gleichzeitig erlaubt eine neue Wertschöpfungsarchitektur eine Kostensenkung – der Gewinn für das Unternehmen steigt.

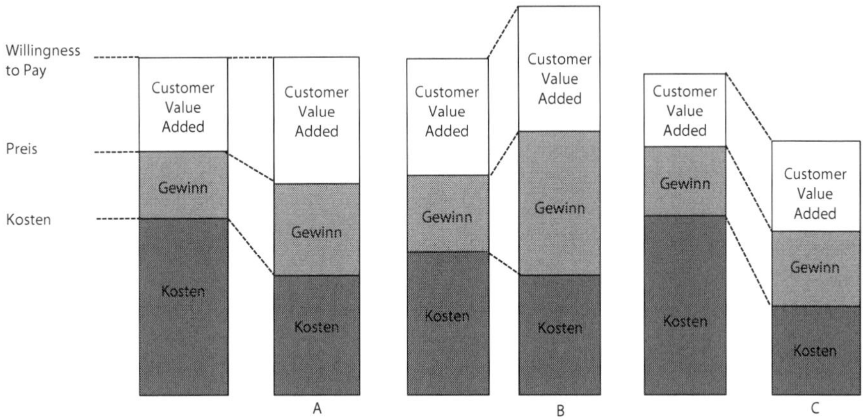

Abbildung 63: Value Creation und Value Capture: Der Zusammenhang zwischen Willingness to Pay (Kundennutzen), Customer Value Added, Gewinn und Kosten (Quelle: *Matzler* et al., 2013)

142 *Bowman & Ambrosini*, 2000.

Value Creation und Value Capture sind also die zwei zentralen Aufgaben eines Geschäftsmodells.[143] Die Unternehmenspraxis zeigt allerdings, dass die Entwicklung eines nachhaltig profitablen Geschäftsmodells äußerst schwierig ist. Die Problematik ist in Abbildung 64 veranschaulicht.

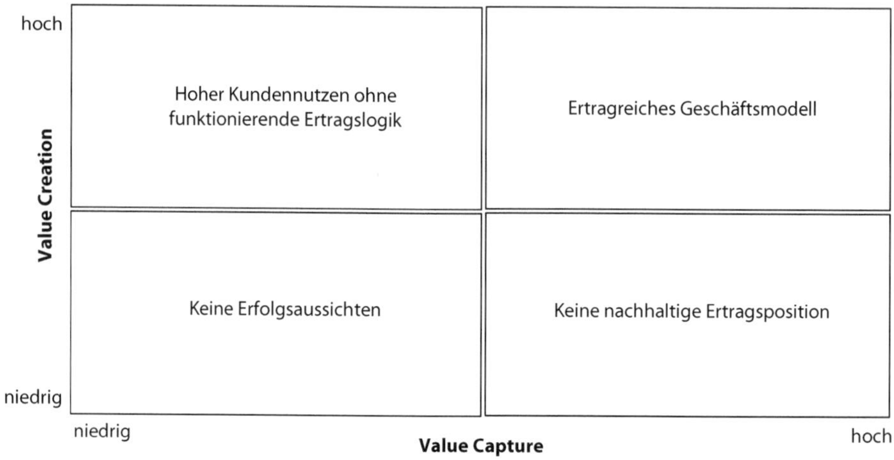

Abbildung 64: Value Creation und Value Capture: Funktionierende und nicht funktionierende Geschäftsmodelle (Quelle: *Matzler* et al., 2013)

Von einem nachhaltig ertragreichen Geschäftsmodell sprechen wir dann, wenn es dem Unternehmen gelingt, einen hohen Kundennutzen zu bieten und einen Teil dieses Mehrwerts in Gewinn umzuwandeln. Unternehmen im linken, oberen Quadranten schaffen Mehrwert für den Kunden, sind aber nicht in der Lage, einen Teil davon in Gewinn zu transformieren. Der gesamte geschaffene Mehrwert fällt dem Kunden zu. Das liegt in der Regel an einer mangelnden Ertragslogik oder einer nicht stimmigen Wertschöpfungsarchitektur. Unternehmen mit niedrigem oder keinem Mehrwert für den Kunden, aber hohem Profit verfügen über keine nachhaltige Ertragsposition. Sie sind für Angriffe der Konkurrenz durch neue Geschäftsmodelle sehr anfällig. Keine vernünftigen Erfolgsaussichten haben schließlich Unternehmen, denen es nicht gelingt, ausreichend Mehrwert für den Kunden zu schaffen, und die auch kein funktionierendes Wertschöpfungs- und Ertragsmodell haben.

Erfolgreiche Geschäftsmodelle geben Antwort auf folgende zwei Fragen:[144]

(1) Wie schaffen wir Mehrwert für den Kunden?
(2) Wie können wir diesen Mehrwert monetarisieren – oder anders ausgedrückt: Wie können wir den Mehrwert, den wir schaffen, in Gewinn umwandeln?

Die Beantwortung dieser zwei Fragen bildet das Wesen eines Geschäftsmodells. Es ist die Theorie des Unternehmens, es beschreibt seine innere Logik und ist das Abbild der Strategie. Eine Geschäftsmodellinnovation umfasst immer diese zwei Aspekte.

143 *Pitelis*, 2009.
144 Siehe in ähnlicher Form *Christensen* & *Kagermann*, 2008.

Um aus dieser „Theorie des Unternehmens“ ein erfolgreiches Wertschöpfungssystem zu gestalten, sind diese zwei Kernfragen des Geschäftsmodells um zwei weitere zu ergänzen:

(3) Wie organisieren wir die Leistungserstellung und wie bauen wir nachhaltige Kostenvorteile auf?
(4) Wie funktioniert unsere Vermarktungslogik: Wie gewinnen wir Kunden, wie können wir sie binden und mit welcher Vertriebslogik erreichen wir sie?

Ausgangspunkt für die Gestaltung dieser vier Komponenten des Geschäftsmodells ist die Positionierung des Unternehmens auf dem Markt mit dem Ziel der nachhaltigen Differenzierung. Die Positionierung orientiert sich an dem Kundenbedürfnis und hat zum Ziel, eine Monopolstellung in der Psyche der Kunden aufzubauen und abzusichern. Marktprämissen und Kernkompetenzen bilden den Rahmen. Daraus ergibt sich das in Abbildung 65 dargestellte Geschäftsmodell.[145]

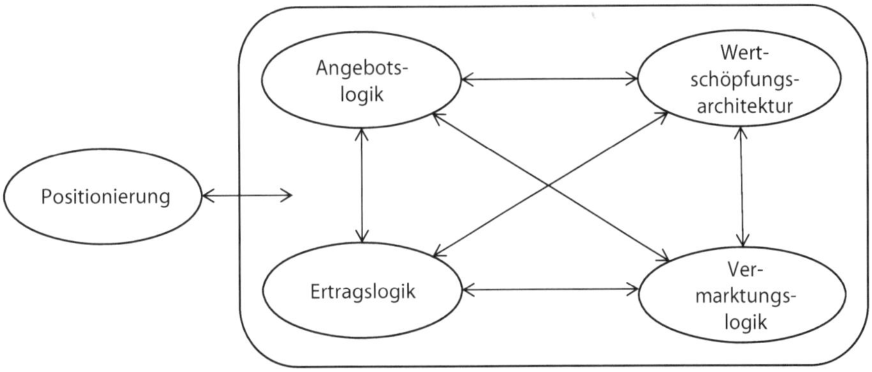

Abbildung 65: Komponenten eines Geschäftsmodells (Quelle: *Matzler* et al., 2013)

Ausgangspunkt einer Geschäftsmodellinnovation ist eine einzigartige, innovative **Positionierung** am Markt. Was unter Positionierung zu verstehen ist, formulierte *Hans Domizlaff* bereits in den 1930er Jahren: „ (...) es geht um den Aufbau und um die Sicherung einer Monopolstellung in der Psyche der Verbraucher.“[146]

Die enorme Produktvielfalt verdeutlicht die Notwendigkeit einer einzigartigen und unverwechselbaren Position am Markt: In einem durchschnittlichen Supermarkt findet man heute zwischen 20.000 und 40.000 Produkte. Jedes Jahr werden zigtausend neue Produkte eingeführt. Eine durchschnittliche Familie deckt ihren Bedarf mit nur 150 Produkten.[147] Den wenigsten Unternehmen gelingt es aber, sich nachhaltig zu positionieren und zu differenzieren. *Jack Trout* et al. bringen es auf den Punkt: „Wo die Differenzierung fehlt, werden Unternehmen austauschbar und letztlich zu bloßen Platzhaltern. Platzhalter sind nur noch einen kleinen Schritt davon entfernt, Massenware zu sein, was sie unwiderruflich einem ruinösen Preiswettbewerb aussetzt.“[148]

145 *Matzler* et al., 2013.
146 *Domizlaff*, 2006.
147 *Ries & Trout*, 2012.
148 *Ries & Trout*, 2012.

Wir können die Rolle der Positionierung für ein Geschäftsmodell wie folgt zusammenfassen: Ohne Differenzierung keine wirksame Positionierung. Ohne Positionierung keine Einzigartigkeit. Und Einzigartigkeit treibt letztendlich die Chancen einer Geschäftsmodellinnovation.

Die **Angebotslogik** bildet die zweite Komponente der Geschäftsmodellinnovation. Produkt- und Dienstleistungsinnovationen müssen auf die Positionierung abgestimmt sein. Sie sind letztendlich nur „Technologien", um die Positionierung des Unternehmens am Markt zu verwirklichen. Produkte und Dienstleistungen haben für den Kunden nur dann einen Mehrwert, wenn sie einen einzigartigen Nutzen schaffen und wenn der Preis der Produkte unter dem Nutzen liegt – Ökonomen nennen dies Konsumentenrente.

Die **Wertschöpfungslogik** betrifft die Frage, wie das Unternehmen seine Aktivitäten und Prozesse gestaltet, um das Produkt bzw. die Dienstleistung auf den Markt zu bringen. Dabei ist zu entscheiden, welche Wertschöpfungsstufen selbst durchgeführt werden, welche ausgelagert werden. Entscheidend ist die Frage nach Kernkompetenzen und der Wertschöpfung, die in den einzelnen Prozessen zu erzielen ist. Die Wertschöpfungslogik muss abgestimmt auf die Positionierung, auf die Produktlogik und auf die Ertragslogik sein.

Die **Marketing- und Vertriebslogik** – ebenfalls abgestimmt auf die anderen Komponenten des Geschäftsmodells – beantwortet die Frage, wie Kunden akquiriert und wie sie gehalten werden können. Die Marketing- und Vertriebslogik ist insbesondere mit der Positionierung und der Ertragslogik abzustimmen.

Die **Ertragslogik** schließlich bildet das Kernstück des Geschäftsmodells. Sie besteht aus dem Erlös- und Kostenmodell und beantwortet die Frage, wie das Unternehmen sein Geld verdient. Dazu sind zunächst ein paar einfache betriebswirtschaftliche Grundüberlegungen zu machen: Verdienen wir unser Geld durch Preisprämien oder durch hohe Volumina? (siehe Abbildung 66)

$$\text{ROI} = \underbrace{\frac{\text{Gewinn}}{\text{Umsatz}}}_{\text{Umsatzrentabilität (ROS)}} \times \underbrace{\frac{\text{Umsatz}}{\text{Investment}}}_{\text{Kapitalumschlag}} = \frac{\text{Gewinn}}{\text{Investment}}$$

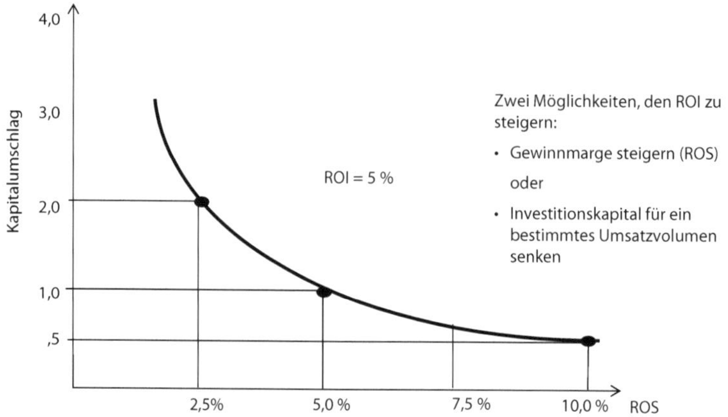

Abbildung 66: Ein betriebswirtschaftliches Grundprinzip eines Geschäftsmodells: die Iso-ROI-Kurve

Nach diesem Grundprinzip funktioniert beispielsweise das Geschäftsmodell des Internethandels. Mit einer im Durchschnitt fünfprozentigen Marge erreicht der Internethandel die gleiche Rentabilität wie ein Kaufhaus, das typischerweise 40 Prozent Marge hat. Der Grund liegt im deutlich höheren Lagerumschlag. Tabelle 17 stellt die Ertragslogik unterschiedlicher Geschäftsmodelle im Handel dar.[149]

Geschäftsmodell	Typische Marge	Typischer Lagerumschlag	Return on Inventory Investment*
Kaufhaus	40 %	3 X	120 %
Kataloghandel	30 %	4 X	120 %
Diskonthandel	23 %	5 X	115 %
Internethandel	5 %	25 X	125 %

* Berechnet aus: Marge X Lagerumschlag

Tabelle 17: Ertragslogik unterschiedlicher Geschäftsmodelle im Handel[150]

Wesentliche Treiber des Ertragsmodells sind auch Economies of Scale oder Economies of Scope, Customer-Lifetime-Value-Konzepte, Cross Selling, Cross-Subsidization-Modelle (Premium-Kunden „subventionieren" Nicht-Zahler, z.B. XING), Umwegrentabilitäten (z.B. Googles pay-per-click ads), oder Razor-Blade-Modelle (benannt nach dem Gillette-Modell: günstige Rasierer und teure Klingen). Tabelle 18 fasst die Kernfragen eines Geschäftsmodells zusammen.

Komponente	Fragen
1. Positionierung	• Wer sind unsere Zielkunden? • Was ist unser einzigartiges Nutzenversprechen?
2. Angebotslogik	• Durch welche Produkteigenschaften und Produkte setzen wir unsere Positionierung um? • Welchen Mehrwert schaffen unsere Angebote für den Kunden? • Wie differenzieren sich unsere Angebote nachhaltig vom Wettbewerb?
3. Wertschöpfungslogik	• Was sind unsere Kernkompetenzen? • Was sind unsere Kernprozesse? • Was ist „Core" und was ist „Non-core"?
4. Vermarktungslogik	• Wie gewinnen/akquirieren wir Kunden? • Wie erreichen wir Kunden? • Wie halten wir unsere Kunden?
5. Ertragslogik	• Wie funktioniert unsere Ertragslogik? • Was sind unsere Einnahmequellen? • Was ist unsere Kostenstruktur?

Tabelle 18: Kernfragen zum Geschäftsmodell

Geschäftsmodellinnovation wird zunehmend wichtiger. Vermehrt setzt sich die Überzeugung durch, dass Produktinnovation in der Zukunft kein ausreichendes Differenzie-

149 *Christensen* & *Tedlow*, 2000.
150 *Christensen* & *Tedlow*, 2000.

rungspotenzial bietet.[151] Konkurrenten sind in der Lage, Innovationen schnell zu kopieren, Lebenszyklen werden kürzer und Wettbewerber aus Niedriglohnländern verfügen über oft unschlagbare Kosten- und Preisvorteile. Gleichzeitig bieten die Informations- und Kommunikationstechnologien neue Möglichkeiten, die Wertschöpfungsaktivitäten neu und anders zu konfigurieren. Vermehrt sehen Unternehmen in der Geschäftsmodellinnovation eine Möglichkeit, nachhaltige Wettbewerbsvorteile aufzubauen. Eine Studie der Business Week gemeinsam mit der Boston Consulting Group belegt, dass Geschäftsmodellinnovatoren eine langfristig höhere Rendite aufweisen als Produktinnovatoren.[152]

Beispiel

Abbildung 67 zeigt das Geschäftsmodell von **Nespresso**.[153] Die einzigartige Positionierung und das innovative Produkt waren wichtig für den Erfolg. Diese reichten aber nicht aus. Die Idee, Kaffee in Kapseln zu verkaufen, haben mittlerweile viele kopiert. Was aber kaum kopierbar ist, ist das gesamte System – das Geschäftsmodell. Und dieses nicht-kopierbare Geschäftsmodell ist die Grundlage für den nachhaltigen Erfolg.

Ausgangspunkt ist eine einzigartige Positionierung: individueller Espressogenuss verbunden mit Convenience und Lifestyle. Die Produktinnovation waren einzeln verpackte Kapseln in unterschiedlichen Geschmacksrichtungen und die Entwicklung einer hochwertigen Espressomaschine. Die Produktion überlässt Nestlé spezialisierten Zulieferern, um die Kräfte auf die Vermarktung des Kaffees zu konzentrieren. Führende Hersteller produzieren die Maschinen auf Lizenzbasis, die dann zu einem sehr niedrigen Preis verkauft werden (Nestlé verdient daran nichts). Den Gewinn bringen die Kapseln.

Dazu kommt ein neues Vertriebsmodell: Verkauft wird nicht über den Handel mit langen Durchlaufzeiten der Produkte, sondern über die Nespresso-Clubs und exklusive Stores. Das bringt direkten Kundenkontakt und sichert zudem Margen. Die Idee, Kaffee in Kapseln zu verkaufen, wäre noch leicht zu imitieren, nicht aber das gesamte Geschäftsmodell.

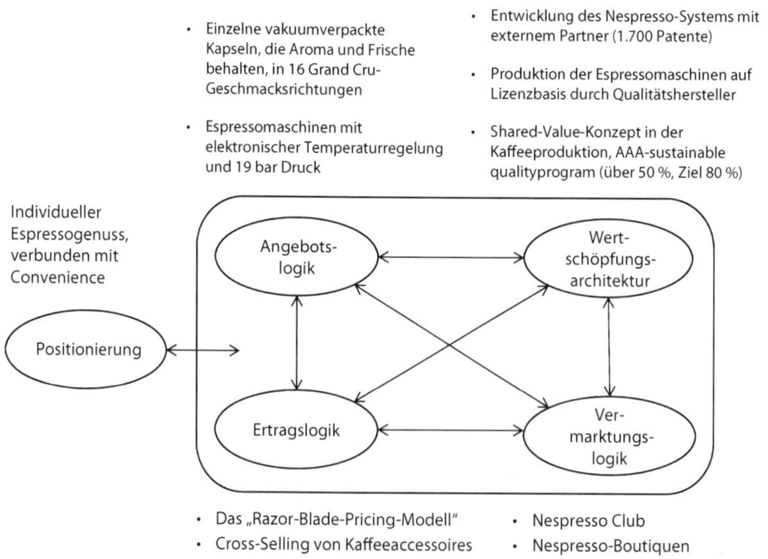

Abbildung 67: Das Geschäftsmodell von Nespresso (Quelle: *Matzler* et al., 2013)

151 *McGrath*, 2011.
152 *Lindgardt* et al., 2009.
153 Nestlé-Nespresso, 2010.

6.2.2. Der Strategie-Diamant[154]

Die Vision beschreibt, was „wünschbar" ist, die Kernkompetenzen, was „machbar" ist. Die Strategie definiert das „Wie". Ausgehend von einer sorgfältigen Analyse der Stärken und Schwächen des Unternehmens und der Chancen und Risiken am Markt, beschreibt die Strategie den Weg zum Ziel. Erstaunlicherweise haben nur die wenigsten Unternehmen eine klare Vorstellung davon, was ihre Strategie ist, und nur wenige Führungskräfte können in wenigen Worten eindeutig beschreiben, was ihre Zielmärkte sind, worin sie Wettbewerbsvorteile sehen oder was ihr Geschäftsmodell ist. Strategie ist zum Sammelbegriff für vieles geworden und „strategisch" wird für alles verwendet, das wichtig erscheinen soll. Eine Strategie erfüllt aber nur dann ihren Zweck, wenn sie klar festlegt, wie der Weg zum Ziel aussehen soll, eindeutige Richtlinien für operative Entscheidungen gibt, und klar kommunizierbar ist.

Eine Strategie auf Ebene der strategischen Geschäftseinheit soll Antworten auf folgende sechs Fragen – das **Hexagon der Strategie** – geben:[155]

WER?	Wer sind unsere Kunden und was sind unsere Produkte?	Was sind unsere Marktsegmente? Was sind unsere Produkte? Was sind unsere Technologien? ... etc.
WO?	Wo sind unsere Zielmärkte?	Auf welche Länder, Regionen etc. konzentrieren wir uns?
WIE?	Wie schaffen wir Mehrwert für unsere Kunden und wie differenzieren wir uns von den Konkurrenten?	Wettbewerbsvorteile und Differenzierung über ... Innovation ... Preis ... Service ... Marke ... Design ... Qualität ... Vertrauen ... etc.? Auf Basis welcher Kernkompetenzen?
WAS?	Was müssen wir dafür tun?	Wie müssen wir unser Unternehmen entwickeln? ... Unternehmens- und Organisationsentwicklung ... strategische Allianzen ... Akquisitionen ... Outsourcing ... etc.
WANN?	Was sind der Zeitplan und die Abfolge der einzelnen Schritte?	Wann müssen wir welche Schritte setzen? Was sind die Ziele pro Planungsperiode?
WARUM?	Warum verdienen wir damit Geld? Was ist unser Geschäftsmodell?	Haben wir durch unser Geschäftsmodell und unsere Strategie z.B. ... Kostenvorteile ... Flexibilitätsvorteile ... Preisprämien

Tabelle 19: Das Strategie-Hexagon

154 *Hambrick* & *Fredrickson*, 2001.
155 *Hambrick* & *Fredrickson*, 2001; *Mooradian* et al., 2009.

So einfach diese fünf Fragen klingen, so schwierig sind sie zu beantworten. Sie erfordern ein intensives Auseinandersetzen mit dem Unternehmen und dem Markt, ein klares Verständnis der eigenen Fähigkeiten und Kernkompetenzen, der Kundenbedürfnisse und der Konkurrenz. Am Beispiel von IKEA zeigen wir das Hexagon der Strategie (siehe Abbildung 68).

Beispiel

IKEA eignet sich deshalb sehr gut, weil die Strategie auf einer klaren Vision basiert und auf die entsprechenden Kernkompetenzen aufbaut. Seit über 40 Jahren sind die strategischen Prinzipien nahezu unverändert, in sich konsistent und haben zum weltweiten Erfolg des schwedischen Unternehmens geführt.[156]

Abbildung 68: Das Hexagon der Strategie (IKEA) (Quelle: in Anlehnung an *Hambrick* & *Fredrickson*, 2001)

Zielmarkt (WER?): Eine Strategie definiert einen klaren Zielmarkt und legt fest, mit welchen Produkten die Zielgruppe bedient werden soll. Sie legt auch Prioritäten fest, d.h. bestimmt, welche Zielgruppen und welche Produkte Priorität haben, damit Budgets und Ressourcen entsprechend verteilt werden. Die Kernfrage lautet: Welche Märkte (oder Zielgruppen) sind attraktiv und in welchen haben wir Wettbewerbsvorteile gegenüber der Konkurrenz? IKEA konzentriert sich auf „Junge Menschen mit viel Geschmack und wenig Geld" (*Ingvar Kamprad*, Gründer von IKEA). Die Produkte sind moderne Möbel und Accessoires, zum Selber-Abholen und Zusammenbauen.

Länder und Regionen (WO?): Eine Strategie definiert auch die geografischen Märkte, deren Priorität und, falls erforderlich, die länderspezifische Marktbearbeitung. IKEA startete früh mit der Internationalisierung. Der Markt ist weltweit definiert und umfasst alle Länder, in denen das IKEA-Konzept aufgrund der Infrastruktur und Mobilität der Menschen funktioniert. Das Angebot ist weltweit standardisiert.

Kernkompetenzen und Differenzierung (WIE?): Strategie heißt im Grunde „anders sein". Entweder einen eindeutigen Preisvorteil zu haben, oder einen eindeutigen Qualitäts-, Image-, Marken- usw. -vorteil aufzubauen. Die zentrale Frage ist: Was ist den Kunden wichtig und was können wir nachhaltig und nicht imitierbar besser als die Konkurrenz? IKEAs Differenzierung liegt im Preis (20 bis 30 Prozent billiger als die Konkurrenz), im modernen Design, dem frechen, schwedischen Image, dem Einkaufserlebnis und im Erfolgserlebnis durch Sofortmitnahme und

156 In Anlehnung an *Hambrick* & *Fredrickson*, 2001.

Selbstmontage. Dahinter liegen zentrale Kernkompetenzen im modularen Produktdesign und der Logistik, die zu niedrigen Produktions- und Logistikkosten führen.

Unternehmensentwicklung und Organisation (WAS?): Welche Aktivitäten und Prozesse werden unternehmensintern realisiert, welche werden ausgelagert und welche müssen erst neu entwickelt werden? IKEAs Strategie ist durch organisches Wachstum und 100 Prozent eigene Verkaufsniederlassungen gekennzeichnet. Akquisitionen und Vertrieb über Dritte kamen nie in Frage, weil die Möbelhäuser eine eigene Architektur und entsprechende Größe benötigen. Da solche Geschäfte nicht zu finden waren und IKEA auch Wert auf die eigene Kultur legte, kamen Akquisitionen nicht in Frage. Zudem hat IKEA so vollständige Kontrolle über die Aktivitäten am Point of Sale.

Zeitplan und Hauptschritte (WANN?): Eine Strategie legt auch die logische Abfolge der Hauptschritte mit Zeitplänen fest. Die Internationalisierung bei IKEA erfolgt Schritt für Schritt pro Region. Zunächst vorsichtiger Eintritt mit wenigen Niederlassungen, um zu lernen. Erst später erfolgt die gesamte Marktabdeckung. Dieses Prinzip wird in jedem neuen Markt angewandt.

Betriebswirtschaftliche Logik und Geschäftsmodell (WARUM?): Eine Strategie führt zu nachhaltigen Wettbewerbsvorteilen, wenn das gesamte Geschäftsmodell darauf ausgerichtet ist und nicht leicht imitiert werden kann. IKEA verdient sein Geld durch Größenvorteile in der Produktion (Standardisierung, modulares Design), Marketing und Vertrieb (weltweit einheitliches Marketingkonzept und gleicher Auftritt), zentralisiertes Design und Auslagerung der Produktion an unabhängige Lieferanten, die untereinander im Wettbewerb stehen.

Eine gut durchdachte Strategie legt fest, was zu tun ist, und schließt auch klar aus, was nicht zu tun ist. Die sechs Ecken des strategischen Hexagons müssen aufeinander abgestimmt sein und sich gegenseitig unterstützen. Eine Strategie als „Fortführung eines ursprünglich leitenden Gedankens entsprechend den sich stets ändernden Verhältnissen“ (*Helmuth von Moltke*) darf aber nicht statisch verstanden werden: Ändern sich die Prämissen oder die Umstände, müssen sich die Taktiken ändern – ohne dass die Vision oder der Leitgedanke verloren gehen.

6.2.3. Porters Wettbewerbsstrategien (Generic Strategies)

„A company can outperform its rivals only if it can establish a difference that it can preserve“ schrieb *Michael E. Porter*.[157] Unternehmen können also nur durch langfristige Unterschiede auf Dauer erfolgreicher sein als ihre Mitbewerber. Walmart, Ikea, und McDonald's haben Kostenvorteile aufgrund ihrer Größe. Gilette hat starke Marketing-Fähigkeiten, Apple zeichnet sich durch Design-Fähigkeiten aus und Amazon.com besitzt ein ausgefeiltes Distributionssystem, das zu kurzen Lieferzeiten und hoher Liefertreue führt. Southwest Airlines und Ryan Air entwickelte ein einzigartiges Geschäftssystem, das es der Fluglinie erlaubt, Flüge zu geringen Kosten anzubieten. Diese Unternehmen sind erfolgreich, weil sie in der Lage waren, einzigartige Unterschiede zu den anderen zu entwickeln. Unterschiede entwickeln bedeutet, entweder das gleiche oder ein ähnliches Produkt kostengünstiger als die Mitbewerber herzustellen und deshalb kostengünstiger anzubieten oder ein einzigartiges Bündel von Nutzenvorteilen den Kunden anzubieten, sodass diese bereit sind, einen Premiumpreis dafür zu zahlen.

Dies führt zu den zwei generischen Wettbewerbsstrategien, die durch unterschiedliche Zugänge Wettbewerbsvorteile kreieren: die Kostenführerschaftsstrategie und die Differenzierungsstrategie. Durch das Verbinden beider Strategien mit der Reichweite des

157 *Porter*, 1996.

Unternehmens – breites versus engeres Marktsegment – ergeben sich drei verschiedene Wettbewerbsstrategien (siehe Abbildung 69):

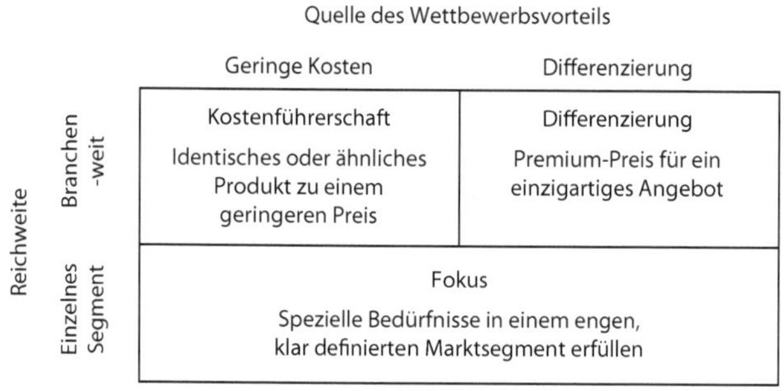

Abbildung 69: Generische Wettbewerbsstrategien (Quelle: *Porter*, 2013)

Kostenführerschaft: Die Kostenführerschaft entsteht typischerweise durch standardisierte Angebote ohne Zusatzleistungen. Die strategische Absicht ist es, Produkte zu möglichst geringen Kosten zu produzieren und zu einem günstigen Preis auf einem preissensiblen Markt anzubieten. Derartige Positionierungen benötigen die Herstellung von undifferenzierten Gebrauchsgütern und einen beständigen Fokus auf die Kostenreduktion. Normalerweise gibt es in einer Branche Raum für nur einen Kostenführer; wenn es mehr als einen gibt, kann es zu ständigen Preiskämpfen kommen.

Differenzierung: Ein Wettbewerbsvorteil kann aber auch daraus entstehen, dass ein Unternehmen ein höherwertiges Produkt oder eine bessere Dienstleistung anbietet, für die die Kunden bereit sind, einen hohen Preis zu zahlen, weil dadurch ihre Bedürfnisse besser erfüllt werden. Höherer Nutzen kann durch eine höhere Qualität entstehen, einen besseren Service, mehr Funktionen, bessere Bedienbarkeit, besseres Markenimage usw. Differenzierung benötigt ständige Innovationen und ein sorgsames Markenmanagement, da ansonsten die ständige Gefahr der Imitierung durch andere Anbieter besteht.

Fokus: Unternehmen, die eine Fokus-Strategie verfolgen, versuchen in einem gut definierten und engen Marktsegment, effizienter und effektiver als die Mitbewerber in der Gesamtbranche zu sein. Sie werden aber nur dann erfolgreich sein, wenn es segmentspezifische Bedürfnisse in dieser Branche gibt, die die großen Anbieter nicht befriedigen können oder wollen. Unternehmen können Wert für die Kunden in einem kleinen Marktsegment schaffen, indem sie sich entweder auf Kostenführerschaft oder Differenzierung fokussieren. Es ist wichtig, dass diese segmentspezifischen Bedürfnisse existieren und dass die spezialisierten Unternehmen die Fähigkeiten haben, sie zu erfüllen. Ansonsten können sie die großen Anbieter in der Branche mit ihren Größenvorteilen nicht übertreffen.

Michael Porter sieht Kostenführerschaft und Differenzierung als sich ausschließende Strategien an und befürchtet, dass ein Unternehmen, das beide zu kombinieren versucht, keine der beiden erreicht („stuck in the middle"): „The firm stuck in the middle is almost guaranteed low profitability. It either loses the high-volume customers who demand low prices or must bid away its profits to get this business from the low-cost firms. Yet it also loses high-margin business – the cream – to the firms who are focused on high-margin targets or have achieved differentiation overall. The firm that is stuck in the middle also probably suffers from a blurred corporate culture and a conflicting set of organizational arrangements and motivation system."[158]

Tabelle 20 listet die wichtigsten Unterschiede der beiden Strategien auf.[159]

	Kostenführerschaft	**Differenzierung**
Strategische Absicht	geringe Kosten, Marktanteil	Differenzierung, Innovation, Premium-Preis
Angebot	standardisiert	hohe Qualität, Markenprodukt
Kritische Aufgaben	Effizienz, Prozess-verbesserung	Kundenorientierung, Produktinnovation, Markenmanagement
Organisationsstruktur	formal, standardisiert, mechanisch	flexible, organische, funktionsübergreifende Produktentwicklungsteams
Organisationskultur	Effizienz, geringes Risiko, Preisbewusstsein	Risikobereitschaft, Geschwindigkeit, Flexibilität, Experimentieren
Führungsrolle	autoritär, top down	visionär, bottom up

Tabelle 20: Unterschiede zwischen Kostenführerschaft und Differenzierung

Kostenführerschaft bedeutet, dass Wettbewerbsvorteile durch geringe Kosten erreicht werden. Deshalb ist der Marktanteil wichtig, weil Marktführer von Economies of Scale und Erfahrungskurveneffekten profitieren. Das Produkt ist standardisiert und wird für den Massenmarkt produziert. Deshalb liegen die internen Abläufe, Effizienz und Prozessverbesserung im Fokus des Unternehmens und müssen besser ausgestaltet sein als bei den Mitbewerbern. Das Unternehmen muss wie eine gut geölte Maschine laufen, um Ineffizienzen zu vermeiden. Deshalb ist die Struktur dieser Unternehmen eher formal, standardisiert und mechanisch. Die vorherrschenden Werte sind Kosten-Bewusstsein, Effizienz und geringe Risikobereitschaft. Führungskräfte verwenden einen Top-down-Ansatz und führen autoritär, um die Prozesse möglichst glatt und beständig laufen zu lassen.

Die Differenzierungsstrategie ist grundsätzlich anders ausgerichtet und benötigt fast konträre Fähigkeiten und Unternehmenseigenschaften. Das Angebot ist sehr anspruchsvoll, von hervorragender Qualität und/oder hat ein einzigartiges Markenimage – sonst würden Kunden nicht mehr Geld für das Produkt zahlen. Um diesen Vorteil zu erreichen, muss das Unternehmen kundenorientiert, innovativ und fähig sein, seine Marke zu managen. Um auf die sich verändernden Kundenbedürfnisse einzugehen sowie flexibel und innovativ zu sein, benötigt das Unternehmen eine flexible und organische Struktur. Damit Informationen schnell zu den richtigen Stellen gelangen und die Kundenorientierung gewährleistet ist, arbeiten in diesen Unternehmen oft funktionsübergreifende Teams, speziell in der Produktentwicklung. Hervorstechende Wertvorstellungen dieser Unternehmen sind Risikobereitschaft, Geschwindigkeit, Flexibilität und Experimentierfreude – so kann ein Unternehmen innovativ sein. Führungskräfte sind Visionäre und beteiligen ihre Mitarbeiterinnen und Mitarbeiter am Entscheidungsprozess, ermutigen sie, innovativ zu sein und neue Ideen zu entwickeln.

158 *Porter*, 1985.
159 *O'Reilly* & *Tushman*, 2004.

Die Auswahl der generischen Strategie hat langfristige Konsequenzen und ist normalerweise irreversibel – zumindest kurzfristig. Sie muss zu den Stärken eines Unternehmens passen und genau durchdacht sein.

	Kostenführerschaft	**Differenzierung**
Produktion	• schlank, Automatisierung • geringe Kosten • verlässliche Qualität	• flexible Automatisierung
Marketing	Hervorheben von Wert, Verlässlichkeit und Preis	• Fokus auf einzigartigen Produktmerkmalen und Marke
F&E	• inkrementelle Produktverbesserung, • Prozessinnovation	• Neu-Produktentwicklung
Finanzplanung	• Fokus auf geringe Kosten und stabile Finanzstrukturen	• genug Budget für F&E
Accounting	• strikte Kostenkontrolle, • Anwendung von traditionellen Accounting-Prinzipien	• Accountingsystem, das eine exakte Berechnung für individuelle, komplexe Produkte erlaubt
Vertrieb	Fokus auf Wert, Verlässlichkeit, geringer Preis und universelle Erhältlichkeit	• Fokus auf Einzigartigkeit, Marke und starke Kundenunterstützung

Tabelle 21: Generische Strategien und ihre Voraussetzungen[160]

Tabelle 21 zeigt, welche Aufgaben und Charakteristiken der Unternehmensfunktionen – von der Produktion bis zum Vertrieb – erfüllt werden müssen. Die Tabelle ist selbsterklärend und zeigt die zwei gegensätzlichen Strategien und ihre unterschiedlichen Fähigkeiten. Es wird klar, dass sich die Kostenführerschaft und Differenzierung gegenseitig ausschließen.

Sobald eine Strategie gewählt wurde, ist es wichtig, sie konsequent zu verfolgen. Eine Kostenführerschaft verlangt, dass alle Quellen für Kostenvorteile ausgeschöpft werden. Eine Differenzierungsstrategie bedeutet, dass das Unternehmen langfristige Differenzierungsvorteile benötigt. Tabelle 22 und Tabelle 23 listen die wichtigsten Quellen von Kosten- und Differenzierungsvorteilen auf. Diese Tabellen helfen nicht nur, zu identifizieren, welche Vorteile es im Unternehmen gibt, sondern sind auch hilfreich, um zu evaluieren, wie langfristig die Basis der Strategie ist. Es ist offensichtlich, dass Unternehmen bestimmte – und am besten nicht imitierbare – Vorteile bei den Quellen für Kosten- oder Differenzierungsvorteile haben muss, um langfristig erfolgreich zu sein.

	Quellen von Kostenvorteilen
Economies of Scale	• Fixkosten auf größere Menge verteilen • Einkaufsrabatte • Arbeitsspezialisierung • Spezialisierte Maschinen und Technologie
Economies of Scope	• Gemeinsam genutzte Ressourcen • Gemeinsame Verhandlungsmacht • Koordinierte Strategien zwischen den SGEs • Vertikale Integration • Gemeinsame Geschäftsfeldgenerierung

160 Modifiziert nach *Barney* & *Hesterly*, 2006.

Quellen von Kostenvorteilen

Erfahrungskurveneffekte	• Verbesserte Fähigkeiten und Routinen • Verbesserte Qualität
Produktionstechniken	• Prozessinnovation • Automatisierung
Produktdesign	• Standardisierung von Designs und Komponenten
Inputkosten	• Vorteile durch geographische Lage • Zugang zu kostengünstigen Inputs

Tabelle 22: Quellen von Kostenvorteilen (Quelle: *Grant*, 2018)

Quellen von Differenzierungsvorteilen

Produkt und Services	• Hohe, nicht imitierbare Qualität • Innovative, einzigartige Produkteigenschaften • Exzellenter Kundenservice • Marke • Geschwindigkeit, Flexibilität und Reaktionsfreudigkeit • Bequemlichkeit
Beschaffung und Logistik	• Qualität der Rohmaterialien und Komponenten • Schnelle und verlässliche Lieferung, effiziente Auftragsbearbeitung
Arbeitsablauf	• Fehlerfreie Produkte • Qualitätsmanagementsystem • Flexible Reaktion auf individuelle Kundenwünsche
Technologie, F&E	• Produktinnovation • einzigartige Produkteigenschaften, Design
Marketing und Vertrieb	• Markt- und Kundenorientierung • Markenreputation aufbauen
Service	• Kundenservice und technischer Support
Unterstützende Aktivitäten	• Managementinformationssystem, die Reaktionsgeschwindigkeit und Flexibilität erhöhen • F&E-Fähigkeiten, schnelle Produktentwicklung, flexible Anpassung an Kundenwünsche

Tabelle 23: Quellen von Differenzierungsvorteilen (Quelle: *Grant*, 2018)

Einige Autoren argumentieren, dass in verschiedenen Fällen Unternehmen auch eine Hybridstrategie verfolgen können, mit der gleichzeitig Differenzierungs- und Kostenvorteile genutzt werden.[161] IKEA ist ein gutes Beispiel dafür: Es bietet den kleinsten Preis im Markt an und kann sich dennoch durch sein Design, Image und die Einkaufserfahrungen der Kunden differenzieren. Wenn man sich allerdings die Charakteristiken der beiden Strategien und deren Voraussetzungen ansieht, wird offensichtlich, dass Hybridstrategien eher eine Ausnahme als die Regel sind, weil sie sehr schwer zu kombinieren sind. Beispiele für funktionierende Hybrid-Strategien sind die Plattformstrategie in der Automobilindustrie, wo eine Plattform standarisiert gefertigt wird (Economies of Scale) und unterschiedliche Modelle darauf produziert werden (Differenzierung) oder das

161 *Johnson* et al., 2008.

Baukastensystem am Beispiel von IKEA (Pax-System: Standardisierte Komponenten, die zu individuellen Produkten zusammengestellt werden können).

6.2.4. The Value Frontier – Customer-Value-Analyse

Die Customer Value Map (siehe Abbildung 23) ist ein praktisches Instrument, um die Positionierung von Produkten im Wettbewerb zu analysieren. Sie zeigt, welchen Wert ein Produkt oder ein Service den Kunden liefert. Diese Analyse ist für Strategen aus zwei Gründen wichtig: (1) Der Kundennutzen beeinflusst den Marktanteil und die Rentabilität und (2) wichtige Informationen, die ein Manager über die Kundengruppen und den Markt haben sollte, werden in der Customer Value Map (siehe Abbildung 24) zusammengefasst, was die Ableitung von klaren und soliden Strategien erleichtert.

Eine Customer-Value-Analyse erfüllt zwei Ziele. Erstens hilft sie dabei, Strategien auf Basis von Marktdaten (anstatt auf Basis vager Definitionen und unklarer Beschreibungen) zu formulieren. Zweitens kann sie helfen, klare Maßnahmen zur Implementierung der Strategien zu identifizieren. Dafür werden aber klare Antworten auf folgende Fragen benötigt, die sich idealerweise auf Marktforschungsdaten stützen.

- Was ist unser Zielmarkt?
- Wer sind unsere Mitbewerber im Zielmarkt?
- Welche Kaufkriterien sind für die Kunden wichtig?
- Wie wichtig sind diese Kriterien?
- Wie bewerten die Kunden unser Produkt und das der Mitbewerber anhand dieser Kriterien?
- Wie sehen unsere Preise und die unserer Mitbewerber aus?
- Wie preissensibel sind unsere Kunden?

Strategieformulierung auf Basis des Value-Frontier-Konzepts kann sehr systematisch durchgeführt werden, indem einige Analyseinstrumente in einem neunstufigen Prozess angewandt werden. Abbildung 70 enthält ein Arbeitsblatt, das für diesen Prozess hilfreich sein kann.

Schritt 1: Definition der Zielmärkte

Schritt 2: Identifikation der Mitbewerber

Schritt 3: Identifikation der Kaufkriterien und ihre relative Wichtigkeit für die Kunden

Schritt 4: Beurteilung der Produkt-Qualität und des Preises

Schritt 5: Berechnung der relativen Qualität und des relativen Preises

Schritt 6: Schätzung der Preissensibilität der Kunden

Schritt 7: Generierung der Customer Value Map und Strategieformulierung

Schritt 8: Definition des Aktionsplans mit Hilfe der Wichtigkeit-Qualitäts-Analyse (Importance-Performance-Analysis)

Customer Value Map
Product: Tires
Segment: Winter Tires 205/55

		Bridgestone		Michelin		Hankook		Goodyear		Pirelli		Semperit		Dunlop		
		Perf		**Perf**		**Perf**		**Perf**		**Perf**		**Perf**		**Perf**		
Quality Criteria	Weight	**(1-5)**	WS	**(1-5)**	WS	**(1-5)**	WS	**(1-5)**	WS	**(1-5)**	WS	**(1-5)**	WS	**(1-5)**	WS	
Dry	12,5	3,4	42,5	3	37,5	3	37,5	2,5	31,25	2,2	27,5	1,8	22,5	3	37,5	
Wet	25	4,2	105	3,5	87,5	3,5	87,5	3,5	87,5	3,3	82,5	3,4	85	3,2	80	
Snow	17,5	3,4	59,5	3,4	59,5	3,4	59,5	3,7	64,75	3,7	64,75	3,6	63	3	52,5	
Ice	7,5	3,1	23,25	3,2	24	3,1	23,25	3	22,5	3,3	24,75	3,1	23,25	3,2	24	
Noise	5	2,6	13	2,9	14,5	2,3	11,5	2,7	13,5	3	15	3	15	2	10	
Fuel efficiency	7,5	3,5	26,25	3,4	25,5	3,6	27	3,6	27	3,3	24,75	3,5	26,25	3,7	27,75	
Wear	7,5	3	22,5	4	30	3,5	26,25	3	22,5	3	22,5	3	22,5	4	30	
Brand Image	17,5	4,25	74,375	4	70	0,5	8,75	2,25	39,375	1,25	21,875	0,75	13,125	1,75	30,625	
	100															
	Weighted Score		366,38		348,50		281,25		308,38		283,63		270,63		292,38	309,79
	Relative Quality		**1,18**		**1,12**		**0,91**		**1,00**		**0,92**		**0,87**		**0,94**	
	Price		66,00		78,00		57,00		60,00		58,00		61,00		68,00	63,33
	Relative Price		**1,04**		**1,23**		**0,90**		**0,95**		**0,92**		**0,96**		**1,07**	

Weight on

Quality	40
Price	60
Sum	100

	Relative Price	Relative Quality
Bridgestone Blzzak LM 005	1,04	1,18
Michelin Alpin 6	1,23	1,12
Hankook i*cept RS 2	0,90	0,91
Goodyear UltraGrip 9+	0,95	1,00
Pirelli Cinturato Winter	0,92	0,92
Semperit Speed-Grip	0,96	0,87
Dunlop Winter Sport 5	1,07	0,94

Relative Quality = quality score of product X/average quality score
Relative Price = price of product X/average price

Perf. = Performance
WS = Weighted Score

Abbildung 70: Arbeitsblatt für eine Customer-Value-Analyse

Schritt 1

Die Customer-Value-Analyse startet mit der Definition der Marktsegmente. Dies ist ein wichtiger Schritt und muss sorgfältig durchgeführt werden, da die Kaufkriterien und die Preissensibilität in verschiedenen Marktsegmenten sehr unterschiedlich sein können. Für Sportwagen (z.B. Porsche) ist die Motorleistung, Beschleunigung und das Markenimage wichtiger als für Käufer von Familienautos, für die Treibstoffverbrauch, Platz und Preise wichtiger sind. Unser Beispiel zeigt eine Customer-Value-Analyse für Winterreifen im Massenmarktsegment.

Schritt 2

Im nächsten Schritt werden die Mitbewerber im Marktsegment identifiziert. Dafür kann das Konzept von Strategischen Gruppen hilfreich sein. Eine Strategische Gruppe ist eine Anzahl von Unternehmen aus einer Branche, die ähnliche Wettbewerbsstrategien verfolgen, ähnliche Eigenschaften (z.B. Unternehmensgröße) und ähnliche Kompetenzen haben. Sie bieten ähnliche Produkte ähnlichen Kundengruppen an und stehen in starkem Wettbewerb zueinander. Für unser Segment haben wir sieben große Mitbewerber identifiziert (Michelin, Bridgestone, Goodyear, Dunlop, Semperit, Pirelli und Hankook).

Schritt 3

Ein wichtiger Schritt der Customer-Value-Analyse ist die Identifikation der Kaufkriterien der Kunden und ihre relative Wichtigkeit. Dafür wird normalerweise Marktforschung benötigt. Ohne klares Verständnis darüber, was die Kunden wollen, wie sie ihre Kaufentscheidung treffen und was sie für wichtig oder weniger wichtig erachten, kann dieser Analyse-Schritt nicht durchgeführt werden. Idealerweise werden mit Hilfe qualitativer Marktforschung die Kaufkriterien ermittelt.

In unserem Beispiel zählen das Markenimage, Fahr- und Bremsverhalten bei Nässe, Schnee, Trockenheit und Eis, die Geräuschentwicklung, der Treibstoffverbrauch und die Abnutzung zu den zentralen Kaufkriterien.

In einer quantitativen, repräsentativen Studie werden die relative Wichtigkeit und das Abschneiden der Mitbewerber in diesen Kriterien gemessen. Es gibt verschiedene Möglichkeiten, um die relative Wichtigkeit der Kriterien zu ermitteln, wie beispielweise die Conjoint-Analyse, Punkte-Skalen (z.B. „Wie wichtig ist der der Treibstoffverbrauch bei der Auswahl von Winterreifen für Sie?“ 1 = überhaupt nicht wichtig, 5 = sehr wichtig), Reihenfolgen („Bitte reihen Sie folgende Kriterien von 1 bis 6 (1 = sehr wichtig, 6 = überhaupt nicht wichtig)!“) oder die Konstantsummenmethode („Bitte verteilen Sie 100 Punkte auf die folgenden Kriterien, sodass die Verteilung die relative Wichtigkeit der Kriterien für die Auswahl von Winterreifen darstellt).

Schritt 4

Die Produktleistung kann am besten mit Bewertungsskalen (z.B. von 1 bis 5, wobei 5 am besten ist) bewertet werden. In unserem Beispiel wurden die Daten für die Kaufkriterien, ihre relative Wichtigkeit und die Leistung der einzelnen, konkurrierenden Produkte aus einer Sekundär-Marktstudie des europäischen Marktes bezogen.[162] Preise sind normalerweise leicht zugänglich. Im Fall von komplexen Preisstrukturen (z.B. Bank-Dienstleistungen, Supermärkte) kann man statt der tatsächlichen Preise auch das Preisniveau schätzen (z.B. unser Preis = 100, das Preisniveau des Mitbewerbers = ?).

Schritt 5

Um die Qualitätsindizes jedes Produkts zu berechnen, werden im nächsten Schritt die Bewertungen der jeweiligen Kriterien mit der relativen Wichtigkeit der Kriterien multipliziert und anschließend addiert. Für sich genommen sind die absoluten, einzelnen Qualitätsindizes und Preise nicht aussagekräftig. Dafür müssen sie mit denen der Konkurrenten verglichen werden. Deshalb werden die relative Qualität und der relative Preis berechnet. Diese Verhältniszahlen geben an, wie gut die Qualität und der Preis eines Produkts im Vergleich zum Durchschnitt aller anderen Produkte abschneiden. In unserem Beispiel ist die relative Qualität von Michelin 1,18, was bedeutet, dass die Qualität um 18 Prozent höher ist als die durchschnittliche Qualität der Produkte. Ein relativer Preis von 1,23 bedeutet, dass Michelins Winterreifen 23 Prozent mehr kosten als der Durchschnitt.

Schritt 6

Die relative Qualität und der relative Preis jedes Produkts kann für die Customer Value Map verwendet werden (Abbildung 71), wobei 1 auf jeder Achse die durchschnittliche Qualität und den durchschnittlichen Preis repräsentiert. Bevor aber Schlussfolgerungen gezogen werden können, fehlt noch ein finaler Schritt. Die Gleichgewichtsgerade zeigt an, wo sich Qualität und Preis im Gleichgewicht befinden, also ein faires Preis-Leistungs-Verhältnis herrscht. Produkte, die links von der Gleichgewichtsgerade liegen, bieten wenig Kundennutzen, diejenigen auf der rechten Seite einen hohe Kundennutzen. Eine flache Gleichgewichtsgerade deutet auf preissensible Kunden hin. Wenn beispielsweise der Preis um 10 Prozent erhöht wird, muss die Qualität um mehr als 10 Prozent erhöht werden. Wenn die Kunden eine geringe Preissensibilität haben, ist die Gleichgewichtsgerade steil. Eine kleine Anhebung der Qualität lässt einen übermäßigen Anstieg des Preises zu.

Schritt 7

Die Preissensibilität der Kunden kann einfach, mit Hilfe einer konstanten Summe, gemessen werden. Dabei wird folgende Frage gestellt: „Bitte geben Sie an, wie wichtig Qualität und Preis bei der Auswahl von Winterreifen sind! Bitte verteilen Sie dafür 100 Punkte auf Qualität und Preis!“ In unserem Beispiel sind die Kunden eher preissensibel. Sie verteilen 40 Prozent auf die Qualität und 60 Prozent auf den Preis. Die Steigung der Gleichgewichtsgeraden repräsentiert diese Verteilung, indem die Prozentangabe der Qualität durch die Prozentangabe des Preises dividiert wird.

162 Quellen: Qualitätsbewertungen und Gewichtungen basieren auf den Bericht ADAC Winter- und Ganzjahresreifen 2020, Schätzungen der Bedeutung der Marke in der Kaufentscheidung auf den Bericht ADAC-Reifen Monitor 2016, die Preise entstammen www.idealo.at, (niedrigster Preis jeweils), 14.12. 2020.

Schritt 8

Jetzt können die Customer Value Map generiert und Strategien daraus abgeleitet werden (siehe Abbildung 71). In diesem Markt hat Dunlop einen klaren Nachteil, da die Qualität zu gering und der Preis zu hoch sind. Bridgestone hat die beste Position, da es den höchsten Kundennutzen anbietet, gefolgt von Goodyear und Hankook. Im Fall von Dunlop gibt es drei Möglichkeiten, den Kundennutzen und damit den Marktanteil zu erhöhen: (1) den Preis senken, (2) die Qualität erhöhen oder (3) eine Kombination aus Preisreduktion und Qualitätsverbesserung.

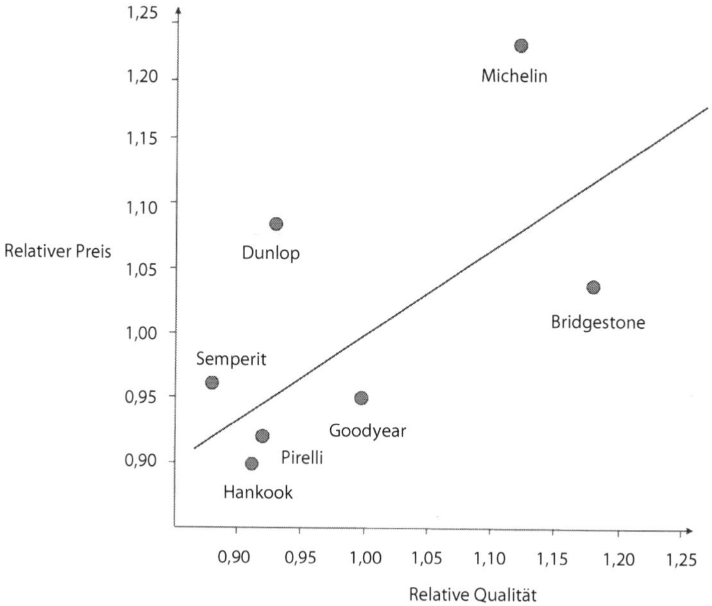

Abbildung 71: Customer Value Map

Schritt 9

Der letzte Schritt der Customer-Value-Analyse besteht aus der Festlegung des Aktionsplans. Ein hilfreiches Instrument hierfür ist die **Importance Performance Analysis.**[163] Wenn es Dunlops Strategie ist, die Qualität zu verbessern und sich selbst als Qualitätsführer in der Branche zu etablieren, muss es herausfinden, wie es das am besten erreichen kann. Deshalb sollte das Unternehmen seine Leistung bei den einzelnen Kaufkriterien mit dem stärksten Konkurrenten vergleichen (Bridgestone). Anschließend kann es eine Matrix mit der Wichtigkeit der Kaufkriterien auf der x-Achse und der Leistung bei jedem Kriterium (im Vergleich zu Bridgestone) auf der y-Achse zeichnen. Für die Werte der y-Achse wird die relative Bewertung verwendet (Dunlops Qualität minus Bridgestones Qualität). Darauf aufbauend können vier Quadranten mit folgenden Implikationen identifiziert werden (Abbildung 72):

163 *Martilla & James*, 1977.

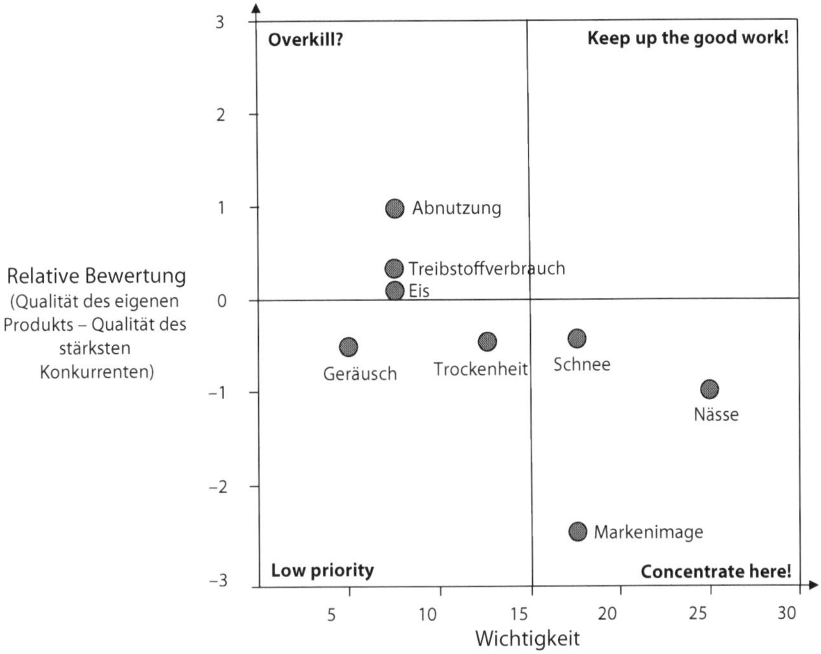

Abbildung 72: Importance Performance Analysis

Quadrant 1 (hohe Wichtigkeit und hohe Qualität): Hier liegen die Wettbewerbsvorteile. Ein Unternehmen sollte seine gute Position bezüglich dieser Kriterien beibehalten („keep up the good work here").

Quadrant 2 (hohe Wichtigkeit und geringe Qualität): Hier liegen die höchsten Prioritäten. Das Unternehmen muss sofortige Maßnahmen zur Verbesserung der Bewertung bei den entsprechenden Kriterien ergreifen.

Quadrant 3 (geringe Wichtigkeit und hohe Qualität): Eine hohe Bewertung bei unwichtigen Kriterien kann zu viel des Guten sein („possible overkill"). Wenn die Kosten reduziert werden müssen, sind diese Kriterien gute Kandidaten.

Quadrant 4 (geringe Wichtigkeit und geringe Qualität): Aktionen in diesem Feld haben geringe Priorität, weil diese Nachteile nicht besonders wichtig sind.

In unserem Beispiel sollte Dunlops Hauptaugenmerk darauf liegen, das Markenimage zu stärken, weil das den größten Effekt haben wird, gefolgt von Fahreigenschaft bei Nässe und bei Schnee.

Nach diesem letzten Schritt ist die Customer-Value-Analyse komplett. Basierend auf den Daten der Marktforschung konnten nun Strategien abgeleitet und nötige Maßnahmen in einem Aktionsplan formuliert werden.

6.2.5. Spezifische Strategien

Neben *Porters* generischen Strategien (Kostenführerschaft, Differenzierung, Fokus),[164] die die Basisstrategien darstellen, gibt es aber auch noch speziellere Strategien. Basierend auf den Analyse-Instrumenten können beispielsweise aus der Value Map [165] und der Ansoff-Wachstumsmatrix [166] spezifische Strategien abgeleitet werden. Sie zeigen, wie Unternehmen in den folgenden vier Bereichen mit anderen Unternehmen konkurrieren können:

(1) Zeitpunkt (First Mover oder Nachfolger)
(2) Internationalisierung (Standardisierung vs. Adaptierung und Markteintritt)
(3) Angriff
(4) Verteidigung

Timing

Wenn man neue Produkte, Services, Technologien oder Geschäftsmodelle betrachtet, kann ein Unternehmen entweder das erste am Markt sein (First Mover) und sich die damit verbundenen First-Mover-Vorteile sichern, oder erst später in den Markt eintreten und damit als Nachfolger aus den Fehlern der ersten lernen und diese verbessern. Beide Strategien haben Vor- und Nachteile (siehe Tabelle 24),[167] weshalb die Entscheidung bezüglich des Zeitpunkts schwierig ist.

Der First Mover hat anfangs eine monopolistische Position und kann deshalb – theoretisch – hohe Preise verlangen. Er kann sich aber auch entscheiden, geringe Preise festzusetzen, um Marktanteile zu gewinnen. Dadurch kann er von Erfahrungskurveneffekten und Economies of Scale profitieren. Er sichert sich auch Zugang zu relevanten Ressourcen, ausgebildeten Arbeitskräften, Distributionskanälen, Standorten etc. Oft kann der First Mover eine dominante Marke etablieren und Markteintrittsbarrieren für Nachfolger aufstellen, beispielsweise durch hohe Wechselkosten für die Kunden. Allerdings tragen First Mover auch alle Kosten und Risiken von Innovationen und müssen den Kunden beibringen, die neuen Technologien zu verwenden und vertraut damit zu werden.

Als Nachfolger können Unternehmen von den Fehlern der First Mover lernen. Im Schnitt liegen die Imitationskosten bei 65 Prozent der Kosten für die Innovation.[168] Als Trittbrettfahrer muss die Innovation bei den Kunden nicht erst bekannt gemacht werden. Wenn allerdings der First Mover Markteintrittsbarrieren errichtet und die Marktführung übernommen hat, kann es für Nachfolger schwer sein, sich im Markt zu etablieren und Marktanteile zu gewinnen.

164 *Porter*, 1985.
165 *Gale*, 1994.
166 *Ansoff*, 1957.
167 *Johnson* et al., 2008.
168 *Johnson* et al., 2008.

First Mover Der Erste mit einem neuen Produkt, Service, Technologie oder Geschäftsmodell auf dem Markt sein	**Vorteile** • Monopolist • Hohe Preise • Erfahrungskurveneffekte • Größeneffekte • Seltene Ressourcen sichern • Reputation • Wechselkosten für Kunden etablieren • Neue Standards setzen **Nachteile** • Entwicklungskosten • Marktentwicklungskosten • Risiko zu scheitern
Nachfolger Als Nachfolger in den Markt eintreten, entweder mit einem besseren oder günstigeren Produkt	**Vorteile** • Trittbrettfahrer • Lernmöglichkeiten **Nachteile** • Markteintrittsbarrieren • Attraktive Marktposition schon vergeben • Attraktive Kundensegmente schon von anderen gesichert

Tabelle 24: First-Mover- versus Nachfolger-Strategien

Internationalisierung

Für die Internationalisierung eines Unternehmens gibt es vier grundsätzlich unterschiedliche Strategien.[169]

Das Unternehmen kann Produkte, die es bereits für den Heimatmarkt entwickelt hat, für den Verkauf in anderen Märkten verwenden, ohne dabei Adaptierungen vorzunehmen. Diese Strategie wird **internationale Strategie** genannt. Normalerweise funktioniert diese Strategie nur, wenn sich die ausländischen Märkte nicht stark vom Heimatmarkt unterscheiden, und zwar in Bezug auf Kundenwünsche, -geschmack, -verhalten, -einstellungen etc. Ein standardisierter Ansatz hat den Vorteil von Größenvorteilen, einem weltweit konsistenten Markenimage und Qualität. Die Organisationsstruktur für diese Strategie ist einfach, da alle wichtigen Funktionen zentral wahrgenommen werden können. So können Produkte und Technologien schnell und effizient transferiert werden und effektiv kontrolliert werden, wie die ausländischen Niederlassungen die Strategie implementiert haben.

In der **multinationalen Strategie** werden für ausländische Märkte Adaptierungen vorgenommen, weil sie zu verschieden in der Kunden- und Konkurrentenstruktur sind. Die Strategie muss also flexibler als die Internationalisierungsstrategie sein. Für jeden ausländischen Markt werden angepasste Strategien und Angebote entwickelt, um den

169 *Bartlett* et al., 2004.

lokalen Anforderungen gerecht zu werden. Dies ist allerdings teurer. Auch die Gefahr, kein einheitliches Markenimage zu haben, und dass jede Niederlassung „das Rad neu erfindet", besteht bei dieser Strategie, v.a. wenn keine zentrale Kontrolle ausgeübt wird.

Wenn Produkte für den globalen Markt produziert werden und Unternehmen überall das gleiche auf die gleiche Art verkaufen („the same thing, the same way, everywhere"[170]), verwenden sie eine **globale Strategie**. Sie basiert auf der Beobachtung, dass es globale Kundensegmente mit denselben Bedürfnissen gibt. Dieses Segment wird mit standardisierten Produkten angesprochen und auch das weltweite Marketingkonzept ist einheitlich. Der Vorteil ist, dass Größeneffekte voll ausgeschöpft werden können. Allerdings hat sich gezeigt, dass in diesen großen Segmenten durchaus regionale Unterschiede vorherrschen, sodass selten eine wirklich globale Strategie verwendet wird.

In den letzten Jahren haben viele internationale Unternehmen festgestellt, dass weder eine ganz standardisierte noch eine voll adaptierte Strategie erfolgreich ist. Deshalb folgen diese Firmen dem Grundsatz „so viel Standardisierung wie möglich, so viel Adaptierung wie notwendig". Diese Strategie wird **transnationale Strategie** genannt. So versuchen sie die Vorteile aus der multinationalen und globalen Strategie zu nutzen. Es wird dabei ein Kernprodukt mit Modulen hergestellt, die leicht an lokale Gegebenheiten angepasst werden können. So können Größeneffekte genutzt werden, die Märkte aber auch gleichzeitig gezielt angesprochen werden. Für diese Strategie wird aber viel Koordination zwischen den Niederlassungen und der Zentrale benötigt, weshalb oft komplexe und bürokratische Strukturen entstehen können.

Internationale Strategie Produkte werden für den Heimatmarkt entwickelt und ohne Veränderungen im Ausland verkauft	**Vorteile** • Größeneffekte • Einheitliche Marke • Schneller und effizienter Transfer von Produkten • Einfache Organisation • Effektive Kontrolle **Nachteile** • Unterschiede in Ländern werden ignoriert • Keine volle Nutzung von ausländischen Märkten
Multinationale Strategie Für jeden Markt werden angepasste Strategien und Angebote entwickelt, um den lokalen Anforderungen gerecht zu werden	**Vorteile** • Volle Adaption für lokale Märkte und Nutzung lokaler Bedürfnisse **Nachteile** • Hohe Kosten (Produktentwicklung, Marketing) • Wenige Größenvorteile • Kein einheitliches Markenimage • Wenig Kontrolle über Niederlassungen

170 *Levitt*, 1983.

Globale Strategie Produkte werden für den globalen Markt entwickelt und überall gleich vermarktet	**Vorteile** • Die gleichen wie bei der internationalen Strategie plus der Größe des globalen Marktes • Zentralisierte Kontrolle und Entscheidungsfindung **Nachteile** • Annahme, dass nationale Präferenzen und nationale Wettbewerbsstrukturen gleich sind
Transnationale Strategie So viel Standardisierung wie möglich, so viel Adaptierung wie notwendig	**Vorteile** • Kombiniert Vorteile der globalen und multinationalen Strategie **Nachteile** • Hoher Bedarf an Zentralisierung und Koordinierung

Tabelle 25: Möglichkeiten der Internationalisierung

6.2.6. Neuprodukt-Entwicklung

Neue Produkte (oft definiert als Produkte, die weniger als fünf Jahre am Markt sind) machen einen großen Anteil des Umsatzes eines Unternehmens aus. In vielen führenden Unternehmen beträgt ihr Anteil mehr als 50 Prozent des gesamten Umsatzes, wobei die besten Unternehmen ungefähr vier Mal so viele Neuprodukte vermarkten wie der Durchschnitt.[171] Dennoch ist die Neuprodukt-Entwicklung ein riskanter Prozess. Studien zeigen, dass von sieben neuen Produktideen im Durchschnitt nur vier in die Entwicklungsphase kommen, anderthalb in die Einführungsphase und nur eines ist erfolgreich. Andere Studien sprechen von einer Misserfolgsrate von bis zu 60 Prozent.[172] Dazu kommt: Nur zehn Prozent aller neuen Produkte sind wirklich innovativ.[173] Die meisten Innovationen sind Produktlinienerweiterungen, Verbesserungen oder Änderungen existierender Produkte.

Das Management von Produktentwicklungsprozessen ist das Management von Zielkonflikten. Diese Zielkonflikte bestehen aus den Faktoren (1) Produktentwicklungszeit, (2) Kundennutzen, (3) Entwicklungskosten und (4) Produktionskosten.[174]

Wenn der Produktlebenszyklus kürzer wird und Konkurrenten schneller beim Kopieren neuer Produkte werden, wird die Entwicklungszeit zum zentralen Erfolgsfaktor. Unternehmen haben weniger Zeit, um umfassende Marktanalysen durchzuführen oder Konzepte zu testen. Um einen höheren Kundennutzen zu erreichen, werden höhere Investitionen für Entwicklung und Produktion benötigt. Wenn ein Unternehmen aber die Kosten für die Entwicklung geringhalten möchte, hat es weniger Zeit und Ressourcen, um ein neues Produkt zu designen, das zu geringen Kosten hergestellt werden kann.

171 *Lee & Markham*, 2016.
172 *Cooper*, 2019.
173 *Trott*, 2008.
174 *Dahan & Hauser*, 2001.

Um diese Zielkonflikte systematisch managen zu können, haben die meisten Großunternehmen Prozesse für die Neuprodukt-Entwicklung eingeführt. Ca. 90 Prozent verwenden systematische Innovationsprozesse, um neue Produkte durch die verschiedenen Phasen des Innovationsprozesses zu bringen.[175] Diese Prozesse sollen Folgendes garantieren:

- Es gibt einen kontinuierlichen Strom an neuen und vielversprechenden Ideen in der Pipeline des Produktentwicklungsprozesses.
- Diese Ideen werden auf ihren Kundennutzen, ihre Machbarkeit und ihr Marktpotenzial systematisch und möglichst früh (bevor Ressourcen an schlechte Ideen verschwendet werden) analysiert.
- Das Produktkonzept ist marktorientiert und hat eine einzigartige Value Proposition (Verkaufsversprechen).
- Der Verkaufspreis, die Produktionskosten und die Marktnachfrage erlauben es, das Produkt mit Gewinn zu verkaufen.
- Das Konzept wurde vor dem Markteintritt so intensiv getestet, dass es von den Kunden akzeptiert wird und der Marketingplan funktioniert.

Ein systematischer **Produktentwicklungsprozess** besteht deshalb aus verschiedenen Phasen. Jeder Phase kommt dabei eine besondere Aufgabe zu und wird durch wichtige Herausforderungen charakterisiert (siehe Tabelle 25).

Ideengenerierung

Diese Phase wird auch „fuzzy front end" der Innovation genannt und umfasst alle Aktivitäten von der Suche nach neuen Möglichkeiten bis zur Entwicklung eines Produktkonzepts. Normalerweise ist diese Phase nicht sehr kapitalintensiv, kann aber bis zu 50 Prozent der Entwicklungszeit beanspruchen. In dieser Phase werden die Ideen entwickelt und es wird entschieden, ob weitere Ressourcen in die Weiterentwicklung der Idee gesteckt werden oder nicht.[176] Deshalb ist diese Phase sehr wichtig für den Erfolg des gesamten Prozesses. Ideen für ein neues Produkt können aus verschiedenen Quellen inner- und außerhalb des Unternehmens kommen, wie z.B. von Ingenieuren, Lieferanten, Wissenschaftlern, Händlern oder Kunden. Unternehmen verwenden kreativitätsfördernde Techniken, arbeiten mit internen und externen Gruppen (Fokusgruppen), führen Tiefeninterviews mit Kunden und analysieren deren Probleme und Beschwerden mit Hilfe von Umfragen, beobachten Online-Communities oder integrieren Lead User (sehr innovative Kunden, die eigene Ideen für neue Produkte haben).

Kano-Modell der Kundenzufriedenheit

Ein logischer Startpunkt für die Ideengenerierungsphase sind unbefriedigte Kundenbedürfnisse. In diesem Zusammenhang kann das Kano-Modell der Kundenzufriedenheit helfen, vielversprechende Ideen zu identifizieren (Abbildung 73). Das Modell unterscheidet zwischen drei verschiedenen Produktattributen:

175 *Cooper* et al., 2002.
176 *Trott*, 2008.

Basisfaktoren (must haves): Das sind die Minimalanforderungen. Die Erfüllung der Basisfaktoren ist eine Notwendigkeit, trägt aber nicht zur Kundenzufriedenheit bei. Basisfaktoren werden erwartet. Die Kunden nehmen diese als Minimalanforderungen und gehen davon aus, dass das Produkt diese erfüllt. Wenn Basisfaktoren bereits erfüllt werden, führt eine Steigerung der Leistung bezüglich dieser Faktoren normalerweise nicht zu einem Anstieg des Kundennutzens. Wenn aber die Basisfaktoren nicht erfüllt werden, bietet das eine große Möglichkeit für eine Produktinnovation. Die Batteriereichweite von Elektroautos und das Ladenetz sind Beispiele für Basisfaktoren. Teslas Vorsprung in der Batterietechnologie und sein gut ausgebautes Supercharger-Netzwerk schaffen dem Unternehmen deutliche Vorteile, da die meisten Konkurrenten diese Basisanforderung nur unzureichend erfüllen.

Begeisterungsfaktoren (delighters): Das sind Faktoren, die die Kundenzufriedenheit erhöhen können, wenn sie erfüllt werden, aber nicht zwangsläufig zu Unzufriedenheit führen, wenn sie nicht erfüllt werden. Diese Faktoren werden nicht erwartet, sondern überraschen die Kunden und ermöglichen Begeisterung. Begeisterungsfaktoren sind typischerweise latent, werden von den Kunden nicht artikuliert und fügen dem Kernprodukt Wert hinzu. In der Automobilindustrie spielen diese Faktoren eine besonders wichtige Rolle, um Produkte zu differenzieren. Teslas Over-the-Air-Software-Updates sind ein Beispiel für Begeisterungsfaktoren, weil Teslafahrer dadurch immer wieder neue Produkteigenschaften installieren können.

Leistungsfaktoren (the more the better): Diese Faktoren führen zur Zufriedenheit, wenn sie gut erfüllt werden und zur Unzufriedenheit, wenn sie schlecht erfüllt werden. In diesem Fall ist der Zusammenhang zwischen Leistung und Gesamtzufriedenheit linear. Diese Faktoren werden normalerweise explizit erwartet. Fahreigenschaften des Autos, Akku-Leistung bei Smartphones oder das Gewicht eines Mountainbikes sind Beispiele für diese Leistungsfaktoren.

Für die Produktentwicklung gibt es folgende Implikationen aus dem Kano-Modell: Basisfaktoren bilden die Markteintrittsschwelle. Wenn diese zur Zufriedenheit erfüllt werden, bringt eine weitere Leistungssteigerung keine Steigerung der Kundenzufriedenheit. Typischerweise sind die Leistungsfaktoren mit den expliziten Bedürfnissen und Erwartungen der Kunden verbunden. Sie werden klar ausgesprochen. Deshalb sollte ein Unternehmen bei den Leistungsfaktoren wettbewerbsfähig sein. Begeisterungsfaktoren sind nicht erwartet und können die Kunden überraschen. Da sie zu Begeisterung führen, sollte ein Unternehmen versuchen, sich von den anderen bezüglich dieser Faktoren zu unterscheiden.[177] Es ist wichtig, die Dynamik dieser Produktanforderungen hervorzuheben. Was den Kunden heute begeistert, kann morgen bereits eine explizite Erwartung und irgendwann zu einem Basisfaktor werden. Wireless LAN und freier Internetzugang in Hotels sind ein gutes Beispiel dafür. Als das erste Hotel dies anbot, waren die Kunden begeistert. Sehr schnell wurden diese Attribute aber zu expliziten Erwartungen und alle Hotelgäste setzen diese Services bereits als Basisfaktoren voraus.

177 *Matzler* et al., 1996.

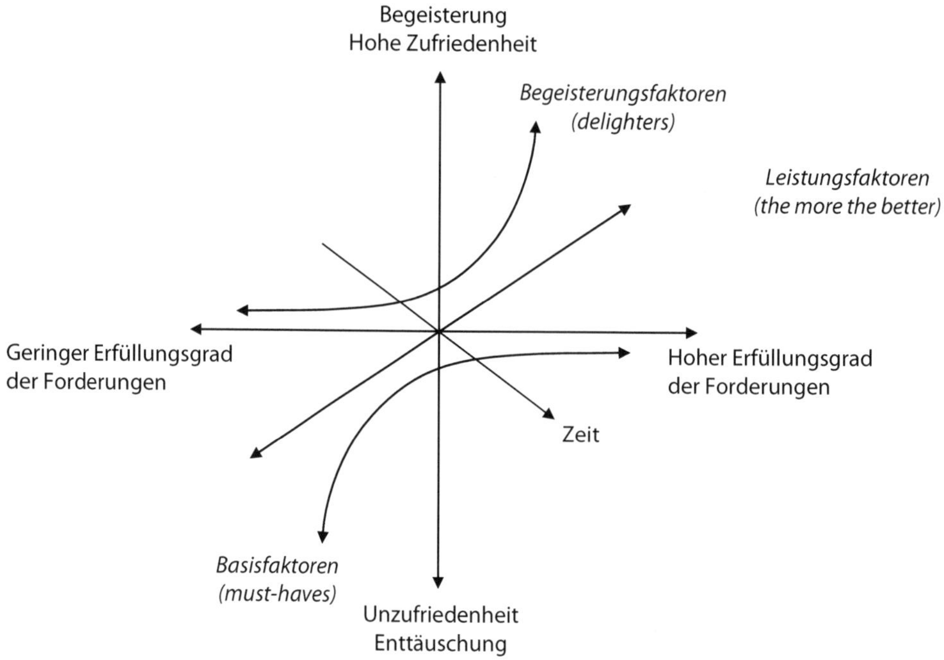

Abbildung 73: Das Kano-Modell (Quelle: modifiziert nach *Kano*, 1984; *Matzler* & *Hinterhuber*, 1998)

Crowdsourcing

In der Phase der Ideengenerierung wurde **Crowdsourcing** für viele Unternehmen ein wichtiges Instrument.[178] Der Begriff wurde von *Jeff Howe*, dem Herausgeber des Wired Magazins wie folgt definiert: „Simply defined, crowdsourcing represents the act of a company or institution taking a function once performed by employees and outsourcing it to an undefined (and generally large) network of people in the form of an open call. This can take the form of peer-production (when the job is performed collaboratively), but is also often undertaken by sole individuals. The crucial prerequisite is the use of the open call format and the large network of potential laborers."[179]

Zahlreiche Unternehmen und andere Organisationen wenden sich immer öfter an die Öffentlichkeit, um Personen zu finden, die ihnen bei der Lösung von Problemen und der Entwicklung von Innovationen helfen können. Crowdsourcing ist inzwischen so gefragt, dass eine ganze Industrie aus spezialisierten Plattformen und Dienstleistern entstanden ist. Innocentive ist wohl die bekannteste Plattform und sieht sich selbst als „globalen Pionier für Crowdsourcing-Innovation". Ihre Community umfasst fast 400.000 Problemlöser aus mehr als 190 Ländern, die Teil des Netzwerks sind. Mehr als 2.000 Wettbewerbe wurden bisher durchgeführt und mehr als 20.000.000 USD an Preisgeldern ausbezahlt.

178 Dieser Abschnitt basiert auf *Matzler*, 2020.
179 *Howe*, 2008.

Ein weiteres Beispiel ist Kaggle, die Online-Community von Alphabet, mit mehr als einer Million Datenwissenschaftlern und Spezialisten für maschinellen Lernen. Kaggle veranstaltet Wettbewerbe in den verschiedensten Domänen, von der Nutzung von Leseranalysen oder der Prognose der Aktienkursentwicklung, über die Entwicklung von Algorithmen zum besseren Verständnis von Kundenloyalität bis hin zu Umsatzprognosen oder der Vorhersage von Immobilienpreisen. Weitere Problembereiche betreffen die klinische Forschung, das Gesundheitswesen, die Grundlagenbiologie, die Kriminologie oder Search-Technologien.

Es gibt viele Varianten des Crowdsourcing, aber im Innovationskontext sind die folgenden am weitesten verbreitet:[180]

Wettbewerbe sind die populärste Form, um die Kreativität und das Fachwissen breiterer Personenkreise für Innovationen zu nutzen. Typischerweise bietet ein Unternehmen einen Geldpreis für diejenigen, die ein anspruchsvolles Problem lösen können oder eine kreative Lösung einreichen. Die Challenge wird möglichst breit publik gemacht und ist für einen bestimmten Zeitraum offen. Einige der schwierigsten wissenschaftlichen und technologischen Herausforderungen wurden so gelöst. Wettbewerbe werden aber auch für Themen wie die Entwicklung neuer Produktdesigns, Algorithmen oder Werbung genutzt. So organisierte Swarovski beispielsweise Designwettbewerbe für Edelsteine, Netflix initiierte kollaboratives Filtern von Algorithmen und Frito-Lay lancierte seine erfolgreiche „Crash the Super Bowl"-Challenge. Ein Wettbewerb passt besonders gut, wenn das Problem komplex oder neuartig ist und man unsicher ist, wer die beste Lösung oder Idee haben könnte.

Crowd-Collaboration-Projekte hingegen suchen nicht die beste individuelle Lösung für ein Problem. Sie versuchen, kollektives Wissen und Ideen zu nutzen, indem durch Kollaboration eine kohärente und Nutzen stiftende Gesamtlösung entwickelt wird. Wikipedia ist dafür wohl das bekannteste Beispiel. Auch OpenIDEO folgt diesem Prinzip. Die offene Innovationsplattform wurde von der Design- und Beratungsfirma IDEO ins Leben gerufen, damit Menschen aus allen Ecken der Welt gemeinsam schwierige globale Probleme im Rahmen von Challenges, Programmen und anderen maßgeschneiderten Formaten angehen können. In der Tradition von Design-Thinking tauscht die IDEO-Community Ideen aus, verfeinert sie gemeinsam und versucht, Probleme zu lösen wie beispielsweise „Wie kann man mittels mobiler Technologien den Zugang zu medizinischer Grundversorgung verbessern?" Einige Unternehmen beziehen sogar größere interne und externe Communities in ihre Strategieentwicklung mit ein. So hat beispielsweise IBM seine 150.000 Mitarbeiterinnen und Mitarbeiter und externe Stakeholder, wie Geschäftspartner, Kunden oder Wissenschaftler in seinen Strategieprozess einbezogen und mehr als 46.000 Ideen gesammelt. Die US Navy nutzte eine Crowdsourcing-Plattform in Form eines großen Online-Kriegsspiels, um Strategiepläne zu aktualisieren.

Crowd Complementors sind eine dritte gängige Form des Crowdsourcing. Bei diesem Ansatz lädt ein Produkt- oder Plattformbesitzer eine Community ein, innovative Komplementärlösungen zu entwickeln, die den Wert einer bestehenden Lösung erhöhen. Im

180 *Boudreau & Lakhani*, 2013.

Gegensatz zu den beiden anderen Formen sucht man nicht die Lösung für ein spezifisches Problem, sondern neue Anwendungen für viele unterschiedliche Probleme. So erlaubt Amazon beispielsweise der Crowd, sogenannte Skills für ihre virtuelle Assistentin Alexa zu entwickeln und zu veröffentlichen. Mit dem Alexa-Skills-Kit wurden bis Ende 2018 fast 60.000 Skills mittels Crowdsourcing entwickelt. Im Jahr 2019 ging Amazon sogar noch weiter und erlaubte auch einzelnen Nutzer, Skills auf der Basis von Vorlagen zu entwickeln und zu veröffentlichen.

	Crowd Wettbewerbe	Crowd Collaboration	Crowd Complementors
Beschreibung	Die auftraggebende Organisation veröffentlicht ein Problem und bietet einen Preis für die beste Lösung.	Eine große Community arbeitet gemeinsam an einer Lösung, die ein Einzelner kaum allein entwickeln könnte.	Die Crowd entwickelt eine Vielzahl von Lösungen, die den Wert eines Produkts oder einer Plattform erhöhen.
Am besten geeignet für ...	Anspruchsvolle technische, analytische und wissenschaftliche Probleme Entwicklung neuer Designs kreative oder ästhetische Herausforderungen	modularisierbare Aufgaben mit standardisierten Abläufen Sammlung und Neu-Kombination der Ideen vieler Personen	neue Lösungen für offene Plattformen neue Lösungen, die das Kernprodukt ergänzen und dessen Wert steigern
Prinzip	Diversität: Nutzung einer großen Anzahl unterschiedlicher Ansätze, Ideen oder Perspektiven zur Lösung eines Problems	Kollektive Intelligenz: gegenseitige Befruchtung, Aggregieren von dezentralem Wissen, Anzapfen der Schwarmintelligenz („Viele Augen sehen mehr")	Differenzierung: Schaffung einer großen Vielfalt an innovativen Lösungen für Produkt- oder Plattformnutzer
Beispiele	NASA-Tournament Lab, Ideenwettbewerbe auf Innocentive	Wikipedia, OpenIDEO, IBM Innovation Jam	Smartphone-Betriebssysteme und -Apps, Amazon Alexa-Skills; Lego-Ideas-Plattform

Tabelle 26: Formen des Crowdsourcing für Innovationen[181]

Ideenauswahl

Die Herausforderung in der zweiten Phase der Neuprodukt-Entwicklung ist die Auswahl der Ideen, die vielversprechend genug sind, um weiter verfolgt zu werden, und die Eliminierung der Ideen, die es nicht verdienen, weitere Ressourcen zu bekommen. Das ist eine schwierige Aufgabe, weil gute Ideen zerstört werden könnten und schlechte Ideen in die nächste Phase (der Konzeptentwicklung) kommen könnten und damit Ressourcen verschwenden. Deshalb muss in dieser Phase sehr sorgfältig vorgegangen werden und ein systematischer Ansatz zur vorläufigen Evaluierung des Ideenpotentials ist notwendig. Viele Unternehmen verwenden dafür eine **Ideen-Bewertungs-Matrix**, wie sie in Tabelle 27 gezeigt wird. Dabei werden Erfolgsfaktoren definiert, bewertet und jede

181 *Boudreau & Lakhani*, 2013.

Idee evaluiert. Die gewichtete Punktezahl wird berechnet und eine Minimalschwelle definiert (z.B. die gewichtete Zahl einer Idee muss über 0,6 liegen), die erreicht werden muss, um in die nächste Phase des Entwicklungsprozesses zu kommen.

		Punkte (0–10)				
Erfolgsfaktoren	**Gewichtung**	**Idee 1**	**Idee 2**	**Idee 3**	**Idee 4**	**...**
Höherer Kundennutzen	0,4	4	7	2	8	...
Potenzielle Marktgröße	0,3	5	4	5	5	...
Wettbewerbssituation	0,1	8	3	4	6	...
Übereinstimmung mit Vision und Strategie	0,2	2	6	3	7	...
	Gewichtete Punktezahl	4,3	5,5	3,3	6,7	...

Tabelle 27: Ideen-Bewertungs-Matrix

Konzeptentwicklung und -test

Für die verbleibenden Ideen werden Produktkonzepte entwickelt und erste Tests durchgeführt. Der Zielmarkt muss dafür klar definiert sein. Die Produkteigenschaften müssen spezifisch genug sein, um einen Einzigartigkeitsvorteil zu erreichen, und technisch und ökonomisch machbar sein. Die Prototypen werden dann an den Kundengruppen getestet.

In dieser Phase gibt es Zielkonflikte zwischen den Bedürfnissen und den möglichen Attributen. Normalerweise können nicht alle Bedürfnisse der Kunden auf ökonomische Weise adressiert werden. Manchmal widersprechen sich die unterschiedlichen Bedürfnisse sogar (z.B. das Gewicht und die Lebensdauer eines Akkus für Laptops). Deshalb ist ein wichtiges Prinzip in dieser Phase: Jede Produkteigenschaft verursacht Kosten, aber nicht jede Produkteigenschaft schafft Wert für den Kunden. Deshalb ist es wichtig, den Zusammenhang zwischen Kosten und Nutzen für jede Produkteigenschaft zu untersuchen. Die **Conjoint-Analyse** ist ein weitverbreitetes Instrument in dieser Phase. Sie hilft, den Nutzen, den ein Kunde dem Produkt zuschreibt, für verschiedene Ebenen der Produkteigenschaften zu messen.

Business Case

Für die Produktideen, die die Konzept- und Testphase überstehen, muss eine detaillierte Analyse durchgeführt werden. Der exakte Preis muss festgesetzt und die Umsätze, Kosten und Gewinne müssen geschätzt werden. Eine besondere Herausforderung stellt in diesem Zusammenhang die Abschätzung der Nachfrage dar.

Nicht alle Kunden reagieren auf Innovationen mit derselben Geschwindigkeit. Einige brauchen ein paar Jahre, bis sie sich für die Neuheiten interessieren. Andere (Innovatoren) sind abenteuerlustig und bereit, Risiken einzugehen und etwas auszuprobieren; deshalb sind sie meist die ersten, die eine Innovation kaufen. Early Adopters akzeptieren neue Ideen sehr früh, aber sind vorsichtiger und meist auch Meinungsmacher.

Der Massenmarkt reagiert meist mit einer Zeitverzögerung auf neue Produkte. Deshalb können quantitative und repräsentative Marktstudien wenig zum Innovationsprozess beitragen. Im Gegenteil: Wenn jemand versucht, den repräsentativen Querschnitt des Massenmarkts über Bedürfnisse zu befragen oder mögliche Innovationen auf ihr Potenzial hin zu testen, bekommt er wahrscheinlich irreführende Ergebnisse.[182] *Steve Jobs* und *Elon Musk* sind dafür bekannt geworden, dass sie Marktforschungsergebnisse einfach ignorieren, und *Henry Ford* sagte einmal: „Hätte ich meine Kunden gefragt, was sie wollen, hätten sie gesagt ‚schnellere Pferde'."

Prototypen und Markttests

Für die Produkte, die immer noch als vielversprechend gelten, wird ein physischer Prototyp entwickelt und in typischen Situationen getestet. In dieser Phase wird nach Feedback für die finalen Änderungen des Produkts und des Marketingplans gesucht. Das kann einerseits dadurch geschehen, dass Kunden in die Labors gebracht werden, wo sie den Prototypen testen können. Philips hat beispielsweise derartige Labors in Klagenfurt, Österreich. Dort werden Kundinnen eingeladen, z.B. Epiliergeräte zu testen. Am Ende der Testphase gaben die Kunden Feedback zur Funktionalität, Handhabung usw. Andere Unternehmen geben den Kunden ihre Prototypen mit nach Hause. Außerdem werden auch oft Testmärkte verwendet. Das sind repräsentative Städte oder Regionen, in denen das Produkt zusammen mit allen Marketingaktivitäten, die für das Produkt geplant sind, eingeführt wird. So können das Ausprobier- und Wiederkaufsverhalten sowie die Häufigkeit des Kaufs getestet werden.

In den letzten Jahren hat sich vor allem bei Startups das Konzept der **Minimal Viable Products** (minimal funktionsfähige Produkte) durchgesetzt. Diese Idee geht auf die Tatsache zurück, dass der Planungsansatz in der Innovation oft nicht funktioniert. *Steve Blank*, ein Silicon Valley Entrepreneur, ist berühmt für folgende Aussagen: „Kein Businessplan überlebt den ersten Kontakt mit dem Kunden" und „Niemand außer Venture Capitalists und die späte Sowjetunion verlangen Fünf-Jahres-Pläne".[183] Anstatt eine perfekte Version eines Produkts zu entwickeln, wofür man Monate oder Jahre braucht, ist ein MVP ein Produkt reduziert auf die Kernfunktion, die aber möglichst gut sein sollte. Damit geht man so schnell wie möglich auf den Markt, um dann Feedback vom Kunden zu bekommen und das Produkt weiterzuentwickeln. Dadurch wird viel Zeit gespart und durch Kundenfeedback sichergestellt, dass das Produkt den Anforderungen entspricht.

Die Idee des MVP wird dann ergänzt durch systematisches Experimentieren. Anhand von Online-Experimenten wird getestet, welche Versionen bzw. Produkteigenschaften Mehrwert bieten. Zwei Versionen desselben Produkts (oder z.B. einer Website), mit lediglich einem Unterschied, werden online präsentiert. Nach dem Zufallsprinzip wird Kunden entweder Version A oder Version B gezeigt und aus der Reaktion (z.B. Kauf oder Like) kann geschlossen werden, ob die entsprechende Produkteigenschaft oder Eigenschaft der Website zur mehr Käufen, Likes o.Ä. führt. Das lässt sehr schnelle und sehr effiziente Tests zu. Unternehmen wie Microsoft, Amazon, Facebook, Booking.com und Google führen pro Jahr zehntausende solcher Experimente durch.[184]

182 *Bailom* et al., 2007.
183 *Blank*, 2013., S. 65.
184 *Kohavi* & *Thomke*, 2017.

Produkteinführung

Die Produkteinführungsphase ist meist die kostenintensivste Phase. Die Markteinführung eines neuen Konsumgutes im US-Markt kann leicht bis zu € 100 Millionen für Werbung, Promotion und andere Kommunikationsinitiativen im ersten Jahr kosten und Marketingausgaben für neue Lebensmittel können bis zu 60 Prozent des Umsatzes im ersten Jahr ausmachen.[185]

Deshalb ist das Timing in dieser Phase besonders wichtig. Als erster im Markt kann ein Unternehmen vom sogenannten First Mover Advantage profitieren, z.B. durch das Besetzen des attraktivsten Kundensegments, durch Beziehungen zu den Schlüssellieferanten und -händlern, durch das Gewinnen von Marktanteilen und durch Vorteile durch Economies of Scale. Als Nachfolger kann ein Unternehmen von den Fehlern der First Mover lernen und durch Trittbrettfahren profitieren. Eine weitere kritische Frage ist die interne Kannibalisierung. Wenn eine neue Produktgeneration eingeführt wird, kann diese die alten Produkte ersetzen, ohne zu mehr Umsatz oder Gewinn zu führen.

Tabelle 28 fasst die Phasen der Neuprodukt-Entwicklung zusammen und bietet einen Überblick über Herausforderungen, die es in der jeweiligen Phase zu adressieren gilt.

Phase	Aufgabe	Herausforderung
1. Ideen-generierung	Diese Phase hat das Ziel, möglichst viele vielversprechende Ideen für ein neues Produkt oder einen neuen Service zu sammeln. Startpunkt dafür sind unerfüllte Kundenwünsche.	• Generierung möglichst vieler guter Ideen • Kreativität freisetzen • Verwendung aller interner und externer Quellen für neue Produktideen (Kunden, Lieferanten, Händler, Technologie, F&E, Marketing etc.)
2. Ideen-auswahl	In der Ideenauswahlphase werden die Ideen eliminiert, die keine weiteren Ressourcen oder keine weitere Aufmerksamkeit verdienen. Nur die vielversprechendsten Ideen werden für die nächste Phase ausgewählt.	Identifizierung von Ideen: • die Kundenwert kreieren (unerfüllte Bedürfnisse ansprechen) • für die es einen Markt gibt (Größe und Wachstum) • die profitabel produziert und vermarktet werden können (Wettbewerbssituation) • die mit der Vision und Strategie des Unternehmens übereinstimmen
3. Konzept-entwicklung und -test	Entwicklung der Marketing- und Konstruktionsdetails	Spezifizierung von: • Zielmarkt und Produktpositionierung • Produkteigenschaften • Unique selling proposition • Machbarkeit • Produktions- und Marketingkosten • Tests, um Ideen mit Kunden, Händlern, Experten usw. zu testen

185 *Kotler & Keller*, 2009.

Phase	Aufgabe	Herausforderung
4. Business case	Erstellen eines Businessplans, Schätzung des Ressourcenbedarfs und der Rentabilität	Festsetzung von: • Verkaufspreis • Kosten • Absatzmenge • Break-even und Rentabilität
5. Prototypen und Markttests	Entwicklung von physischen Prototypen und Tests in typischen Gebrauchssituationen	Feedback bekommen bezüglich • Marktakzeptanz • Notwendige Veränderungen und Anpassungen • Eignung des Marketingkonzepts (in einem Testmarkt) Überarbeitung von: • Produkt und • Marketingkampagne
6. Produkteinführung	Einführung des Produkts und Start der Marketingkampagne	Marketingkampagne durchführen, flexibel auf Kundenänderungen sowie Marktbedingungen und -anforderungen reagieren

Tabelle 28: Phasen der Neu-Produktentwicklung

6.2.7. Disruptive vs. Evolutionäre Innovation

Am 10. Juli 1902 lief die Thomas W. Lawson vom Stapel. Sie war eine Meisterleistung der Segelbauschiffskunst, das größte je gebaute Segelschiff ohne Hilfsantrieb mit sieben Masten. Mit ihren 25 Segeln erreichte sie eine Geschwindigkeit von 14 Knoten und ihre maximale Ladekapazität betrug 11.000 Standardtonnen. Bei ihrer ersten Atlantiküberquerung kenterte das Schiff. Doch damit ging nicht nur ein Schiff, sondern eine ganze Branche unter. Das Segelschiff wurde vom Dampfschiff abgelöst. Kein einziger Hersteller von Segelschiffen für die Ozeanschifffahrt meisterte diesen Technologiesprung, obgleich sich der Aufstieg des Dampfschiffs über Jahrzehnte abgezeichnet hatte. Zahllose erfolgreiche Unternehmen in unterschiedlichsten Branchen geht es ähnlich, sie überleben einen disruptiven Technologiewechsel nicht.[186]

Das Problem der Segelschiffbauer war nicht die neue Technologie an sich. Das Problem lag darin, dass die Hersteller von Segelschiffen auf ihre Kunden, die Reedereien hörten. Lange Zeit waren Dampfschiffe den Segelschiffen technisch unterlegen: Die Kosten pro zurückgelegter Meile waren höher, die Schiffe waren langsamer, unzuverlässiger und galten für die Ozeanfahrten als ungeeignet. Die Segelschiffhersteller ignorierten daher zunächst die neue Technologie und konzentrierten sich auf die Weiterentwicklung des Segelschiffs – und damit auf den weit größeren und attraktiveren Markt. Aber die Dampfschiffe konnten in einem anderen Markt Fuß fassen: in der Binnenschifffahrt. Hier galten andere Leistungsmaßstäbe. Es ging darum, gegen den Wind und auch bei Windstille zu fahren. Hier waren Dampfschiffe den Segelschiffen überlegen. Schritt für Schritt verbesserte sich auch die Leistungsfähigkeit der neuen Technologie. Bald waren Dampfschiffe genauso zuverlässig und schnell wie Segelschiffe.

186 Dieser Abschnitt basiert auf *Christensen, Matzler, & Friedrich von den Eichen*, 2011.

Die Segelschiffhersteller hatten lange gewartet, bis das Dampfschiff „gut genug" für ihre Kunden war. Doch zu diesem zu diesem Zeitpunkt war es für einen Umstieg auf die neue Technologie bereits zu spät. Der Markt war durch Neueinsteiger schon lange besetzt[187].

Die Thomas W. Lawson steht für **evolutionäre Innovation**, die – entweder auf inkrementelle oder radikale Art – darauf abzielt, Bestehendes zu verbessern. Märkte, Kunden und Leistungsparameter sind hier bekannt. Das Dampfschiff indes steht für **disruptive Innovation**. Abbildung 74 zeigt die Entwicklung evolutionärer und disruptiver Innovationen.

Disruptive Technologien haben zunächst klare Nachteile hinsichtlich der Qualitätsanforderungen im etablierten Markt. Sie haben aber andere Vorteile, die vorerst nur in einem kleinen, für die etablierten Unternehmen uninteressanten Nischenmarkt relevant sind. Disruptive Technologien werden daher in der Regel von neu eintretenden Unternehmen eingeführt, die diese dann Schritt für Schritt verbessern. Sobald sie eine Leistungsfähigkeit entwickelt haben, die die Mindestanforderungen im Markt erfüllen oder gar die etablierte Technologie erreichen, beginnen sie diese rasch zu substituieren. Nun zählen die Vorteile der neuen Technologie.[188]

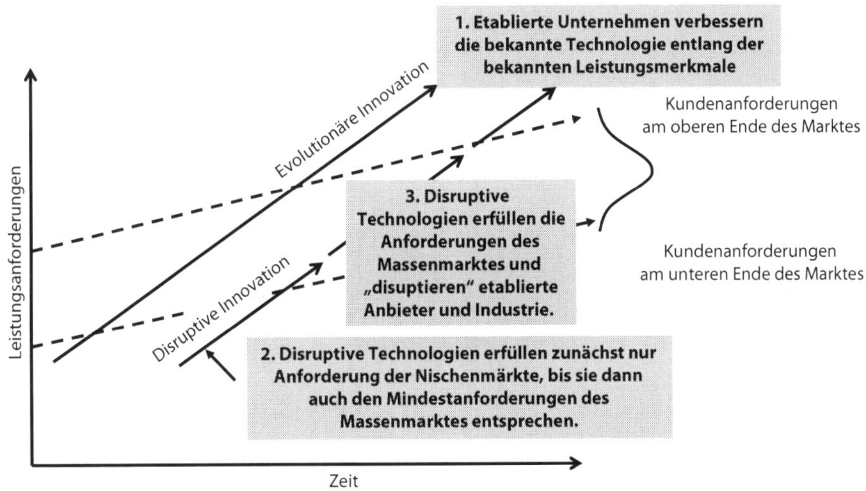

Abbildung 74: Disruptive versus evolutionäre Technologien (Quelle: *Christensen* et al., 2011)

Dieses Muster ist erstaunlich konsistent und findet sich in zahlreichen Branchen wieder, z.B. in der Musikindustrie, bei den Low-cost Airlines, bei den Digitalkameras und vielen mehr (Tabelle 29). In all diesen Branchen entstanden neue Technologien und Produkte, die zunächst den etablierten unterlegen waren: mp3 war den CDs in der Tonqualität lange Zeit weit unterlegen, die Bildqualität der Digitalkameras war zu Beginn erbärmlich und ein Service bei Low-cost Airlines ist praktisch nicht vorhanden. Es existierten zu Beginn nur kleine Nischen, in denen diese Innovationen Erfolg hatten – für die etablierten Branchenführer uninteressant. Daher wurden sie lange Zeit ignoriert. Zu lange – in den

187 *Christensen* et al., 2011.
188 *Christensen*, 1997; *Christensen, McDonald, Altman* & *Palmer*, 2016.

meisten Fällen. Als mp3 eine ausreichende Tonqualität hatte, war die CD, auf die die großen Musiklabels gesetzt hatten, nicht mehr konkurrenzfähig. Die analoge Filmkamera war unverkäuflich, sobald die Digitaltechnologie ausreichend Megapixel hervorbrachte.

Etablierte Technologie	Disruptive Technologie
Segelschiff	Dampfschiff
Seilbagger	Hydraulikbagger
Integrierte Stahlwerke	Elektrostahlwerke – „Minimills“
5 1/4-Zoll-Festplattenlaufwerke	3,5-Zoll-Festplattenlaufwerke
Kaufhäuser	Diskonthändler
Mechanische Uhr	Quarzuhr
Tintenstrahldrucker	Laserdrucker
Enzyklopädie	Wikipedia
Festnetztelefonie	Mobiltelefonie
Filmkamera	Digitalkamera
Klassische Fluglinie	Low-cost Airline
Musik-CD	mp3
Print-Zeitungen	Elektronische Zeitungen
Reisebüro	Online-Buchungssysteme
Installierte Software	Software-as-a-Service
Stationärer Handel, Kataloghandel	Online-Handel
Universalbanken	Direktbanken
Verbrennungsmotor	Elektroauto
Telefon	Voice over IP
Offsetdruck	Digitaldruck
Notebook	iPad
Gedrucktes Buch	E-Book

Tabelle 29: Beispiele für disruptive Innovationen[189]

Etablierte Unternehmen ignorieren disruptive Technologien zunächst, weil …

- diese nur für kleine, unattraktive Nischenmärkte interessant sind,
- ihr Marktpotenzial schwierig einzuschätzen ist,
- etablierte Unternehmen risikoavers sind,
- disruptive Technologien zunächst nicht den bekannten Leistungsanforderungen entsprechen,
- der Nischenmarkt nicht genug Gewinnpotenzial bietet,
- die neue Technologie die existierende Technologie kannibalisiert.

189 *Bailom, Matzler, & Tschemernjak*, 2013, *Christensen* et al., 2011.

Bei evolutionären Innovationen sind Kundenorientierung, Weiterentwicklung der bestehenden Technologie, Ertrags- und Wachstumsorientierung zentrale Erfolgsfaktoren. Doch gerade diese Faktoren hindern Branchenführer daran, disruptive Innovationen zu erkennen und zu realisieren. Um diese Probleme zu vermeiden und auch bei disruptiven Technologien erfolgreich zu sein, sollten führende Unternehmen Folgendes berücksichtigen:[190]

- Schaffung einer unabhängigen Organisationseinheit – weit entfernt von der Mutterorganisation, die vollkommene Verantwortung für die Einführung und Vermarktung der disruptiven Technologie hat.
- Diese Organisationseinheit muss klein genug sein, dass man sich auch für kleine Erfolge begeistert – kleine Märkte stillen nicht den Wachstumshunger großer Unternehmen.
- Diese Organisationseinheit braucht eine eigene Kultur, eigene Ressourcen und eigene KPIs (Key Performance Indicators), sie darf nicht gegen die Hauptorganisation um Ressourcen kämpfen.
- Zunächst sollte nicht auf den Massenmarkt abgezielt werden – lange Zeit ist die disruptive Innovation nicht gut genug.
- Die wichtigsten Kunden im Massemarkt sollten ignoriert werden – sie sind lange Zeit nicht bereit, auf die neue Technologie umzusteigen.
- „First-Mover Advantage" ist zentral wichtig.
- Marktprognosen und Planungen sollten ignoriert werden, da diese sehr lange sehr schwierig einzuschätzen sind, besser „Trial and Error".

Was für etablierten Unternehmen eine Gefahr darstellt, ist für die Neueinsteiger die Chance.[191] Tabelle 30 fasst dies zusammen.

Die Gefahr für etablierte Unternehmen	Chancen für Neueinsteiger
• Technologien entwickeln sich schneller als Marktbedürfnisse. • Etablierte Unternehmen neigen zu „Overengineering". • Es entsteht ein Marktvakuum für einfache, komfortable Produkte. • Disruptive Innovationen sind einfacher, meist billiger, komfortabler. • Sie erfüllen nicht die Qualitätsanforderungen des Premiummarktes etablierter Hersteller und sie sind zunächst nur für ein kleines, unattraktives Marktsegment interessant. • Ihre Weiterentwicklung führt dazu, dass sie bald die Mindestanforderungen im Massenmarkt erfüllen. • Etablierte Unternehmen nehmen eine Position des Wartens ein, bis es zu spät ist!	• Identifiziere das Marktvakuum, das Branchenführer durch „Overengineering" schaffen! • Finde die „Nicht-Käufer" in diesem Markt, für die die „overengineerten" Produkte zu teuer, zu kompliziert und überdimensioniert sind! • Finde die speziellen Kundenanforderungen in dieser Nische und erfülle sie! • Investiere frühzeitig in diese kleine Nische, für die Großen ist sie uninteressant! • Verbessere laufend die Technologie! • Erkenne rechtzeitig, wann die disruptive Innovation die Mindestanforderungen im Massenmarkt erfüllt, und greife von unten an! • Die Großen nehmen dich nicht ernst, sie nehmen eine Position des Wartens ein – bis es zu spät ist!

Tabelle 30: Disruptive Innovation als Gefahr für Etablierte und Chance für Neueinsteiger[192]

190 *Christensen* et al., 2011.
191 *Matzler, Mooradian, Füller* & *Anschober*, 2014.
192 *Matzler, Mooradian, Füller* & *Anschober*, 2014.

6.3. Blue Ocean Strategy

In gesättigten Märkten können Unternehmen nur auf Kosten der Konkurrenz wachsen. Es entwickeln sich daher oft erbitterte Preis- oder Differenzierungswettbewerbe. Nur wer ein besseres Preis-Leistungs-Verhältnis als die Konkurrenz anbieten kann, hat Aussichten auf erfolgreiche Verteidigung der Marktposition oder auf Wachstum. *Kim* und *Mauborgne*[193] bezeichnen solche Märkte als „Red Oceans", in denen nur auf Kosten anderer Erfolg erreicht werden kann. „Red Oceans" stehen für Wasser, das aufgrund von harten Kämpfen im Verdrängungswettbewerb durch Blut (oder „rote" Zahlen) rotgefärbt wird. „Blue Oceans" sind hingegen neue Märkte, die Unternehmen schaffen und in denen sie (zunächst) konkurrenzlos wachsen können.

Beispiele für „Blue Oceans"-Strategien sind Nespresso (Espresso-Genuss für zuhause), Low-cost Airlines (etwa 50 Prozent der Kunden würden zu herkömmlichen Preisen nicht fliegen) oder Starbucks (Cafés als Lifestyle). Weiters bietet die fortschreitende Digitalisierung Unternehmen zahlreiche Möglichkeiten, neue „Blue Oceans" zu kreieren z.B. Car-Sharing-Plattformen (viele Nutzer wollen kein Auto kaufen und besitzen), AirBnB (Urlaub zuhause) oder Streaming-Plattformen wie Netflix. Tabelle 31 zeigt einen Überblick über Strategien in „Red Oceans" und „Blue Oceans".

	„Red Ocean"-Strategie	**„Blue Ocean"-Strategie**
Annahmen	Branchenstruktur und Spielregeln sind gegeben. Erfolgreich ist, wer sich am besten anpasst.	Branchenstruktur und Spielregeln können geändert werden. Erfolgreich ist, wem es am besten gelingt, Spielregeln zu verändern.
Wettbewerb	Der Wettbewerb spielt sich innerhalb eines existierenden Marktes gegen etablierte Unternehmen ab.	Ein neuer, konkurrenzloser Markt wird geschaffen.
Orientierung	Ziel ist es, die Konkurrenz durch ein besseres Preis-Leistungs-Verhältnis zu schlagen; Wettbewerb um bestehende Kunden.	Ziel ist es, neue Märkte und neue Produkte bzw. Dienstleistungen für neue Märkte zu entwickeln.
Kompetenzen und Fähigkeiten	Wettbewerbsvorteile durch Nutzung und Weiterentwicklung von Kernkompetenzen und Fähigkeiten schaffen	Nicht bestehende Kompetenzen und Fähigkeiten sind Ausgangspunkt der Strategie, sondern die Frage: „Was bräuchten wir, wenn wir in diesem neuen Markt vollkommen neu beginnen würden?"
Strategie	Kostenführerschaft oder Differenzierung	Neue Wertangebote durch Kostenführerschaft *und* Differenzierung

Tabelle 31: „Red Ocean"- vs. „Blue Ocean"-Strategien[194]

In der Entwicklung von „Blue Ocean"-Strategien geht man nach *Kim* und *Mauborgne* in drei Schritten vor:[195]

193 *Kim & Mauborgne*, 2004.
194 *Kim & Mauborgne*, 1999. *Kim & Mauborgne*, 2004.
195 *Kim & Mauborgne*, 2005.

(1) Ermittlung der kritischen Erfolgsfaktoren in der Branche
(2) Erstellung der Wertekurve in der Branche
(3) Entwicklung eines neuen Geschäftsmodells

(1) Ermittlung der kritischen Erfolgsfaktoren für einen „Blue Ocean"

Kritische Erfolgsfaktoren sind jene Faktoren, die über den Erfolg in einer Branche entscheiden, weil sie entweder die Grundlage für bessere Produkte oder Dienstleistungen sind (Differenzierungsvorteile) oder weil sie zu Kostenvorteilen führen. Der Wettbewerb wird über diese Erfolgsfaktoren ausgetragen, Unternehmen investieren in diese Faktoren, da sie sich davon Wettbewerbsvorteile erwarten.

Ein Beispiel zeigt den Streaming-Dienst **Netflix** im direkten Vergleich mit traditionellen Anbietern von Kabelfernsehen. Kritische Erfolgsfaktoren für einen Anbieter von Filmen sind unter anderem: Preis, Anzahl und Dauer von Werbeunterbrechungen, Komplexität von technischen Anforderungen und Installation, Übertragung von Live Events, technischer Service, Nachrichten- und Informationsservices, Ortsunabhängigkeit des Angebots, Fülle und Qualität des Angebots, Flexibilität in Auswahl und Zeit, personalisierte Empfehlungen, Kindersicherung des Angebots usw.

(2) Erstellung der Wertekurve in der Branche

Im zweiten Schritt wird eine sogenannte „Wertekurve" erstellt. Die Wertekurve stellt dar, wie die Leistungsangebote der etablierten Unternehmen entlang dieser kritischen Erfolgsfaktoren ausgeprägt sind. Es wird beispielsweise bewertet (meist aus Sicht des Kunden), wie gut der Service ist, das Streckenangebot, das Angebot an Anschlussflügen usw. Die strichlierte Linie in Abbildung 75 zeigt das Beispiel einer Wertekurve für einen klassischen Anbieter von Kabelfernsehen mit einem traditionellen Programm, das typischerweise ein breites Spektrum von Nachrichtensendungen, Sportberichterstattungen, Kinder- und Unterhaltungssendungen, Filme und Werbeblöcke umfasst. Dieses Programm wird standardisiert für alle Zuseher nach einem festgesetzten Tagesprogramm gezeigt. Dem breiten Angebot stehen oft lange Werbeblöcke, relativ hohe Preise und keine Flexibilität gegenüber. Die blaue, durchgehende Kurve hingegen zeigt die Wertekurve für Netflix.

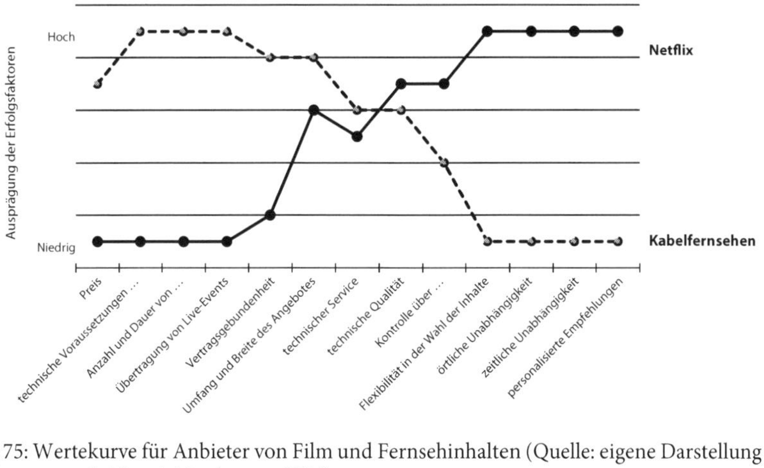

Abbildung 75: Wertekurve für Anbieter von Film und Fernsehinhalten (Quelle: eigene Darstellung basierend auf dem Konzept nach *Kim & Mauborgne*, 2004)

(3) Entwicklung eines neuen Geschäftsmodells für einen „Blue Ocean"

Will man Konkurrenten in einem bestehenden Markt schlagen, dann hat man keine andere Wahl, als bei den kritischen Erfolgsfaktoren besser zu sein. Das führt zu einem harten Wettbewerb zwischen etablierten Unternehmen. Alternativ können Unternehmen versuchen, diesem Wettbewerb zu entfliehen, indem sie selbst einen neuen Markt schaffen.

Netflix, einer der erfolgreichsten digitalen Streaming-Dienste, ist ein Beispiel dafür. Zunächst als Online-Videothek gestartet, stieg Netflix 2007 ins Video-On-Demand-Geschäft ein und machte Inhalte per Streaming für Abonnenten zugänglich. Datenübertragungskosten und Internetkosten machten ab diesem Zeitraum den Download von Filmen für den Massenmarkt erschwinglich. Von Beginn an baute Netflix den Erfolg seines „subscription models" auf seiner digitalen Plattform und speziell seinem Algorithmus auf. Durch Sammlung von Kundendaten kann Netflix seinen Kunden zielgerichtet Empfehlungen basierend auf ihrem früheren Konsumverhalten und angepasst an ihre individuellen Präferenzen geben. Gleichzeitig wurde die Streaming-Technologie fortlaufend optimiert, um die technische Qualität der Inhalte zu maximieren. Zudem produziert, lizensiert und kauft Netflix originale Exklusivinhalte, um sein breites Angebot an Fernsehinhalten, Serien, Filmen und Shows gegenüber traditionellen Anbietern weiter auszudehnen. Netflix bietet damit ein individualisiertes, zeitlich und örtlich unabhängiges und flexibel wählbares Angebot.

Um einen neuen Markt mit einem neuen Geschäftsmodell bedienen zu können, sind vier Fragen zu beantworten:

(1) **Eliminierung**: Auf welche Erfolgsfaktoren können wir vollkommen verzichten, weil sie für die Kunden im neuen Markt keine Rolle spielen? Bei Netflix wurden beispielsweise Werbeblöcke und langfristige Verträge ohne Ausstiegsmöglichkeiten eliminiert. Gleichzeitig wird auf das Übertragen von Live Events verzichtet. Durch das Wegfallen dieser Faktoren wurde einerseits signifikant mehr Kundennutzen geschaffen und wurden andererseits auch Kosten reduziert, da der Ankauf von teuren Übertragungsrechte wegfällt.

(2) **Reduzierung**: Die Installation bzw. die technischen Anforderungen an die Inbetriebnahme sind auf wesentlich niedrigerem Niveau als bei einem Kabelanbieter, und auch der Preis ist typischerweise geringer.

(3) **Steigerung**: Welche Elemente müssen wir über den Branchenstandard heben, damit wir für diese Kunden attraktiv werden? Netflix bietet größere Möglichkeiten, die gezeigten und konsumierten Inhalte zu kontrollieren und somit auch eine kindergerechte Auswahl von Fernsehinhalten zu garantieren. Des Weiteren bietet Netflix seinen Nutzern exklusiven Zugang zu selbstproduzierten Filmen und Shows in höchstauflösender Qualität.

(4) **Neue Leistungen**: Welche bisher nichtexistierenden Leistungen müssen wir anbieten, um in diesem Markt erfolgreich zu sein? Netflix ermöglicht seinen Nutzern zeit- und ortsunabhängig nach eigenen Präferenzen Inhalte zu konsumieren. Zudem profitiert der Nutzer von personalisierten Empfehlungen aufgrund von Konsumverhalten und Präferenzen.

Abbildung 75 (durchgezogene Linie) zeigt die Wertekurve für Netflix. Da hinter dieser Wertekurve ein vollkommen neues Geschäftsmodell steht, ist es in der Regel für etablierte Unternehmen im etablierten Markt kaum möglich, in diesen „Blue Ocean" einzutreten. Dies erfordert ganz neue Strategien und Erfolgsfaktoren, die mit den bestehenden nicht kompatibel sind.[196]

6.4. Open Strategy

6.4.1. Closed Strategy: Schwierigkeiten von geschlossenen Strategieprozessen

Traditionell wird der Strategieentwicklungsprozess als exklusive Domäne von Top-Managern und Vorständen gesehen. In dieser klassischen Sicht- und Herangehensweise werden Strategien hinter verschlossenen Türen in Vorstandszimmern entwickelt. Oberste Priorität ist die strenge Geheimhaltung, um Informationsverlust gegenüber Konkurrenten zu vermeiden und damit mögliche Wettbewerbsvorteile zu verlieren.[197] Die formulierte Strategie wird dem mittleren Management vermittelt, das wiederum die Strategie in den einzelnen Strategischen Geschäftseinheiten kommuniziert. Dort ist es Aufgabe der Mitarbeiterinnen und Mitarbeiter, die von oben kommunizierte Strategie entsprechend umzusetzen.

In einem Unternehmensumfeld, das durch disruptive Veränderungen und technologischen Wandel geprägt ist, ist diese Herangehensweise nur noch eingeschränkt erfolgreich. Exponentielle Technologieentwicklung und immer kürzere Produktlebenszyklen machen das Unternehmensumfeld volatiler und komplexer. Einzelnen Personen und kleinen, homogenen Teams fällt es immer schwerer, auf diese Entwicklungen entsprechend zu reagieren und zukünftige Trends zu antizipieren. Zudem scheitern 50 % bis 90 % der strategischen Initiativen in der Umsetzung aufgrund fehlender Unterstützung und mangelndem Commitment aufseiten der Mitarbeiterinnen und Mitarbeiter.[198] Diesen fehlt das Verständnis für die von oben herab kommunizierten Strategien, sie können sich nicht damit identifizieren und fühlen sich nicht verantwortlich.[199]

Vorstände und Managementteams von Unternehmen sind häufig charakterisiert durch ähnliche Erfahrungen, Ausbildung und Hintergründe. Dies kann zu Gruppendenken und Voreingenommenheit bei Entscheidungen führen:[200]

- **Isomorphismus (Gruppenverhalten):** Personen tendieren dazu, ihr Verhalten unbewusst an jene Menschen anzupassen, mit denen sie sich häufig umgeben und interagieren. Das ähnliche Unternehmensumfeld und jahrelange Erfahrung in einem Bereich machen Organisationen, Manager und ihre Entscheidungen immer ähnlicher.
- **Mangel an kombinatorischem Wissen und Lösungen:** Um Probleme lösen zu können, sind Kombinationen aus verschiedensten Wissensfeldern notwendig, es sind unterschiedlichste Perspektiven, verschiedenartiges Wissen und diverse Informatio-

196 Siehe auch *Christensen* et al., 2011.
197 *Ansoff*, 1965; *Chandler*, 1962.
198 *Cândido* & *Santos*, 2015.
199 *Mintzberg*, 1990.
200 *Stadler, Hautz, Matzler* & *Friedrich von den Eichen*, 2021.

nen erforderlich, oft aus Bereichen und Industrien, die auf den ersten Blick nicht mit der des Unternehmens in Zusammenhang stehen.[201]

- **Wissensverteilung:** Früher wurde relevante Information an der Spitze des Unternehmens gesammelt und nur hier zugänglich gemacht, heute ist Wissen – auch durch digitale Technologien – viel stärker verteilt und allgemein zugänglich.

Mehrere bekannte Unternehmen sind an diesen Herausforderungen der traditionellen Strategiearbeit gescheitert: Rund um die Jahrtausendwende war der finnische Telekommunikationskonzern Nokia noch Marktführer am Handymarkt. Doch obwohl Nokia bereits 1996 die erste Smartphone-Technologie entwickelte, konnte das Unternehmen der weltweiten Marktführerschaft von Apple und Samsung im Bereich der digitalen Smartphones in den 2000er Jahren nichts entgegensetzen. Für den Vorstand von Nokia war Priorität, die Marktführerschaft bei traditionellen Handys unter allen Umständen zu halten. Das Potenzial der neuen Technologie wurde unterschätzt. Die vorherrschenden Annahmen und Anschauungen der Entscheidungsträger ließen es nicht zu, vom etablierten Geschäftsmodell abzuweichen.[202]

6.4.2. Open Strategy – Öffnung von Strategieprozessen

Immer mehr Unternehmen reagieren auf diese Herausforderungen und Schwierigkeiten und öffnen ihre Strategieprozesse für unterschiedlichste interne und unternehmensexterne Akteure.[203] Dieses neue Phänomen in der Strategiearbeit wird als „Open Strategy“ bezeichnet.[204]

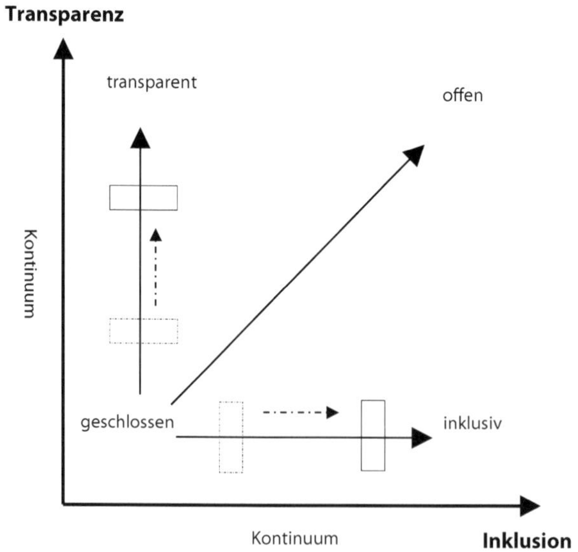

Abbildung 76: Dimensionen von Open Strategy (Quelle: *Hautz, Seidl* & *Whittington*, 2017)

201 *Jeppesen* & *Lakhani*, 2010.
202 *O'Connor*, 2017; *Stadler* et al., 2021; *Vuori* & *Huy*, 2016.
203 *Stadler* et al., 2021.
204 *Whittington, Cailluet* & *Yakis-Douglas*, 2011.

Open Strategy – Definition

„Open Strategy" ist definiert als ein Bündel von Managementpraktiken, die drauf abzielen, den Strategieprozess transparenter zu machen und mehr interne, aber auch externe Akteure in den Prozess miteinzubeziehen.[205] Das Konzept baut, wie in Abbildung 76 ersichtlich, auf zwei zentralen Dimensionen auf: Transparenz und Inklusion. **Transparenz** beschreibt die größere Sichtbarkeit von strategischen Informationen bzw. einer strategischer Initiative innerhalb, aber auch außerhalb des Unternehmens, z.B. durch Management Blogs, Live Streams, Town Halls. **Inklusion** betrifft das Sammeln und Einbeziehen von Information, Wissen und Perspektiven einer größeren Anzahl sehr unterschiedlicher Personen über Unternehmensfunktionen, -abteilungen und -grenzen hinweg. Dies erfolgt häufig mit Unterstützung von digitalen Technologien in Online Communities, Crowdsourcing Contests, sozialen Netzwerken oder Wikis.

Barclays, die drittgrößte Bank in Großbritannien, initiierte beispielsweise mehrere Workshops mit Mitarbeiterinnen und Mitarbeitern unterschiedlichster Bereiche, die sich mit der zukünftigen Strategie des Unternehmens als Antwort auf digitale Herausforderungen auseinandersetzen sollten. Die daraus resultierenden Ideen wurden in einem „Strategy Jam" weiter spezifiziert. Über eine digitale Plattform wurden alle 30.000 Mitarbeiterinnen und Mitarbeiter eingeladen, sich an einer moderierten Online-Diskussion zu beteiligen. Dies führte nicht nur zur Identifikation von relevanten Themen, sondern auch dazu, dass sich alle stärker mit den entwickelten Strategien auseinandersetzten und ein besseres Verständnis dafür entwickelten. Die Umsetzung der final daraus entwickelten Strategie erfolgte sehr erfolgreich und rasch, da keine langwierige Kommunikations- und Überzeugungsarbeit notwendig war.[206]

Auch **Ericsson**, der schwedische Mobilfunk- und Telekommunikationskonzern, nutzt eine Online-Community-Plattform, in der sich Mitarbeiterinnen und Mitarbeiter aus Interesse freiwillig mit strategischen Fragestellungen und der Zukunft der Industrie und des Unternehmens auseinandersetzen.[207] **Telefónica**, das spanische Telekomunternehmen mit mehr als 125.000 Mitarbeiterinnen und Mitarbeitern, setzt stark auf ein „Employee Social Network", nicht nur um Wissen unter Mitarbeitern auszutauschen, sondern auch, um jährliche Management Meetings und Global Strategy Summits zu öffnen, diese transparenter zu gestalten und über Live Streams und Live-Commenting-Funktionen Mitarbeiterinnen und Mitarbeitern die Möglichkeit zu geben, mitzudiskutieren und teilzuhaben. Mehr als 95.000 Mitarbeiterinnen und Mitarbeiter bei Telefónica nutzen dieses soziale Netzwerk sehr aktiv. Die Konsequenz ist eine hohe Mitarbeitermotivation und großes Engagement in der Umsetzung von Strategien.[208]

205 *Hautz, Seidl* & *Whittington*, 2017.
206 *Stadler* et al., 2021.
207 *Plotnikova, Pandza* & *Sales-Cavalcante*, 2020; *Stadler* et al., 2021.
208 *Stadler* et al., 2021.

Vorteile von Open Strategy

Unternehmen haben unterschiedliche Beweggründe dafür, den Strategieprozess zu öffnen:[209]

- **Verbesserte Qualität der Strategie:** Sammeln von neuen, unkonventionellen, radikalen und bahnbrechenden Ideen für die strategische Ausrichtung des Unternehmens; strategische Initiativen berücksichtigen; die sich ändernden Bedingungen des Unternehmensumfelds und des Marktes besser erkennen; frühzeitiges Identifizieren von Trends und schnellere Reaktion darauf
- **Verbesserte Umsetzung:** breitere Unterstützung, gemeinsames Verständnis, stärkeres Commitment und eine effektivere Umsetzung durch Einbeziehen der Mitarbeiterinnen und Mitarbeiter
- **Legitimation und Transparenz:** Strategieentwicklung wird für die Öffentlichkeit, beispielsweise Kunden, transparenter und besser verständlich gemacht und damit die externe Akzeptanz erhöht.

Open Strategy – Praktiken

Die Öffnung des Strategieprozesses ist keine dichotome Ja/nein-Entscheidung. Die Dimensionen „Transparenz" und „Inklusion" repräsentieren ein Kontinuum. Eine Öffnung kann unterschiedliche Ausprägungen haben und in unterschiedlichem Ausmaß durch unterschiedlichste Praktiken erfolgen und hängt von vielen Begleitfaktoren ab.[210] Unternehmen wählen unterschiedliche Wege, um mehr heterogene Akteure in den Strategieprozess miteinzubeziehen.

Es kann hierbei zwischen analogen und digitalen Praktiken unterschieden werden. Die große Mehrheit bedient sich digitaler Technologien wie Wikis, Jams, Blogs, Online Contests oder Communities, aber auch analoge Herangehensweisen wie unterschiedlichste Typen von Workshops werden genutzt.[211] Während analoge Praktiken es erfordern, jeden Akteur aufgrund spezifischer Charakteristika zu identifizieren, einzuladen und von der Teilnahme zu überzeugen, ermöglichen digitale Technologien „open calls" an eine breite Masse. Die Akteure entscheiden selbst, ob sie teilnehmen wollen. Diese Selbstselektion verringert die Schwierigkeit, das notwendige Wissen zu identifizieren. Digitale Technologien erlauben es darüber hinaus, eine große Anzahl von Personen einfach, schnell und kostengünstig zu erreichen und deren Beiträge mit nur geringem Aufwand zu koordinieren.[212]

Strategieprozesse können innerhalb von Unternehmen über Bereichsgrenzen, Abteilungen, Regionen und Hierarchien hinweg geöffnet werden. Mitarbeiterinnen und Mitarbeiter sind heterogener und diverser als kleine Managementteams, aber sie kennen das Unternehmen sowie die Fähigkeiten, Praktiken und Prozesse im Unternehmen sehr gut. Eine Öffnung über Unternehmensgrenzen hinweg durch Einbeziehung von externen Personen und Gruppen ermöglicht die Berücksichtigung sehr vieler, unterschiedlicher

---

209 *Seidl, von Krogh* & *Whittington*, 2019.
210 *Hautz, Seidl* & *Whittington*, 2017.
211 *Hautz, Matzler, Sutter, Hutter* & *Füller*, 2019.
212 *Stieger, Matzler, Chatterjee* & *Ladstaetter-Fussenegger*, 2012.

Perspektiven. Externe Akteure sind unabhängig von politischen Prozessen und sozialem Druck, der innerhalb von Unternehmen oft herrscht, und stehen in keiner finanziellen Abhängigkeit. Externe bieten daher oft radikalere Lösungen und Ideen, allerdings wird es auch schwieriger, ein gemeinsames Verständnis und eine gemeinsame Herangehensweise für eine Situation zu entwickeln.[213]

Open Strategy – Phasen

Die Öffnung kann unterschiedliche Aufgabenstellung und damit unterschiedliche Phasen des Strategieprozesses betreffen:[214]

- Identifizierung zukünftiger Trends, zukünftige strategische Ausrichtungen, Identifizierung neuer Geschäftsfelder
- Auswahl strategischer Alternativen, Formulierung von Geschäftsmodellen
- Umsetzung und Realisierung von Strategien

Risiken von Open Strategy

Eine offene Strategieentwicklung kann auch zusätzliche Kosten oder Ineffizienz verursachen durch[215]

- **Höhere Komplexität:** Die Inklusion vieler Individuen mit unterschiedlichen Perspektiven kann den Prozess selbst schwieriger und langsamer machen.
- **Kontrollverlust:** Die Ergebnisse eines solchen Prozesses sind weniger steuer- und beinflussbar durch das Management. Sind bestimmte Themen und Ideen einmal angesprochen, kann Nichtbeachtung negative Konsequenzen haben.
- **Verantwortung gegenüber den Teilnehmern**: Bittet man Personen um Zeit, Engagement und Beiträge, müssen diese auch entsprechend honoriert und berücksichtigt werden. Fehlendes Honorieren oder Nicht-Berücksichtigung kann sich negativ auswirken und Enttäuschung, Frustration, Demotivation und Konflikt unter beteiligten Personen auslösen.
- **Top-Management Commitment:** Das Top-Management muss aktiv und bewusst die Öffnung des Strategieprozesses unterstützen und danach handeln.

213 *Hautz* et al., 2019.
214 *Hautz*, 2017.
215 *Hautz, Seidl* & *Whittington*, 2017; *Stadler* et al., 2021.

7. Strategieumsetzung und Umsetzungskontrolle

Nachdem Strategien formuliert und implementiert wurden, wird deren Umsetzung mittels einer Umsetzungskontrolle überwacht. Dabei zählen aber nicht nur einzelne Kennzahlen zu geeigneten Kontrollinstrumenten, sondern auch ganzheitliche Konzepte, wie die Balanced Scorecard.

7.1. Die Balanced Scorecard

Ein Unternehmen rein nach finanziellen Kennzahlen zu führen, ist vergleichbar mit dem Fahren von 100 km/h auf einer Autobahn, nur mit Hilfe des Rückspiegels. Denn finanzielle Kennzahlen sind auf die Vergangenheit ausgerichtet. Deshalb braucht es Vorsteuergrößen, um rechtzeitig zu erkennen, ob sich das Unternehmen in die richtige Richtung entwickelt und ob Korrekturen vorgenommen werden müssen.

Um die Strategieumsetzung zu evaluieren, wurde 1992 von *Kaplan* und *Norton* die Balanced Scorecard entwickelt[216] und erfolgreich von namhaften Unternehmen eingesetzt. Dieser Ansatz versucht, im Gegensatz zum vergangenheitsorientierten Controlling mit Kennzahlen, auch Vorsteuergrößen des Erfolgs in die Evaluation mithineinzunehmen. Damit sollen alle Ziele umfassend gemessen werden können.

Die Ausgewogenheit (Balance) dieses Ansatzes zur Messung der Zielerreichung bezieht sich (1) auf verschiedene Anspruchsgruppen und Stakeholder (Kunden, Mitarbeiterinnen und Mitarbeiter), (2) auf unterschiedliche interne Leistungsbereiche, wie Wachstum, Lernfähigkeit, Innovationen und Geschäftsprozesse, (3) auf unterschiedliche Zeithorizonte (Evaluation kurzfristiger als auch langfristiger strategischer Ziele) und (4) auf unterschiedliche Messgrößen (qualitativ, quantitativ, monetär, nicht-monetär). Darüber hinaus ist die Evaluierung der Leistungsgrößen nicht losgelöst vom Kontext. Stattdessen wird in der Evaluierung auch Bezug auf die Vision und Strategie des Unternehmens genommen.

Der Aufbau einer Balanced Scorecard sieht folgendermaßen aus: In der Mitte stehen die Vision und die Strategie, von der alle strategischen Ziele, Messgrößen und Aktionen abgeleitet werden. Die erreichten Leistungen sind in vier Perspektiven zu beurteilen, die auch in einem kausalen Zusammenhang stehen:

(1) **finanzielle Perspektive,** die Kennzahlen umfasst, die in den Augen der Stakeholder erreicht werden sollen,
(2) **Kundenperspektive,** die Ziele im Bereich der Kundenzufriedenheit und -bindung erfasst,
(3) **Prozessperspektive,** die interne Prozesse und den Leistungserstellungsprozess betrachtet, sowie
(4) **Lernen und Wachstum,** in der Fähigkeiten, zu innovieren und sich ständig zu verbessern, evaluiert werden.

216 *Kaplan* & *Norton*, 2002.

Diese vier Perspektiven beeinflussen sich gegenseitig. Beispielsweise kann eine hohe Gesamtkapitalproduktivität (= finanzielle Perspektive) nur durch effiziente interne Prozesse (= Prozessperspektive) erreicht werden. Damit interne Abläufe effizienter werden, benötigt das Unternehmen innovative Mitarbeiterinnen und Mitarbeiter (= Lernen und Wachstum), die Prozessinnovationen einbringen können. Effizientere Prozesse können sich in einer Kostenreduktion oder einer höheren Qualität ausdrücken, was wiederum die Kundinnen und Kunden (= Kundenperspektive) dazu veranlassen kann, weiterhin das Produkt zu kaufen.

In jedem Unternehmen können unterschiedliche strategische Ziele in den einzelnen Perspektiven festgelegt werden. Dafür ist der Strategiebaum in Abbildung 77 hilfreich. Dabei sollten folgende Fragen beantwortet werden:

- Welche finanziellen Ziele wollen wir erreichen?
- Was müssen wir bezüglich unserer (Nicht-)Kunden umsetzen, um die finanziellen Ziele zu erreichen?
- Welche Prozessverbesserungen müssen wir implementieren, um unsere Ziele bezüglich unserer Kunden zu erreichen?
- Welche Wachstums- und Lern-Ziele müssen wir erreichen, um die angestrebten Prozessverbesserungen umzusetzen?

Abbildung 77 zeigt das Beispiel eines Strategiebaums für ein Telekommunikationsunternehmen. Ausgangspunkt für die strategischen Ziele auf den vier Ebenen der Balanced Scorecard sind die Vision und die strategischen Prioritäten. Durch die Beantwortung der vier Fragen lassen sich für jede Ebene strategische Ziele finden, die Schritt für Schritt zur Umsetzung der Strategie führen und systematisch Antwort auf die Frage geben, was auf welchen Ebenen der BSC zu tun ist, um eine Strategie umzusetzen. Um beispielsweise die Rentabilität zu steigern (Finanzielle Perspektive), muss die Kundenloyalität gesteigert werden (Kundenperspektive), das erreicht man durch die Entwicklung eines CRM(Customer Relationship Management)-Programms (Prozessperspektive). Damit CRM-Prozesse effektiv funktionieren, ist es notwendig, die Mitarbeiterinnen und Mitarbeiter darin entsprechend zu schulen (Lern- und Wachstumsperspektive).

Vision: Transforming society through the provision connecting millions of people, companies and communities with our powerful technology. We're using our award-winning networks to make breakthroughs in interactive entertainment, digital media, the Internet of Things and broadband services for customers.

Strategic priorities: Market leadership, growth through innovation, most profitable company in our industry

Abbildung 77: Strategiebaum

Nachdem die strategischen Ziele auf den vier Ebenen der Balanced Scorecard formuliert wurden, werden im nächsten Schritt Kennzahlen, messbare Ziele und Projekte definiert. Abbildung 78 zeigt das entsprechende Beispiel dafür.

	Kennzahlen	Ziele	Projekte
Finanz-perspektive	• EBIT • Wachstumsrate • Umsatzkonzentration • …	• +7 % p.a. • +5 % p.a. • 80 % des Umsatzes durch 40 % der Produkte	• Dashboard einrichten
Kunden-perspektive	• Kundenloyalität • Marktanteil • Net Promoter Score • …	• > 85 % • 45 % • > 40 % • …	• Loyalitätsprogramm entwickeln • 3 Produkteinführungen vorbereiten
Prozess-perspektive	• Anteil der Neuprodukte am Gesamtumsatz • Markenbekanntheit • Cross-Selling-Rate	• 15 % • 85 % • 80 % der Kunden nutzen mind. 3 Services.	• Neues CRM-Programm einführen • „Lean Startup" Programm einführen
Lern- und Wachstums-perspektive	• Mitarbeiterentwicklungsplan • Ausbildungs-programme • …	• 80 % der Mitarbeiter nehmen an Trainings teil. • 80 % der Mitarbeiter sind hoch motiviert.	• Mitarbeiterzufriedenheitsbefragung durchführen • Schulungsprogramme entwickeln

Abbildung 78: Beispiele für die Operationalisierung der Balanced Scorecard

Eine Balanced Scorecard kann also ein hervorragendes Instrument sein, um anhand des Strategiebaums eine Strategie zu operationalisieren, d.h. umsetzbar und messbar zu machen. Die Balanced Scorecard …

… leitet aus der Vision strategische Ziele für die einzelnen Ebenen ab,
… ermittelt für jede Ebene, was die strategischen Ziele auf der jeweils nächsten Ebene sind, und was es benötigt, um diese zu erreichen (Ursache-Wirkungs-Zusammenhänge), und übersetzt so die Vision in einzelne Ziele auf den einzelnen Ebenen,
… formuliert für jedes strategische Ziel entsprechende Kennzahlen,
… formuliert für jede Kennzahl ein operatives Ziel und
… definiert für jedes operative Ziel entsprechende Umsetzungsprojekte.

Durch diese systematische Operationalisierung von Strategien in Kennzahlen, operativen Zielen und Umsetzungsprojekten wird eine Grundlage für ein effektives Umsetzungscontrolling geschaffen.

7.2. Bewertung und Anpassung

Der jährliche Plan übersetzt die langfristige Strategie in spezifische Ziele und kurzfristige Aktivitäten. Er leitet die Implementierung und bietet die Basis für die Fortschrittskontrolle. Um den Fortschritt sicherzustellen und zu gewährleisten, dass das Unternehmen auf wichtige Veränderungen rechtzeitig reagieren kann, ist ein kontinuierlicher Planungszyklus nötig (siehe Abbildung 79).

Basierend auf der langfristigen Strategie, die normalerweise über den Zeitraum eines Jahres hinausgeht, werden jährliche Pläne entwickelt, implementiert, evaluiert und verändert. Eine systematische Bewertung des Implementierungsfortschritts und der Marktbedingungen sollten zu Anpassungen des Plans oder sogar der langfristigen Strategie führen, wenn wichtige Abweichungen von der geplanten Strategie und des Plans gefunden werden oder wenn die Annahmen, auf denen die Strategieformulierung basierte, sich ändern. Deshalb sollte die Bewertung der Implementierung und Anpassung von Plänen folgende zwei Bereiche fokussieren: (1) Prämissenkontrolle und (2) Fortschrittskontrolle.

Abbildung 79 illustriert die Beziehung zwischen Strategie, Plan, Implementierung, Evaluierung und Anpassung.

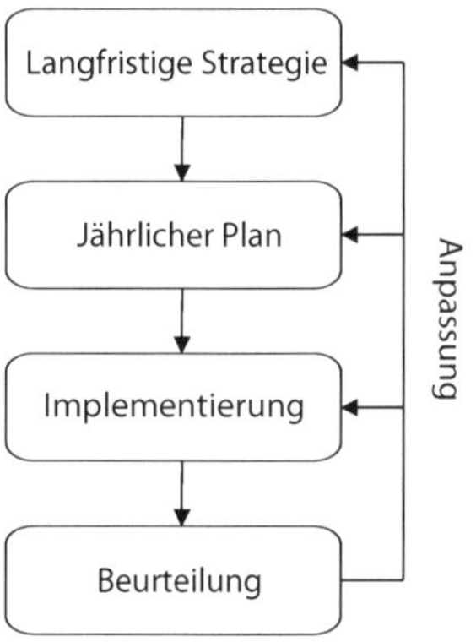

Abbildung 79: Der Planungszyklus

7.2.1. Prämissenkontrolle

Jede Strategie basiert auf einem Set von Annahmen über Möglichkeiten und Gefahren, Branchenentwicklungen, Strategien von Mitbewerbern, Kundenverhalten usw. Deshalb kann eine Strategie nur so lange verfolgt werden, wie sich diese Annahmen nicht verändern. Die Prämissenkontrolle sollte deshalb systematisch und kontinuierlich überprüfen, ob diese Annahmen während der Planung und der Implementierung noch gelten oder nicht.[217]

Analyse-Ebene	Strategieprämisse	Veränderung	Auswirkung
Makro-Umwelt	• Wechselkurs EURO/USD 1,10 • Neue Produktionstechnologien verringern die Kosten (COGS) um 10 %. • …	• EURO/USD 1,22 • Einführung neuer Produktionstechnologien verzögert sich um zwei Jahre. • …	• Verlust der Wettbewerbsfähigkeit in Europa durch den starken Dollar; 12,4 Millionen weniger Gewinn in Europa • COGS höher als geplant, Gewinnmarge 18 % geringer als geplant • …
Branche	• Verbreitung der Produktsubstitute gering im Jahr 2021 (4 % Marktanteil) • Verhandlungsmacht der Käufer verändert sich nicht. • …	• Produktsubstitute gewinnen schnell Marktanteil (8 %). • Käufer bilden unerwartet Kaufgemeinschaft. • …	• Umsatz sinkt dramatisch (20 %) wegen Substitution. • Preisreduktion von 5 % notwendig • …
Konkurrenz	• Hauptkonkurrent lässt Preise hoch. • Produktinnovationen werden erst 2023 eingeführt. • …	• Hauptkonkurrent senkt Preise um 10 %. • Produktinnovationen werden schon 2020 eingeführt. • …	• Preisreduktion notwendig, Verlust von Kunden erwartet • … • …
Markt	• Marktwachstum 12 % • …	• Wie erwartet • …	• Keine Veränderungen • …
Kunden	• Hohe Loyalität wegen hoher Wechselbarrieren und keine verfügbaren Substitute • …	• Aufgrund von Substitutionsprodukt und Preisstrategie des Konkurrenten, hohe Kundenverluste • …	• Neukunden-Akquisition muss verdoppelt werden, um den Verlust der wechselnden Kunden aufzuwiegen. • …
Unternehmen	• Wir können genug Cashflow von Geschäftseinheit X für die Akquisition von Unternehmen Y verwenden. • Wir können unsere Kostenführerschaft aufgrund von Economies of Scale und einer 70 %-Lernkurve halten, da wir den höchsten Marktanteil haben. • …	• Keine Veränderungen • Erfahrungskurve ist nur 80 %; Konkurrent X hat einen wachsenden Marktanteil aufgrund einer Akquisition • …	• Keine Veränderungen • Konkurrent X hat nun signifikante Kostenvorteile. • …

Tabelle 32: Beispiel der Prämissenkontrolle

217 *Schreyögg* & *Steinmann*, 1987.

Eine Prämisse beginnt deshalb mit der expliziten Darstellung der Annahmen, auf der die Strategie basiert. Diese sollte folgende Ebenen beinhalten:

- Welche Annahmen über zukünftige Möglichkeiten und Bedrohungen stammen aus der Analyse der Umwelt?
- Welche Annahmen werden auf Basis der Branchenanalyse über die Branchenentwicklung getroffen?
- Welche Annahmen haben wir über das Verhalten unserer Mitbewerber?
- Welche Annahmen gibt es über die Marktentwicklung?
- Welche Annahmen haben wir über das Verhalten unserer Kundengruppen?
- Welche Annahmen treffen wir über unsere Kompetenzen, Stärken, Schwächen usw.?

Tabelle 32 zeigt den Ablauf dieser Analyse. Für jede Ebene der Analyse (Umwelt, Branche, Wettbewerb usw.) werden die Annahmen (Prämissen der Strategie) explizit formuliert. Im nächsten Schritt wird analysiert, ob irgendwelche Veränderungen beobachtet werden konnten und wenn ja, wie diese Veränderungen sich auf die Strategie, Pläne und deren Implementierung auswirken können. Die Unternehmensstrategie in Tabelle 32 basiert auf einer Vielzahl von Annahmen. Einige davon sind in der folgenden Aufzählung aufgelistet:

- Der Wechselkurs zwischen Euro und USD wird bei 1,10 bleiben.
- Eine neue Produktionstechnologie senkt die Kosten der Produkte um 12 Prozent.
- Die Verbreitung eines Substitutionsprodukts ist langsam (4 Prozent Marktanteil).
- Die Verhandlungsmacht der Kundengruppen ändert sich nicht.

Die Prämissenkontrolle zeigt allerdings, dass einige der Annahmen, die für die Planung herangezogen wurden, nicht mehr gültig sind. Sie haben einen substantiellen Einfluss auf die Strategie (letzte Spalte in Tabelle 32) und führen zu einer Revision der Pläne oder der Gesamtstrategie.

7.2.2. Fortschrittskontrolle mit Hilfe von Kennzahlen

Die Fortschrittskontrolle soll messen, wie gut die Pläne ausgeführt werden, ob die Ziele erreicht werden und ob die Strategie immer noch zielführend ist. Der Fokus sollte auf den finanziellen Kennzahlen und marktbezogenen Kennzahlen liegen.

Die marktbezogenen Kennzahlen messen die Faktoren, die den finanziellen Gewinn eines Unternehmens beeinflussen. Sie inkludieren vier Bereiche: (1) Marktkennzahlen, die die Marktbedingungen und die Unternehmensleistung im Markt angeben; (2) Konkurrenzkennzahlen, die zeigen, wie gut das Unternehmen im Vergleich zur Konkurrenz dasteht; (3) Kundenkennzahlen, die zeigen, wie gut das Unternehmen in Bezug auf die Kundengruppen abschneidet, und (4) Gewinnkennzahlen, die den finanziellen Erfolg des Unternehmens angeben.[218] Abbildung 80 zeigt die wichtigsten dieser Kennzahlen.

218 *Best*, 2009.

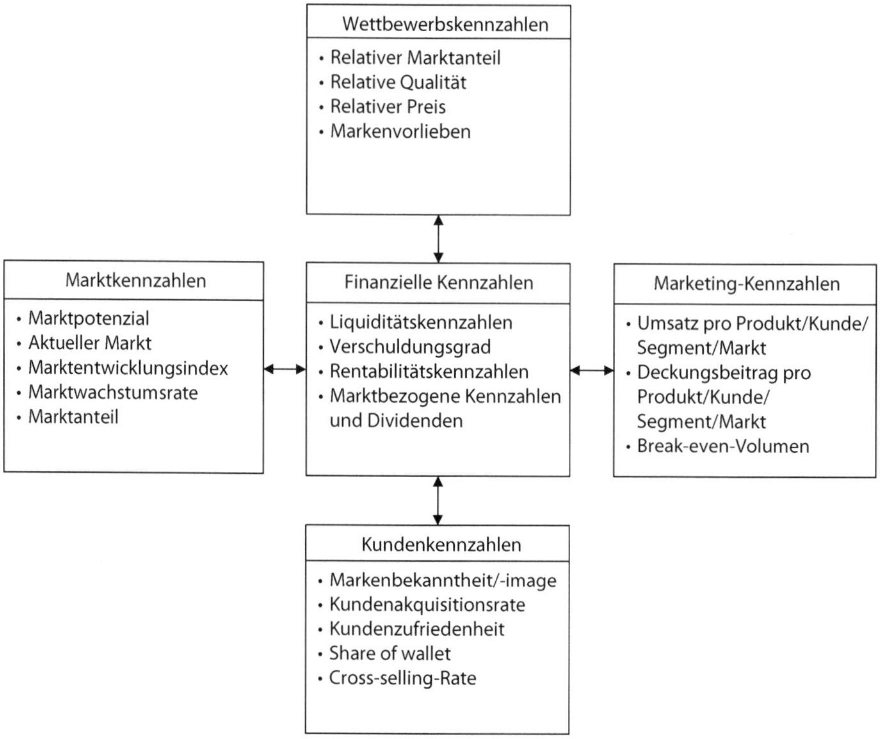

Abbildung 80: Marktbezogene und finanzielle Kennzahlen

7.3. Change Management und die Mikroperspektive der Strategieimplementierung

Die Implementierung von Strategien wird meist als abgeschlossener Prozess der Veränderung betrachtet. Allerdings verändern sich Unternehmen ständig. Deshalb unterscheidet man zwischen initiierten Veränderungsprozessen, wofür klare Ziele, Strategien, Zeiträume und Verantwortungen festgelegt werden, und evolutionäre Veränderungen, die dadurch entstehen, dass sich Unternehmen durch die tagtäglichen Handlungen von Management und Belegschaft verändern. Im Folgenden wird die initiierte Veränderung betrachtet und zwar nicht nur aus einer strategischen Perspektive, sondern auch aus der Mikroperspektive.

7.3.1. Change Management

Initiierte Veränderung prägt auch die Definition von Change Management. Es wird als Maßnahmen, die zur Initiierung und Umsetzung von neuen Strategien, Strukturen, Systemen und Verhaltensweisen notwendig sind, verstanden.[219] Damit sind die Planung und Durchführung aller Aktivitäten gemeint, die die betroffenen Führungskräfte und

219 *Gattermeyer/Ayad*, 2001.

Mitarbeiterinnen und Mitarbeiter auf die zukünftige Situation vorbereiten, um ihnen eine möglichst optimale Umsetzung der neuen Anforderungen zu ermöglichen.[220]

Dies unterstreicht, dass eine Veränderung immer eine fachliche und eine überfachliche Seite hat. Bei der fachlichen Seite unterliegen die Veränderungen einem klaren Verlauf. Hierbei wird eine Veränderung geplant, Zielsetzungen und Lösungen werden entworfen und der Prozess wird eingeleitet. Unter der überfachlichen Seite einer Veränderung versteht man die individuellen Reaktionen, die durch die Veränderung bei den Mitarbeiterinnen und Mitarbeitern entstehen. Darunter fällt z.B. die Akzeptanz der fachlichen Inhalte der Veränderung oder auch die Bereitschaft, diese Veränderung zu unterstützen. Damit eine Veränderung erfolgreich umgesetzt werden kann, muss sie von den Mitarbeiterinnen und Mitarbeitern der Organisation akzeptiert werden. Hier können analytische und rationale Planungs- und Entscheidungsprozesse nur bedingt helfen. Es geht darum, sich mit den Stimmungen und Bedürfnissen einzelner Mitarbeitergruppen auseinanderzusetzen, mit diesen professionell umzugehen und gemeinsam eine Lösung zu entwickeln. Die Mikrofundierung wird hier eine mögliche Perspektive aufzeigen.

Eine der Fragen, die immer wieder gestellt wird, wenn es um organisationalen Wandel geht, ist: Warum müssen wir denn überhaupt etwas ändern? Es läuft doch! Warum können wir nicht weitermachen wie bisher? Die Notwendigkeit des Change Managements kann aus zwei Perspektiven betrachtet und begründet werden.

Die erste Perspektive ist die des externen Wandels. Unternehmen befinden sich in einer dynamischen Umwelt. Schlagwörter wie Arbeitswelt 4.0, Industrie 4.0, Digitalisierung und künstliche Intelligenz sind omnipräsent. Diese externen Veränderungen erfordern die ständige Anpassung an neue Gegebenheiten, wenn Unternehmen auf den Märkten erfolgreich sein wollen.

Intern durchlaufen Unternehmen während ihres Bestehens einen Zyklus aus Phasen, wie der Pionierphase, der Differenzierungsphase und der Integrationsphase. Um die jeweils nächste zu erreichen, sind Veränderungsmaßnahmen vonnöten. Anhand des Beispiels von Ebay lässt sich das schön verdeutlichen:

Beispiel

Als **Ebay** neu gegründet wurde, sich also in der Pionierphase befand, herrschte eine sehr unkonventionelle Führung mit einer Atmosphäre, die viel Kreativität zuließ. Wenn neue Mitarbeiterinnen und Mitarbeiter in das Unternehmen kamen, mussten sie sich ihre Büromöbel selbst aufbauen. In den Pausen wurde in den Gängen Fußball gespielt, und wenn es wenig zu tun gab, ging Gründer *Pierre Omidyar* mit den Mitarbeiterinnen und Mitarbeitern ins Kino. Das Unternehmen wurde jedoch erfolgreicher und wuchs stark. Dadurch war *Omidyar* gezwungen, die Führung zu verändern. So wurde das Unternehmen fortan von professionellen „Anzugträgern" geführt. Die Unternehmenskultur veränderte sich. Es gab klar definierte Aufgaben und Abläufe und weniger Spontanität.

7.3.2. Modelle des Change Managements

Modelle des Changemanagements versuchen zu erläutern, wie Veränderung im Unternehmen stattfindet. Es gibt verschiedene traditionelle Konzepte des Change Managements.

220 *Stolzenberg/Heberle*, 2006.

Das erste **Modell von *Kurt Lewin*** bezog sich ursprünglich auf das Lernen auf individueller Ebene. Es wurde erst später um die organisationale Perspektive erweitert. Dieses Modell (Abbildung 81) umfasst die Elemente Auftauen, Verändern und Einfrieren. Dadurch soll aus dem Gleichgewicht im Ausgangszustand ein Gleichgewicht im Endzustand erreicht werden, und zwar auf einer höheren Ebene.[221]

In der ersten Phase des Change Managements, dem sogenannten „Auftauen“, sind Informationen und Feedback sehr wichtig. Es geht darum, vorhandene Muster und Routinen „aufzutauen“ und eine Reflexion in Gang zu bringen. Phase zwei ist der eigentliche Veränderungsprozess, der zu Veränderungen von Verhaltensweisen oder Einstellungen führt. Die letzte Phase des „Einfrierens“ beendet den Prozess. Hier kommt es durch die Wiederholung von erlernten Verhaltensweisen zum „Einfrieren“ dieser. Dadurch wird der Grundstein für bleibende Veränderungen gelegt.

Die Grundannahme des Modells ist, dass es sowohl zu Beginn als auch am Ende des Veränderungsprozesses einen Gleichgewichtszustand gibt. Der Gleichgewichtszustand am Ende befindet sich jedoch auf einem höheren Level. Der Gedanke der Gleichgewichtszustände steht allerdings im Widerspruch zu der Annahme, dass Organisationen sich ständig (selbst) verändern. Bei dem Modell von *Lewin* wird davon ausgegangen, dass am Anfang und am Ende des Veränderungsprozesses jeweils ein starrer Zustand steht. Evolutionäre Veränderungen werden demnach ignoriert.

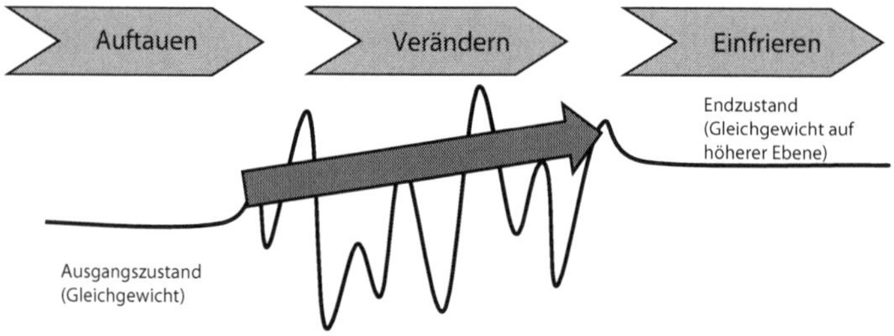

Abbildung 81: Change-Management-Modell nach *Lewin* (eigene Grafik basierend auf *Lewin*, 1947)

Ein weiteres sehr bekanntes Konzept des Change Managements ist das **Acht-Stufen-Modell** von *John P. Kotter* (siehe Abbildung 82).[222] Auch hier kann man die Struktur von drei Elementen erkennen, nämlich dem Auftauen des Status quo, der in den Phasen 1 bis 4 verfeinert wird, dem Einführen neuer Verhaltensweisen mit den Phasen 5 bis 7 und der Verankerung des Wandels in der Unternehmenskultur mit dem achten Schritt.

(1) In der ersten Stufe geht es darum, den Markt und den Wettbewerb zu untersuchen. Dadurch kann man bestehende oder potenzielle Krisen untersuchen und Chancen zur Weiterentwicklung des Unternehmens entdecken. Dies ist die Grundlage, um ein Gefühl der Dringlichkeit des Wandels zu erzeugen.
(2) Die nächste Stufe umfasst die Etablierung einer „Koalition der Führung“. Diese sollte ausreichend Macht und Einfluss haben, um den Veränderungsprozess zu gestalten und wie ein Team zu agieren. Die Koalition dient als Vorbild für die Umsetzung und steht somit im Fokus aller Betroffenen.

221 *Lewin*, 1947.
222 *Kotter*, 1995.

(3) Der nächste Schritt ist die Entwicklung einer Vision. Diese bildet den Anhaltspunkt für den gesamten Veränderungsprozess. Durch die Strategie wird die Vision auf konkrete Handlungsschritte, die notwendig sind, um diese umzusetzen, heruntergebrochen.
(4) Nun geht es darum, jede Möglichkeit zu nutzen, um die Vision und die Strategie zu kommunizieren. Mit diesem Schritt ist das Auftauen des Status quo abgeschlossen und die Einführung neuer Verhaltensweisen beginnt.
(5) Auf Stufe 5 müssen Hindernisse beseitigt werden, um die Mitarbeiter und Mitarbeiterinnen zur Umsetzung der Veränderung zu befähigen. Das kann zu grundlegenden Veränderungen von Strukturen und Systemen führen. Neue Ideen in Bezug auf die Umsetzung der Vision müssen gefördert werden.
(6) Stufe 6 muss so gestaltet werden, dass kurzfristige Erfolge und Verbesserungen gesucht und kommuniziert werden. Personen, die für Erfolge und Verbesserungen verantwortlich sind, müssen belohnt und ausgezeichnet werden.
(7) Auf der siebten Stufe müssen Personen, die für die Umsetzung der Vision förderlich sind, eingestellt bzw. befördert werden. Personen, die die Vision behindern, sollten überzeugt werden. Gelingt dies nicht, ist eine Trennung zu überlegen. Zudem müssen neue Prozesse und Projekte bestimmt werden, um den ständigen Veränderungsprozess am Leben zu erhalten. Damit startet die Verankerung des Wandels in der Unternehmenskultur.
(8) In dieser achten Stufe spielt die Führung die entscheidende Rolle. Sie ist dafür zuständig, die Veränderung zu verankern. Die Vision muss sich in der Unternehmenskultur verfestigen. Die Verbindung zwischen den neuen Verhaltensweisen und dem Unternehmenserfolg muss erarbeitet und kommuniziert werden.

Das Acht-Stufen-Modell ist weniger ein zeitliches Phasenmodell. Es ist vielmehr ein Modell, das der Erklärung der Erfolgsfaktoren eines organisationalen Veränderungsprozesses dient und nochmals verdeutlicht, wie vielschichtig ein Change-Prozess ist.

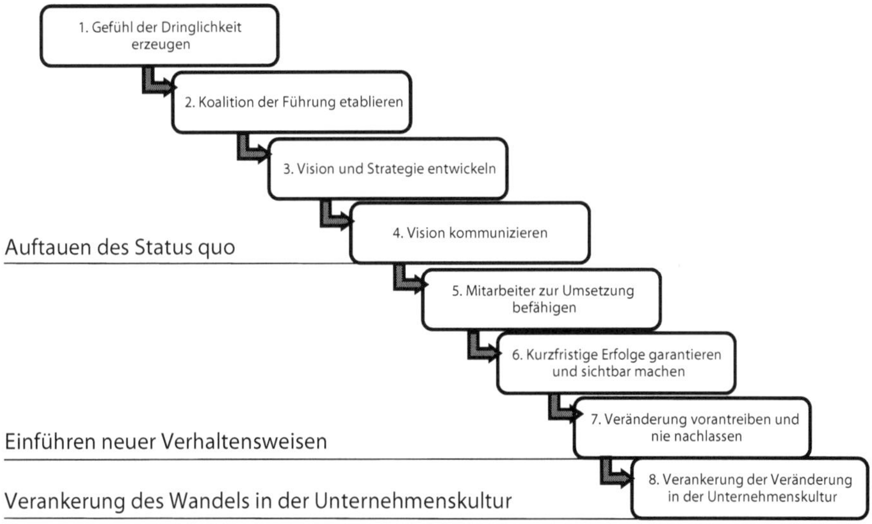

Abbildung 82: Change-Management-Modell nach *Kotter* (eigene Grafik basierend auf *Kotter*, 1995)

7.3.3. Die Mikroperspektive der Strategieimplementierung

Obwohl die Modelle des Change Managements dem Management helfen sollen, Wandel erfolgreich umzusetzen, scheitern ca. 25 % aller Veränderungsinitiativen. Darüber hinaus können auch während der Veränderungsinitiativen häufig negative Auswirkungen auf das Unternehmen festgestellt werden, z.B. Senkung der Produktivität um 25 % bis 40 % , Zunahme von Mitarbeiterfluktuation um bis zu 10 %.[223] Deshalb ist es wichtig, die Implementierung von Strategien zu verstehen.

Die Mikroperspektive erleichtert das Verständnis dafür, wie Ergebnisse auf der Makroebene eines Unternehmens durch Verhalten auf der Mikroebene beeinflusst wird. Die Makroebene bezeichnet dabei die kollektive, strategische Ebene, auf der Entscheidungen für das Unternehmen getroffen werden. Die Mikroebene nimmt die Individuen (z.B. Manager und Mitarbeiterinnen und Mitarbeiter) in den Fokus. Diese beiden Ebenen mit ihren Elementen werden in Abbildung 83 dargestellt und im Folgenden erläutert.

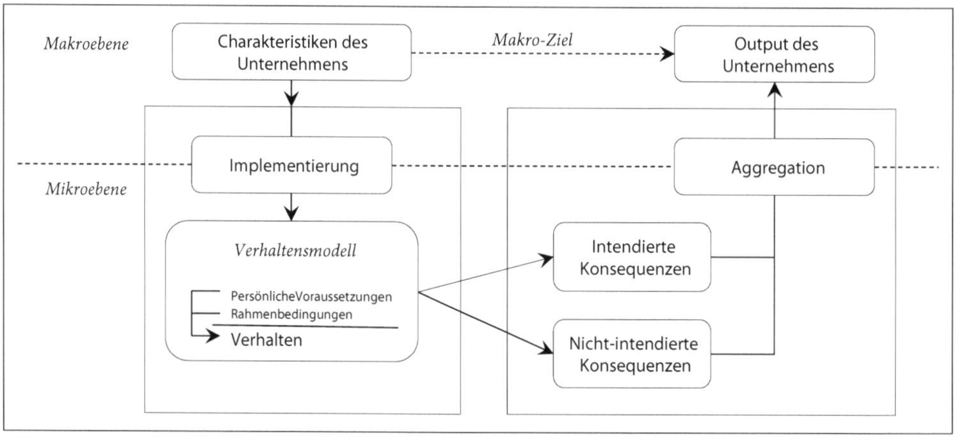

Abbildung 83: Model der Mikroperspektive der Strategieimplementierung (Quelle: *Will/Mueller*, 2018; *Will/Mueller*, 2019)

Die Makroebene zeigt, welche Veränderungen sich ergeben sollen, wenn durch eine neue Strategie die Charakteristiken des Unternehmens verändert werden. Ziele umfassen beispielsweise den Output zu erhöhen, höheren Gewinn zu erzielen, in weiteren Märkten tätig zu sein, den Marktanteil zu erhöhen, Innovationen auf den Markt zu bringen usw. Dazu wird das Unternehmen durch eine strategische Change-Initiative verändert, z.B. durch eine Umstellung der Produktion, eine Veränderung der Preispolitik oder Expansionsstrategien. Allerdings zeigt sich in der Praxis, dass die Formulierung einer neuen Strategie nicht automatisch zum Erfolg führt. Um zu verstehen, warum Change-Initiativen erfolgreich sind, muss man die Mikroebene betrachten.[224]

223 Capgemini Consulting, 2010. *Shin/Taylor/Seo*, 2012.
224 *Felin/Foss/Ployhart*, 2015.

Die Makroebene ist mit der Mikroebene über den Makro-Mikro-Link verbunden, der Implementierung genannt wird. Die strategischen Entscheidungen der Makroebene müssen an die Mikroebene kommuniziert werden, damit sie implementiert werden können. Welche Einheit für die Mikroebene verwendet wird, also beispielsweise ob die Strategie an Mitarbeiterinnen und Mitarbeiter in Niederlassungen, Sparten, Abteilungen oder Teams kommuniziert wird, hängt von der jeweiligen Situation ab.[225] Dabei kommt es darauf an, wie die neue Strategie kommuniziert wird und in wie weit die Mikroebene an der Strategieformulierung beteiligt wurde.

Hier zeigt die Forschung, dass Aspekte wie Information, Kommunikation und Partizipation entscheidend sind, damit Mitarbeiterinnen und Mitarbeiter, die auf dem Mikrolevel angesiedelt sind, die Strategie mittragen. Konkret bedeutet das, dass den Mitarbeiterinnen und Mitarbeitern vermittelt werden muss, warum diese Strategie erforderlich ist. Dies ist insbesondere dann notwendig, wenn es zu einem Strategiewechsel im Sinne des Change Management kommt. Mitarbeiterinnen und Mitarbeiter sowie Führungskräfte sollten die Ziele des Wandels und ihre spezifischen Aufgaben kennen. Diejenigen, die für die Umsetzung verantwortlich sind, benötigen Unterstützung. Zudem kann es sein, dass Mitarbeiterinnen und Mitarbeiter Schulungen brauchen, um ihre Fähigkeiten und Kompetenzen zu erweitern. Eine gute Kommunikation und umfassende Information kann dazu beitragen, dass die Mitarbeiterinnen und Mitarbeiter den Wandlungsprozess unterstützen.

Darüber hinaus ist in dieser Phase aber auch die Möglichkeit zur Partizipation entscheidend. D.h. das Management muss die Mitarbeiterinnen und Mitarbeiter miteinbeziehen und sich Schwierigkeiten, die sich bei der Umsetzung ergeben könnten, am besten schon in diesem frühen Stadium stellen. Change Manager benötigen häufig Informationen von den einzelnen Mitarbeiterinnen und Mitarbeitern. Partizipation kann dazu beitragen, dass die Mitarbeiter dazu bereit sind, diese relevanten Informationen preiszugeben. Zudem kann Partizipation auch das Commitment der Betroffenen verbessern.

Die Mikroebene besteht aus Individuen, die dazu beitragen, dass die Strategie umgesetzt werden kann. Dabei muss man – wie aus der Change-Management-Forschung bekannt ist – einerseits die persönlichen Voraussetzungen der Manager und Mitarbeiterinnen und Mitarbeiter miteinbeziehen, andererseits die Rahmenbedingungen, denen die Individuen unterliegen. Die persönlichen Voraussetzungen umfassen Motivation, Offenheit für Wandel und weitere Persönlichkeitsfaktoren. So gibt es beispielsweise Menschen, die Veränderungen aufgeschlossener gegenüberstehen als andere. Die Rahmenbedingungen werden durch die Governance-Strukturen, also Normen, Anreize, Prozesse, Strukturen und kulturellen Vorstellungen geprägt.[226] Diese Faktoren beeinflussen, welches Verhalten Manager sowie Mitarbeiterinnen und Mitarbeiter in Change-Prozessen zeigen – entweder sie setzen die gewünschte Strategie um oder sie werden durch persönliche Gründe oder die Rahmenbedingungen davon abgehalten.[227]

225 *Will/Mueller*, 2019.
226 *Becker*, 1993.
227 *Will/Mueller*, 2019.

Aus diesem Verhalten ergeben sich Konsequenzen. Stimmt das gezeigte Verhalten der Mitarbeiterinnen und Mitarbeiter oder auch deren Vorgesetzter mit den Zielen des Unternehmens und der formulierten Strategie überein, resultiert dies in intendierten Folgen. Dies ist beispielweise der Fall, wenn auf der Mikroebene in allen Bereichen umgesetzt wurde, dass Kosten eingespart werden, angefangen beim Verbrauch von Druckerpaper bis hin zum Leistungserstellungsprozess des Produkts. Manchmal sind aber auch die Prädispositionen oder die Governance-Strukturen dafür verantwortlich, dass die Belegschaft die Strategien nicht umsetzen kann oder will. Dann hat das Unternehmen nicht-intendierte Konsequenzen zu betrachten. Wichtig hierbei ist aber, dass keine Unterscheidung in gute und schlechte Konsequenzen erfolgt. So können beispielsweise intendierte Folgen negative Auswirkungen auf das Unternehmen haben, weil Mitarbeiterinnen und Mitarbeiter umgesetzt haben, was das Top-Management erwartet hat. Das Top-Management hat aber eventuell nicht alle Auswirkungen bedacht. Genauso kann es sein, dass durch Autonomie der Mitarbeiterinnen und Mitarbeiter Prozesse anders gestaltet werden, als das Top-Management sich gedacht hat, und so noch stärkere Effizienzgewinne generiert werden können. Das sind dann positive nicht-intendierte Folgen.[228]

Der Mikro-Makro-Link wird auch als Aggregation bezeichnet. Hier werden alle Verhaltensweisen aller Individuen zusammengefasst. Der aggregierte Effekt zeigt dann, ob eine neue Strategie die gewünschte Änderung im Output des Unternehmens erreichen konnte. In der Aggregation als Verbindung von Mikro- und Makroebene wird also evaluiert, ob die Strategieumsetzung erfolgreich war. Die intendierten und nicht-intendierten Konsequenzen lassen sich addieren, gegenseitig aufheben oder in einer komplexen Wechselwirkung zusammenfassen. So können Veränderungen von Kennzahlen, wie Umsatz, Gewinn oder Kundenzufriedenheit, differenziertere Ursachen haben, als eine alleinige Formulierung einer Strategie oder eines Change-Prozesses.

228 *Will/Mueller*, 2019.

8. Strategie und Organisation

8.1. Unternehmenskultur

Unternehmenskultur, ein Begriff, der sich aufbauend auf dem Begriff „Kultur“ aus der Ethnologie in den Wirtschaftswissenschaften seit den 1920er Jahren entwickelt hat, erlangte in den 1980er Jahren zunehmende Bedeutung im Strategischen Management. *Peters* und *Waterman*[229] haben in ihrem Buch „In Search of Excellence“ den Beitrag der Unternehmenskultur zum Unternehmenserfolg herausgestrichen. Dieser Zusammenhang ist in der Folge immer mehr zum Forschungsgegenstand geworden und zwar aus drei Gründen:

(1) Japanische Unternehmen waren in den 1970er Jahren eine starke Konkurrenz für amerikanische Firmen. Managementforscher versuchten daraufhin, japanische Managementmethoden in amerikanischen Firmen einzuführen. Dies gelang nicht, da die amerikanische Belegschaft diese neuen Methoden nicht umsetzen konnte. Ein Grund dafür wurde in den unterschiedlichen kulturellen Wertvorstellungen gesehen.
(2) Die Zahl der multinationalen Unternehmen nahm durch Direktinvestitionen im Ausland, Mergers and Acquisitions und Joint Ventures zu. Dies führte zu sichtbaren Unterschieden zwischen nationalen Kulturen. *Geert Hofstede*[230] hat hierzu Studien durchgeführt, die zeigen, worin Unterschiede in Geschäftspraktiken und Wertvorstellungen bestehen. Deshalb ist das Wissen über andere nationale und organisationale Kulturen essentiell, wenn Unternehmen mit anderen fusionieren wollen.
(3) „Sinn- und Identifikationsdefizite“, d.h. Unternehmen besitzen keine einheitlichen und anerkannten Wertvorstellungen, haben dazu beigetragen, dass sich das Management vermehrt um die Einbindung von Mitarbeiterinnen und Mitarbeiter in das Unternehmen bemüht hat.

Das Ziel der Unternehmenskulturforschung ist also, die kulturellen Faktoren von Unternehmen besser zu verstehen und Regelmäßigkeiten und Muster in Handlungen zu erkennen. Diese haben, wie die Problematiken, die oben exemplarisch aufgelistet sind, zeigen, einen Einfluss darauf, wie gut Managementpraktiken umgesetzt werden können und wie die Zusammenarbeit über Unternehmens- und Ländergrenzen hinweg gelingen kann.

Obwohl es in der Unternehmenskulturforschung unterschiedliche Ansätze gibt, haben diese doch die Existenz von sichtbaren und unsichtbaren Elemente gemeinsam. Darüber hinaus hat Unternehmenskultur Einfluss auf Handlungen und Einstellungen, wird aber gleichzeitig von Handlungen und Einstellungen beeinflusst. Bei der Unternehmenskultur handelt es sich um „… den gesammelten gemeinsamen Wissensvorrat einer bestimmten Gruppe […], der sich auf sämtliche verhaltensmäßigen, affektiven und kognitiven Elemente der psychologischen Arbeitsweise aller Gruppenmitglieder erstreckt.“[231] Sie ist eine Reihe von stillschweigenden Annahmen darüber, wie die Welt ist und sein sollte, die von einer Gruppe von Menschen geteilt wird und ihre Wahrnehmungen, Gedanken, Gefühle und bis zu einem gewissen Grad ihr offenes Verhalten bestimmt.

229 *Peters/Waterman*, 1982.
230 *Hofstede*, 2001.
231 *Schein*, 1995.

Die **Elemente der Unternehmenskultur** können in drei Ebenen eingeteilt werden, wie Abbildung 84 zeigt:

- Die oberste Ebene sind **Artefakte und Schöpfungen** und umfasst sichtbare Strukturen, Prozesse, Verhaltensweisen, Atmosphäre, Sprache, Kleidung etc. – also alles, was man „hört, sieht und fühlt". Obwohl diese Artefakte leicht zu beobachten sind, da jeder Außenstehende, der in ein Unternehmen kommt, diese im Gebäude, in den Büros, im Kleidungsstil, im Umgang der Mitarbeiterinnen und Mitarbeiter miteinander, in Dokumenten usw. sehen kann, besteht die Schwierigkeit der Artefakte darin, dass sie nur schwer zu entschlüsseln sind. Da sie die anderen zwei Ebenen sichtbar widerspiegeln, bedarf es einer Interpretation der Artefakte durch die bekundeten Werte und Grundannahmen.
- In den **bekundeten Werten** werden die Grundannahmen ausgedrückt. Sie sind gemeinsame Überzeugungen und Richtlinien, die das Verhalten und die Einstellungen der Mitglieder beeinflussen. Beispiele für Werte, die in einem Unternehmen vorherrschen können, sind Offenheit, Vertrauen und Risikobereitschaft. Dies kann sich dann in den Artefakten durch offene Türen der Büros, Zugang zu allen Bereichen des Unternehmens usw. widerspiegeln. Für die Werte werden Leitbilder, Strategien, soziale Prinzipien, Philosophien, Ziele und Standards festgelegt, die besagen, was sozial akzeptabel ist. Man darf allerdings nicht übersehen, dass diese „öffentlich propagierten" Werte nicht zwangsläufig mit den gelebten Werten bzw. mit den Grundannahmen übereinstimmen müssen. So gibt es Unternehmen, die sich als offen bezeichnen, jedoch intern keinen Zugriff auf andere Bereiche im Intranet zulassen. Das kann daran liegen, dass Wertvorstellungen und grundlegende Annahmen nicht übereinstimmen.
- Die tiefste Ebene umfasst **gemeinsame Grundannahmen** und spiegelt Annahmen über die Natur des Menschen und die Unternehmensumwelt wider. Die Grundannahmen bilden sich aus gemeinsam erlernten Werten und Überzeugungen, die sich über die Zeit hinweg erfolgreich behauptet haben, und leiten das Verhalten der Mitglieder, indem sie akzeptable von unakzeptablen Handlungsweisen, Überzeugungen und Meinungen unterscheiden. Sie werden von den Unternehmensmitgliedern durch soziale Interaktion übernommen und für selbstverständlich gehalten; daher bleiben sie unausgesprochen und sind unbewusst tief in den Köpfen der Mitarbeiterinnen und Mitarbeiter verankert.

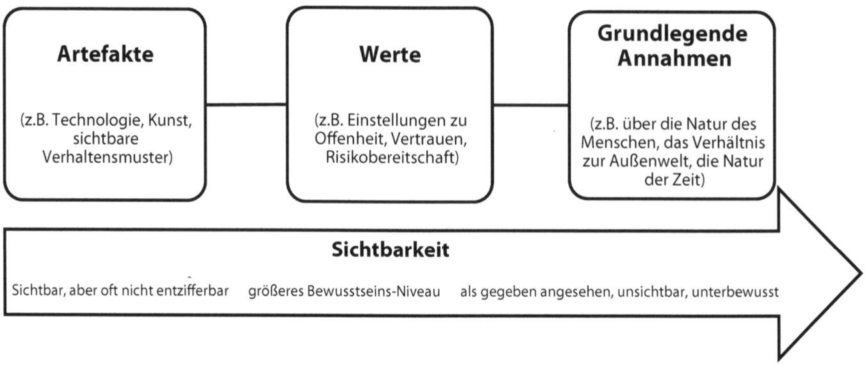

Abbildung 84: Drei Ebenen der Unternehmenskultur (basierend auf *Schein*, 1985)

Die Hauptaufgabe der Unternehmenskultur ist es, den Zusammenhalt der Mitglieder zu gewähren, Koordination der einzelnen Arbeitsschritte zu ermöglichen und damit Stabilität zu erreichen. Durch Unternehmenskultur können soziale Kontrolle der Gruppenmitglieder und Stabilität erreicht werden.

Allerdings hat sich gezeigt, dass sich Unternehmenskultur vom Management nicht formen lässt. Natürlich trägt die Führung eines Unternehmens dazu bei, wie die Unternehmenskultur ausgestaltet wird. Gezielt ändern lässt sie sich aber nur bedingt. Denn Unternehmenskulturen werden durch einen Prozess ständiger Interaktion immer neu konstruiert und adaptiert. Unternehmenskulturen werden gelebt und sind implizit, also nicht so ohne weiteres zu durchschauen. Unternehmenskultur ist ein kollektives Phänomen, das sich nicht planen lässt, sondern sich durch die Interaktion mit der internen und externen Umwelt entwickelt.

Unternehmen werden also als komplexe, dynamische und sich entwickelnde Bedeutungssysteme gesehen, deren Mitglieder diese Bedeutungen bis zu einem gewissen Grad alle teilen. Um organisierte Aktivitäten in Unternehmen zu starten und zu koordinieren, braucht es Gemeinsamkeiten, die von allen angenommen werden. Erst dann kann Interaktion stattfinden, ohne dass Handlungen und Aussagen ständig neu interpretiert werden müssen und über deren Bedeutung verhandelt werden muss. Diese Aufgabe übernimmt die Unternehmenskultur mit ihren Ritualen, Slogans und ihrer speziellen Sprache. Unternehmenskultur ist demnach eine Ausdrucksweise oder Manifestation menschlichen Bewusstseins.

Unternehmenskultur besteht aus unterschiedlichen ideellen und materiellen Aspekten, wie im Modell von *Schein* (Abbildung 84) bereits gezeigt wurde. Einige dieser Aspekte sind sichtbar, andere können nur interpretiert werden, indem man sich ansieht, durch welche Muster Wahrnehmung, Denken, Fühlen und Handeln beeinflusst werden. Wichtig ist die Annahme, dass es keine guten oder schlechten Unternehmenskulturen gibt, sondern einzelne Aspekte für bestimmte Unternehmensprozesse förderlich oder hinderlich sein können.

In der Literatur herrscht keine Einigkeit darüber, welche Wertvorstellungen eine erfolgreiche Unternehmenskultur ausmachen. Basierend auf Studien von *Reynolds*[232] und *O'Reilly*, *Chatman* und *Caldwell*[233] kann ein Kontinuum von 14 verschiedenen Charakteristiken von Unternehmenskulturen gefunden wurden (siehe Abbildung 85).

232 *Reynolds*, 1986.
233 *O'Reilly*, *Chatman* and *Caldwell*, 1991.

Kontinuum der Charakteristiken von Unternehmenskulturen		
Externer Fokus	↔	Interner Fokus
Aufgabenfokus	↔	Sozialfokus
Sicherheit	↔	Risiko
Konformität	↔	Individualität
Individuelle Belohnung	↔	Gruppen-Belohnung
Individuelle Entscheidungsfindung	↔	Kollektive Entscheidungsfindung
Zentralisierte Entscheidungsfindung	↔	Dezentrale Entscheidungsfindung
Ad-hoc-Entscheidungen	↔	Planung
Stabilität	↔	Innovation
Kooperation	↔	Wettbewerb
Einfache Strukturen	↔	Komplexe Strukturen
Informelle Prozesse	↔	Formelle Prozesse
Hohe Loyalität	↔	Geringe Loyalität
Bekannte Erwartungen	↔	Unbekannte Erwartungen

Abbildung 85: Kontinuum der Charakteristiken von Unternehmenskulturen

- **Externer vs. Interner Fokus:** Manche Unternehmen sind stark nach außen orientiert, was bedeutet, dass ihnen die Zufriedenstellung der Kunden oder anderer externer Stakeholder sehr wichtig ist. Andere Unternehmen richten ihren Fokus nach innen, beispielsweise auf die Abläufe und Prozesse im Unternehmen.
- **Aufgaben- vs. Sozialfokus:** Je nachdem, ob Unternehmen die Erledigung der Arbeit wichtiger ist oder ob die persönlichen und sozialen Bedürfnisse der Mitarbeiterinnen und Mitarbeiter im Vordergrund stehen, unterscheidet man Aufgaben- und Sozialfokus.
- **Sicherheit vs. Risiko:** Unternehmen unterscheiden sich danach, wie mit Risiken umgegangen wird. Sicherheitsbedachte Unternehmen sind eher vorsichtig und fokussieren auf konservative und bereits erprobte Programme und Prozesse. Risikofokussierte Unternehmen agieren risikoreicher, indem sie beispielsweise radikale Veränderungen vornehmen.
- **Konformität vs. Individualität:** Je nachdem wie eigenständig die Belegschaft agieren darf, unterscheidet man Konformität und Individualität im Unternehmen. Dies bezieht sich z.B. auf die Art und Weise der Arbeitsdurchführung, die Kleidung, den Arbeitsstil und den sozialen Umgang.
- **Individuelle vs. Gruppen-Belohnung:** Belohnungen können sich an individuelle Personen richten, aber auch an Abteilungen, Arbeitsgruppen oder Projektteams, wenn beispielsweise bestimmte Ziele in Absatz, Produktion, Forschung und Entwicklung erreicht werden.
- **Individuelle vs. kollektive Entscheidungsfindung:** Ein weiterer Unterschied liegt in der Entscheidungsfindung, die einerseits hauptsächlich von Individuen getroffen werden, andererseits den Input verschiedener Gruppen und Individuen ausdrücken kann.
- **Zentralisierte vs. dezentralisierte Entscheidungsfindung:** In der Entscheidungsfindung können sich Unternehmen auch danach unterscheiden, wo Entscheidungen getroffen werden. Wenn einige wenige Schlüsselpersonen bestimmen, ist das ein

zentraler Entscheidungsfindungsprozess. Wenn von den Betroffenen selbst und je nach Situation andere Gruppen oder Individuen entscheiden, spricht man von dezentralisierter Entscheidungsfindung.

- **Ad-hoc-Entscheidungen vs. Planung:** Auch der Zeitpunkt der Entscheidungsfindung kann variieren. Manche Unternehmen tendieren dazu, Entwicklungen vorauszuahnen, Szenarien zu beschreiben und dafür Pläne zu erstellen, die je nach Situation umgesetzt werden. Andere reagieren ad hoc auf neue Umweltherausforderungen.
- **Stabilität vs. Innovation:** Wenn Unternehmen sehr zurückhaltend gegenüber Veränderungen und Wandel sind, werden sie als stabil bezeichnet, während andere Unternehmen immer auf der Suche nach Neuerungen und Innovationen sind und deshalb einen hohen Grad an Innovationsfähigkeit besitzen.
- **Kooperation vs. Wettbewerb:** Diese Dimension beleuchtet, ob Mitarbeiterinnen und Mitarbeiter ihre Kollegen eher als Konkurrenten oder als Mitstreiter ansehen. Dieser Punkt hängt eng mit den Belohnungssystemen der Unternehmen zusammen, da andere eher als Konkurrenz wahrgenommen werden, wenn sie um knappe Ressourcen und Belohnungen kämpfen müssen.
- **Einfache vs. komplexe Strukturen:** Wenn Unternehmen komplexe Prozesse und Strukturen haben, ist es oft schwieriger für neue Mitarbeiterinnen und Mitarbeiter, diese zu erlernen, während das bei einfacheren Strukturen leichter geschieht.
- **Informelle vs. formelle Prozesse:** Meist haben Unternehmen, die komplexe Strukturen besitzen, sehr viele formelle Prozesse, d.h. dass es umfassende und detaillierte Richtlinien gibt, um Aktionen zu beschreiben und verschiedene Dokumente um Handlungen zu rechtfertigen. Im Gegensatz dazu finden informelle Prozesse eher in verbalen Diskussionen mit den direkten Vorgesetzten statt, wobei kleinere Handlungen oft gar keiner Erlaubnis bedürfen.
- **Hohe vs. geringe Loyalität:** Unternehmen unterscheiden sich in dem Grad, in dem die Mitarbeiterinnen und Mitarbeiter die Interessen des Unternehmens über die anderen Interessen stellen.
- **Bekannte vs. unbekannte Erwartungen:** Ein weiteres Unterscheidungsmerkmal ist das Wissen um die Erwartungen, die von Seiten des Unternehmens an die Belegschaft gestellt werden. In manchen Unternehmen ist klar, welche Aufgaben wie zu erfüllen sind; in anderen weniger.

Ein Beispiel zur Einteilung von Unternehmen anhand unterschiedlicher Charakteristiken ist das **Competing Values Framework** von *Quinn*[234]. Er unterscheidet vier Unternehmenskulturtypen, indem er gegensätzliche Wertvorstellungen (competing values) gegenüberstellt, nämlich einerseits Flexibilität und Spontaneität im Gegensatz zu Kontrolle und Stabilität, sowie interne Orientierung versus externe Orientierung. Die Kulturtypen, die dadurch entstehen, sind folgende (vgl. auch Abbildung 86):

- **Clan-Kultur:** In diesen Kulturen herrscht eine familienähnliche Atmosphäre, meist mit einer Elternfigur an der Spitze. Die Orientierung erfolgt nach innen und Loyalität und Tradition gelten als besonders wichtig. Durch wenig starre Strukturen gibt es viel Flexibilität.

234 *Quinn*, 1988.

- **Adhocracy:** Hier liegt der Fokus auf dem Außen und Entrepreneurship, Innovation und Risikobereitschaft sind zentrale Werte. Durch spontan entstehende Strukturen, die je nach Situation angepasst werden können, kann schnell auf Veränderungen reagiert werden.
- **Hierarchie:** Durch Standardisierung und Formalisierung, die von Koordinatoren durchgeführt werden, liegt der Fokus auf Kontrolle und Stabilität. Es wird hauptsächlich versucht, die internen Abläufe zu verbessern und zu regulieren.
- **Marktkultur:** Hier wird der Markt und die Kundenorientierung fokussiert. Deshalb zählen v.a. Resultate und Wettbewerbsfähigkeit. Da alle Prozesse auf die Erreichung von Kennzahlen abgestimmt sind, werden Abläufe stark kontrolliert.

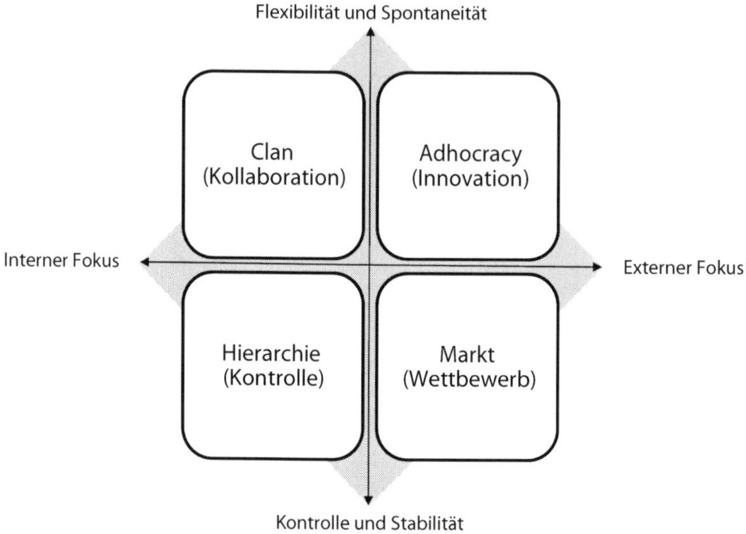

Abbildung 86: Competing Values Framework (basierend auf *Quinn*, 1988)

Typologien sind immer eine Vereinfachung von komplexen Mustern und nicht jede Unternehmenskultur lässt sich genau in die vorgegebenen Schemata einordnen. Selbst wenn man die Typologisierung anhand des Competing Values Framework oder den Charakteristiken vornehmen kann, heißt das nicht, dass alle Abteilungen von dieser vorherrschenden Unternehmenskultur durchdrungen sind. Unternehmenskulturen werden nämlich als „pluralistische Gebilde" gesehen, die aus vielen Subkulturen bestehen.

In Unternehmen entwickeln sich **Subkulturen**, wenn Individuen regelmäßig miteinander kommunizieren und interagieren und sich als spezifische Gruppe identifizieren. Subkulturen entstehen besonders in Wachstums- und Reife-Phase, in stark gegliederten Organisationsstrukturen mit vielen Abteilungen und Hierarchie-Ebenen und in Unternehmen mit einer hohen Aufgabenteilung. Darüber hinaus können auch Faktoren wie Alter, Geschlecht, Staatsangehörigkeit oder Gewerkschaftszugehörigkeit dazu führen, dass Mitarbeiterinnen und Mitarbeiter sich bestimmten Gruppen zugehörig fühlen und eigene kulturelle Wertvorstellungen aufbauen.

Subkulturen sind nicht zwangsläufig negativ, solange sie nicht als Gegenkulturen ausgerichtet sind. Gegenkulturen richten sich ausdrücklich gegen die vorherrschenden Wertesysteme, beispielsweise aus Enttäuschung mit dem bisherigen System oder durch neue Ideen, denen die Hauptkultur nicht aufgeschlossen gegenübersteht. Verstärkende Subkulturen haben sehr viele Elemente mit der Hauptkultur gemeinsam und Mitglieder zeigen vorbildmäßiges, konformes Verhalten. Durch ihren Enthusiasmus verstärken sie die Wertvorstellungen der Hauptkultur. Neutrale Subkulturen haben ihr eigenes Wertesystem, das aber nicht im Gegensatz zur Hauptkultur steht. Die kulturellen Orientierungssysteme gelten parallel und ergänzen sich auch teilweise.

8.2. Organisationsstrukturen

Strategieimplementierung betrifft nicht nur strategische Planungsprozesse und deren Abstimmung hinsichtlich Zielsetzung, operationaler Aktivitäten und Ressourcenverteilung. Strategieimplementierung umfasst auch das Design und die Struktur von Organisationen.[235] Organisationsstrukturen haben eine gemeinsame, integrierte Vorgehensweise zum Ziel und umfassen folgende vier Koordinationsaufgaben[236]:

- **Arbeitsteilung zur Koordination von Fähigkeiten:** Eine fundamentale Quelle für die Effizienz von Organisationen liegt in der Spezialisierung durch Arbeitsteilung. Hohe Spezialisierung schafft einerseits Fokus, Entwicklung von Spezialwissen, klare Verantwortlichkeiten und hohe Standards. Andererseits führt extreme Spezialisierung zu Fragmentierung, monotonen Arbeiten und der Herausforderung der komplexen Koordination und Integration.
- **Integrationsmechanismen zur Koordination von Aktivitäten:** Arbeitsteilung macht Integration und Zusammenführung der unabhängigen Aktivitäten und Ergebnisse notwendig. Verschiedene Integrationsmechanismen stehen hier zur Verfügung, wie z.B. Beaufsichtigung, Kontrolle, formale Regeln und Prozesse, Meetings und immer häufiger auch technologiegestützte Mechanismen basierend auf digitalen, sozialen Technologien, die Wissenstransfer, Wissensaustausch und Zusammenführung ermöglichen (z.B. soziale Netzwerke, Diskussions-Plattformen etc.).
- **Verteilung von Entscheidungshoheiten zur Koordination der Zielerreichung:** Dies betrifft die Verteilung der Verantwortung, über die strategische Ausrichtung des Unternehmens zu entscheiden. Entscheidungsverantwortlichkeiten hinsichtlich der Initiierung, der Befürwortung, Realisierung und Kontrolle verschiedener strategischer und taktischer Entscheidungen müssen entsprechend definiert und verteilt werden.
- **Definition und Erhaltung von Grenzen der Organisation:** Die Organisationsstruktur bestimmt, welche Ressourcen, Fähigkeiten und Aktivitäten innerhalb oder außerhalb von Organisationen zur Verfügung stehen. Dies betrifft Entscheidungen hinsichtlich horizontaler und vertikaler Integration, strategischer Allianzen und Partnerschaften sowie Make- vs. Buy-Entscheidungen. Diese definieren die Grenzen einer Organisation und deren Interaktion mit dem Unternehmensumfeld. In den vergangenen Jahren sind Unternehmensgrenzen unterstützt durch digitale Techno-

235 *Grant*, 2018.
236 *Bernstein* & *Nohria*, revised 2016.

logien zunehmend durchlässiger und verschwommener geworden und verlieren an Bedeutung.[237]

Organisationsstrukturen können sich in diesen vier Dimensionen der Koordination unterscheiden und in ihren unterschiedlichen Ausprägungen daher zu unterschiedlichen Ergebnissen in Bezug auf folgende Kriterien führen:[238]

- **Effizienz:** die Fähigkeit einer Organisation, Aktivitäten und Ergebnisse durch möglichst ökonomischen Einsatz von Ressourcen zu realisieren und zu generieren
- **Flexibilität:** die Fähigkeit einer Organisation, die Nachfrage entsprechend der tatsächlichen Kundenbedürfnisse zu bedienen
- **Anpassungsfähigkeit:** die Fähigkeit einer Organisation, innovativ zu sein und sich dynamisch weiterzuentwickeln
- **Integrität:** die Fähigkeit einer Organisation, eine Übereinstimmung zwischen Unternehmensziel, Unternehmenszweck, der Motivation der Belegschaft sowie externen Ansprüchen zu finden

8.2.1. Traditionelle Organisationsstrukturen

Hierarchie ist ein fundamentales Merkmal von Organisationsstrukturen. Durch Hierarchie werden Spezialisierung, Integration, Entscheidungshoheit und Unternehmensgrenzen koordiniert. Sie hat damit auch entscheidende Auswirkungen auf Effizienz, Flexibilität, Anpassungsfähigkeit und Integrität. Allerdings unterscheiden sich Organisationsstrukturen zunehmend darin, wie ausgeprägt (steil oder flach) Hierarchien sind und wie stark sie durch Bürokratie oder Modularität geprägt sind.

Traditionelle Organisationsstrukturen umfassen die funktionale Struktur, die multidivisionale Struktur und die Matrix-Struktur:[239]

- **Funktionale Struktur:** Organisationen, die in nur einem Geschäftsfeld tätig sind, sind meist entlang der Geschäftsfunktionen organisiert. Dies erlaubt Skalenerträge, Wissensaustausch und standardisierte Kontrollsysteme. Funktionenübergreifende Integration findet an der Unternehmensspitze statt, was zu einer zentralisierten Kontrollfunktion der Unternehmensleitung führt (Abbildung 87).

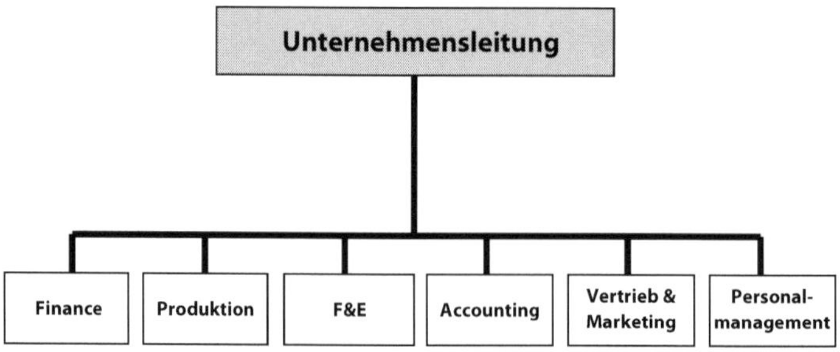

Abbildung 87: Funktionale Organisationsstruktur (Quelle: adaptiert nach *Grant*, 2018)

237 *Ashkenas*, 1999; *Newell, Pan, Galliers* & *Huang*, 2001.
238 *Bernstein* & *Nohria*, revised 2016.
239 *Grant*, 2018.

- **Multi-divisionale Struktur:** Diversifizierte Unternehmen sind entlang der verschiedenen Produkt- und Geschäftsfelder organisiert. Der Vorteil liegt in einer möglichen dezentralisierten Entscheidungsfindung hinsichtlich Strategien auf Ebene der Geschäftseinheiten, während Unternehmenszentralen sich auf die zur Verfügungstellung zentraler Dienste fokussieren (Abbildung 88).

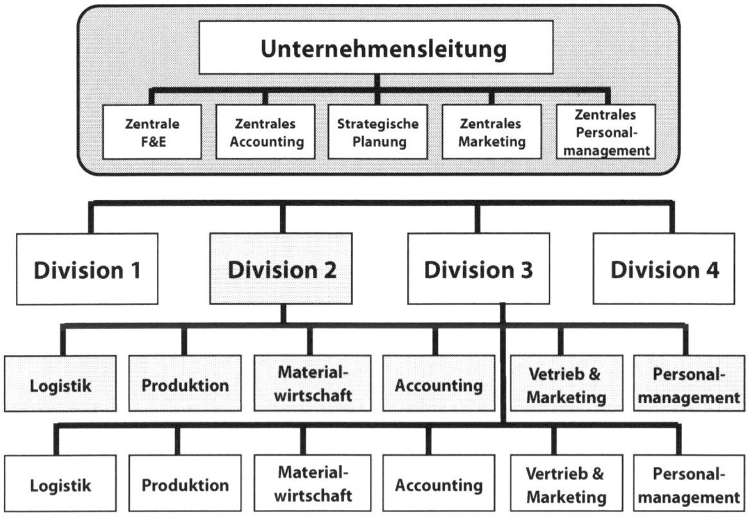

Abbildung 88: Multi-divisionale Organisationsstruktur (Quelle: adaptiert nach *Grant*, 2018)

- **Matrixstruktur:** Die Matrixstruktur kombiniert die Tätigkeit in verschiedenen Geschäftsfeldern mit den unterschiedlichen Unternehmensfunktionen. Speziell große Unternehmen strukturieren ihre Tätigkeiten entlang dieser verschiedenen Dimensionen. Matrixstrukturen zeichnen sich oft durch hohe Komplexität, höheren Schnittstellenaufwand, Bürokratie, langsamere Entscheidungsprozesse und Redundanzen in Verantwortlichkeiten und Rollen sowie in der Kommunikation aus (Abbildung 89).

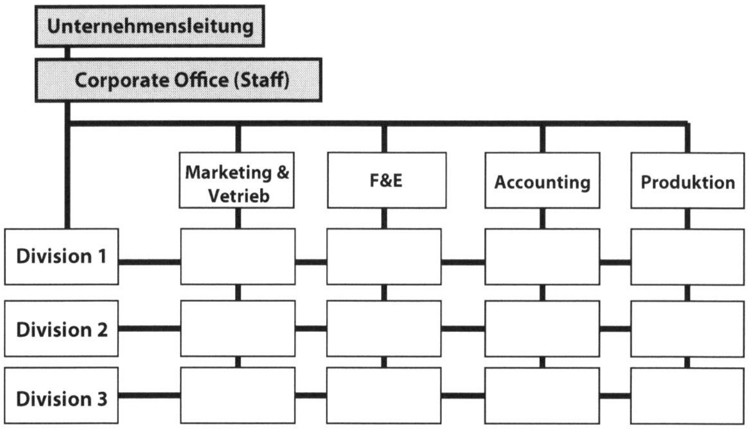

Abbildung 89: Matrixstruktur (Quelle: adaptiert nach *Grant*, 2018)

8.2.2. Neue Organisationsstrukturen

Unterstützt durch digitale Technologien, die dezentralen Wissensaustausch und Interaktion zwischen vielen Individuen ermöglichen, haben sich in den letzten Jahren neue Organisationsformen entwickelt und durchgesetzt. Diese sind durch flachere Hierarchien, dezentrale Entscheidungen, durchlässige Unternehmensgrenzen, Ermächtigung von Mitarbeitern unabhängig von Funktion und Hierarchieebene, Innovation, Selbstorganisation und Flexibilität charakterisiert. Diese Organisationsstrukturen entstehen häufig organisch, „bottom-up", durch die Interaktion der einzelnen Akteure (siehe Abbildung 90):

- **Netzwerkstrukturen:** Netzwerkorganisationen definieren sich durch einen dezentralisierten Organisationsaufbau und hohe Interaktion und Kommunikation durch intensive Vernetzung. Oft unterstützt durch digitale Kommunikationsmedien können Mitarbeiterinnen und Mitarbeiter einfach und schnell Wissen und Informationen austauschen und zusammenarbeiten und sich ergänzen. Netzwerkorganisationen bieten eine höhere Agilität und Flexibilität, schnelle Lernprozesse und hohe Anpassungsfähigkeit. Die Koordination eines Netzwerks kann jedoch auch durch Komplexität und Zeitaufwand in der Koordination gekennzeichnet sein – u.a. bedingt durch erhöhten Kommunikationsaufwand.[240]
- **Team-basierte Organisationsstrukturen – z.B. Holakratie:** Holakratie ist eine Organisationsform, die auf Selbstorganisation und kollektiver Verantwortung beruht. Sie zeichnet sich durch Partizipation aller Mitarbeiterinnen und Mitarbeiter sowie Entscheidungsfindung im Konsens aus. Holakratisch organisierte Unternehmen definieren dynamische Rollen anhand von Arbeitsaufträgen. Rollen werden in Unterkreisen gruppiert, die wiederum Teil eines größeren Kreises sind, bis hin zum umfassenden Kreis, der die gesamte Organisation definiert. Es ist keine formale Rolle einer Führungskraft definiert. Teams sollen ohne bürokratische und langwierige Entscheidungsprozesse eigenverantwortlich und selbststeuernd arbeiten können. Holakratie ist agiler als traditionelle, hierarchische Organisationsmodelle, doch gleichzeitig birgt sie Komplexität mit zahlreichen Regeln und Ablaufplänen für bestimmte Rollen nach Arbeitsaufträgen. Mitarbeiterinnen und Mitarbeiter müssen immer wieder selbstverantwortlich in neue operative Rollen schlüpfen und die Kontrolle über die komplexen Prozesse behalten.[241]
- **Community-basierte Organisationsstrukturen:** Digitale Technologien ermöglichen die Zusammenarbeit und Selbst-Organisation von Individuen auf digitalen Plattformen zu einem großen Kollektiv. Beispiele dieser selbst-organisierten, digitalen Kollektive sind z.B. Open Source Software Communities, Wikipedia, Hackathons etc. Arbeitsverteilung und Rollen in diesen Communities entwickeln sich dynamisch, basierend auf Motivation und Interesse der Teilnehmer und verändern sich fortlaufend. Integrationsmechanismen, wie Besprechungen oder Tasks Forces, sind technologieunterstützt und entstehen spontan und ohne formale Zuordnungen. Arbeitsverteilung basierend auf Expertise und Wissensaustausch findet permanent statt. Die

240 *Grant*, 2018.
241 *Bernstein, Bunch, Canner* & *Lee*, 2016; *Hamel* & *Zanini*, 2016.

Grenzen dieser Organisationsstrukturen sind dynamisch und können oft nicht mehr klar definiert werde.[242]

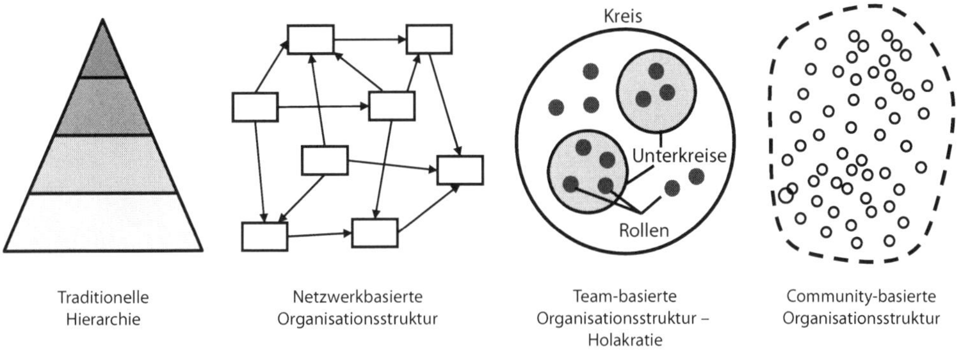

Abbildung 90: Traditionelle vs. neue Organisationsstrukturen

Organisationen ohne formale Managementrollen stehen am Ende einer Entwicklung hin zu flacheren Hierarchien, weniger Bürokratie und mehr Agilität. *W.L. Gore*, der Hersteller von Gore-Tex, gibt beispielsweise an, trotz seiner 10.000 Mitarbeiter und mehr als $ 3 Milliarden Umsatz jährlich über keinen formalen Organisationsplan und keine formale Weisungskette zu verfügen.[243]

Beispiel

Der amerikanischen Online-Schuhhändler **Zappos**, ein Tochterunternehmen von Amazon, mit rund 1.600 Mitarbeiterinnen und Mitarbeitern, gilt seit seiner firmenweiten Einführung von Holakratie im Jahr 2013 als Vorreiterunternehmen hinsichtlich dieser Organisationform. Ziel der Strukturierung in dynamischen, selbstorganisierenden Teams war es, bürokratische Prozesse zu umgehen, Mitarbeiterinnen und Mitarbeitern mehr Autonomie zu geben, ihr kollektives Wissen besser zu nutzen und Aktivitäten schneller an aktuelle Entwicklungen anzupassen, anstatt sich fast ausschließlich auf die Führungskräfte und ihre Visionen zu verlassen.

Doch die Umstellung auf diese neue Form der Organisation war nicht für alle einfach. Einige hatten Schwierigkeiten, sich in der neuen Verantwortung und der höheren Entscheidungsgewalt zurechtzufinden. Zappos' CEO *Tony Hsieh* bot jenen Mitarbeiterinnen und Mitarbeitern, die diese Veränderung nicht mittragen konnten oder wollten, ein Abfindungspaket an, das letztlich ca. 18 % der Belegschaft annahmen.[244] *Hsieh* hebt dabei zum Konzept der Holakratie hervor: „[…] It's intended to eliminate bureaucracy and fuel innovation, but some people have misinterpreted it as anarchy […] the biggest misconception is that it's just total chaos and there's no structure."[245]

242 *Bagozzi* & *Dholakia*, 2006; *Dahlander* & *Magnusson*, 2005.
243 *Silvermann*, 2015.
244 *Bernstein* et al., 2016; *Feloni*, 2016; *Hamel* & *Zanini*, 2016; *Silvermann*, 2015.
245 *Silvermann*, 2015.

9. Leadership

Um Unternehmen zum Erfolg zu führen, braucht es Leadership. Insbesondere das Finden und Formulieren einer Vision und langfristiger Ziele sind Leadership-Aufgaben. Im Folgenden werden die Grundbegriffe zu Leadership erläutert und anschließend neuere Formen des Leadership vorgestellt. Diese lassen sich wie folgt unterteilen:

- Theorien, die sich auf die Person der Führenden beziehen,
- Theorien, die sich auf die Person der Geführten beziehen
- Theorien, die sich auf die Situation der Geführten beziehen

9.1. Was ist Leadership?

Für das strategische Management ist Leadership entscheidend, denn es bedeutet, dass die Führungsspitze die Fähigkeit hat, neue Möglichkeiten zu entdecken, diese umzusetzen oder umsetzen zu lassen, damit das Unternehmen erfolgreich ist. Dabei sollte die Führung für alle Stakeholder (Kunden, Mitarbeiter, Anteilseigner, Lieferanten, verbündete Unternehmen, Gesellschaft usw.) Wert schaffen und diese besser zufriedenstellen als die Konkurrenz.[246]

Leadership ist mehr als Management. Während sich Management auf die tägliche, kreative Problemlösung innerhalb des bestehenden Systems fokussiert, bedeutet Leadership das „Arbeiten am System“ (siehe auch Tabelle 33). Für ein erfolgreiches Unternehmen braucht es beides, Leadership und Management. Die Tools und Methoden, die in diesem Buch vorgestellt werden, erleichtern Managern ihre tägliche Arbeit, während das Formulieren der Vision, die Erarbeitung eines Geschäftsmodells und die Formulierung von Strategien zu den Leadership-Aufgaben gehören

Management **Kreiert Ordnung und Konsistenz**	**Leadership** **Kreiert Wandel und Fortschritt**
Planung und Budgetierung • stellt Agenden auf • setzt Zeitpläne fest • verteilt Ressourcen	Richtungsgeber • formuliert eine Vision • zeigt das Gesamtbild • setzt Strategien fest
Organisation und Personal • sorgt für Strukturen • besetzt Stellen • stellt Regeln und Prozesse auf	Mitarbeiterkoordination • kommuniziert Ziele • sucht Commitment • bildet Teams und Koalitionen
Controlling und Problemlösung • entwickelt Anreizsysteme • generiert kreative Lösungen • nimmt korrektive Maßnahmen vor	Motivation und Inspiration • inspiriert und aktiviert • empowert Mitarbeiterinnen und Mitarbeiter • erfüllt Bedürfnisse

Tabelle 33: Unterschied zwischen Management und Leadership[247]

246 *Hinterhuber*, 2007.
247 Adaptiert von *Kottler*, 1990.

Leadership ist die Fähigkeit, Mitarbeiterinnen und Mitarbeiter anzuregen, zu inspirieren und zu empowern.

9.2. Überblick über traditionelle Führungstheorien

Die unterschiedlichen Möglichkeiten, Führung theoretisch zu erfassen, veränderten sich über die Zeit hinweg.[248] Abbildung 91 bietet einen Überblick über traditionelle Führungstheorien.

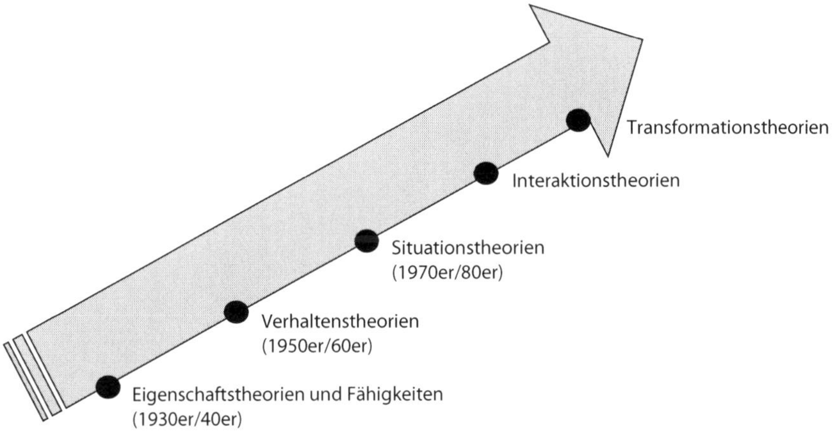

Abbildung 91: Führungstheorien im Laufe der Zeit

- Die **Eigenschaftstheorien** aus den 1930er und 1940er Jahren legen den Fokus auf Eigenschaften und Fähigkeiten der Führenden. Sie basiert auf der Great-Man-Theory,[249] die untersucht hat, welche Eigenschaften große Führungspersönlichkeiten in Politik, Kriegsführung und Wirtschaftsunternehmen haben. Beispiele dieser Eigenschaften können Antrieb für Verantwortung und Ergebnisorientierung, Elan und Ausdauer in der Erreichung von Zielen sowie Risikobereitschaft und Originalität in der Problemlösung sein. Neben den Eigenschaften gibt es auch Fähigkeiten, die für Führungspersönlichkeiten essentiell sind. Dies sind technische Fähigkeiten dahingehend, wie die Arbeit durchgeführt werden soll, menschliche Fähigkeiten, die ausdrücken, wie man mit Menschen zusammenarbeiten kann, und konzeptionelle Fähigkeiten, die den Umgang mit Ideen zeigen. Diese sind abhängig von der Hierarchiestufe, z.B. ob die Führungskraft dem Top- oder mittleren Management angehört.
- Die **Verhaltenstheorien** aus den 1950er und 60er Jahren nehmen an, dass Führungserfolg vom Führungsstil (Führungsverhalten der Führenden) abhängt. Dabei werden Mitarbeiterinteressen, die zu erfüllende Aufgabe oder die Beteiligung der Mitarbeiterinnen und Mitarbeiter an der Entscheidung einbezogen. In diesen Theorien gibt es einige Modelle, die anhand der Kategorisierung von Führungsstilen erläutern, wann

248 *Northouse* 2012.
249 *Stogdil* 1948.

welcher Führungsstil geeignet ist. Die eindimensionale Führungsstil-Taxonomie nach *Tannenbaum* und *Schmidt* bietet beispielsweise ein Kontinuum der Führungsstile von autoritär (Vorgesetze haben den ganzen Entscheidungsspielraum) bis hin zu kooperativ (Entscheidungsspielraum liegt bei der Gruppe).[250]

- Die **Situationstheorien** aus den 1970er und 80er Jahren nehmen an, dass die Effizienz der Führung neben der Führungspersönlichkeit auch von der Führungssituation abhängt. Deshalb gibt es für jede Situation einen bestimmten spezifischen Führungsstil bzw. erfordert diesen. Als Situation kann man z.B. den Reifegrad der Mitarbeiterinnen und Mitarbeiter angeben. Dieser kann von niedrig bis hoch eingestuft werden. Dazu passend gibt es einen Führungsstil, z.B. ist bei einem hohen Reifegrad, in dem Motivation, Fähigkeiten und Wissen seitens der Mitarbeiterinnen und Mitarbeiter vorhanden sind, der Delegationsstil angebracht. Wenn dieser Reifegrad der Mitarbeiterinnen und Mitarbeiter nicht vorhanden ist, ist eine genaue Unterweisung der Mitarbeiterinnen und Mitarbeiter seitens der Vorgesetzten nötig.[251]
- Die **Interaktionstheorien** beruhen auf den Annahmen, dass Führung ein interaktiver Prozess ist und von den Persönlichkeitsmerkmalen der Geführten und der Führenden sowie der relevanten Situation beeinflusst wird. Interaktionstheorien beschreiben die Dynamik zwischen Führungskräften und ihren Mitarbeitenden. Denn Führungskräfte behandeln ihre Mitarbeiterinnen und Mitarbeiter nicht alle gleich. Oft unterscheidet man zwischen Mitgliedern der In-Group, die einem näher stehen, weil man Gemeinsamkeiten hat, und denen der Out-Group, die weiter entfernt stehen.[252]
- Die **Transformationstheorien** gehören zum sogenannten New Leadership. Hier werden die emotionalen Aspekte stärker betrachtet. Ihr größter Verdienst ist, dass sie erklären, wie Führungskräfte dramatische Veränderungsprozesse initiierten bzw. erfolgreich vollendeten.

Genauere Ausführung zu neuen Arten von Leadership folgen im nächsten Kapitel.

9.3. Neue Leadership-Ansätze

In der neueren Literatur hat sich gezeigt, dass universelle Führungsstile nicht immer gleichermaßen zum Erfolg führen. Vielmehr müssen sie an die Herausforderungen und organisatorische Ausgestaltung des Unternehmens oder der Unternehmenseinheit angepasst sein. Gerade in der heutigen Zeit, die durch Hyperwettbewerb, die Wissensgesellschaft, in der zunehmend kreative Wissensarbeit gefragt ist, und vermehrte Netzwerkorientierung von Unternehmen gekennzeichnet ist, braucht es neue Ansätze von Führung anstelle der traditionellen Modelle, wie folgende Beispiele zeigen. Dabei werden ausgewählte Leadership-Theorien präsentiert, die sich entweder auf die Person der Führenden, auf die Person der Geführten oder auf die Situation der Führung beziehen.

250 *Tannebaum* & *Schmidt* 1958.
251 *Reddin* 1987.
252 *Graen* et al. 1982.

9.3.1. Neue Leadership-Ansätze, die sich auf die Person der Führenden beziehen

Charismatische Führung

Das Konzept der charismatischen Führung basiert auf Charisma, einer nicht jedem zugänglichen Kraft oder Eigenschaft einer Führungskraft, die als Begabung bezeichnet wird. Diese stellt allerdings keine objektive Bewertung dar, sondern wird alleine von Geführten (und in diesem Zusammenhang wird oft der Begriff „Anhänger" verwendet) subjektiv bewertet. Es kommt also darauf an, wie die Geführten die Qualitäten des Leaders bewerten. Deshalb müssen sich Führungskräfte durch Handeln bewähren. Nur dadurch kommt es zu einer freien Verehrung durch die Geführten. Denn durch Nicht-Handeln oder unerwartetes Handeln kann die charismatische Autorität schnell wieder schwinden.[253]

Eine Führungskraft wird von Mitarbeiterinnen und Mitarbeitern als charismatisch wahrgenommen, wenn sie:

- eine Vision vertritt, die sich von anderen abhebt,
- ungewöhnliche und innovative Wege beschreitet,
- persönliche Opfer bringt, um die Vision zu erreichen, und
- an die Vision glaubt (und dies zeigt).

Eine charismatische Führungskraft führt durch ihre Vision, nicht durch Autorität oder partizipative Entscheidungsfindung und hat ein gutes Gespür für die Bedürfnisse ihrer Mitarbeiterinnen und Mitarbeiter.

Der Wissenschaftler *Robert House* zeigt mit seinem Werk 1977 einen systematischen Aufbau charismatischer Führung. Dazu zählen Persönlichkeitsmerkmale, die sich im konkreten Verhalten ausdrücken, das wiederum Auswirkungen auf die Geführten hat. Zu den Persönlichkeitsmerkmalen zählen Dominanz, Bedürfnis nach Beeinflussung, starkes Selbstvertrauen und starke Werte. Das bedeutet aber nicht automatisch, dass Dominanz als Persönlichkeitsmerkmal zu einem starken Rollenvorbild führt, das wiederum eine Auswirkung auf die Geführten bzgl. des Vertrauens in die Ideologie des Leaders hat. Es handelt sich hierbei lediglich um eine Auflistung von Eigenschaften, die *House* als zentral für charismatische Führung gefunden hat.[254]

Im Verhalten drückt sich charismatische Führung durch ein starkes Rollenvorbild aus. Die Führungskraft zeigt ihre Kompetenzen. Sie artikuliert ihre Ziele und Visionen, z.B. für das Unternehmen. Außerdem kommuniziert sie eine hohe Erwartungshaltung, drückt Vertrauen aus und weckt Motive.

Dies alles hat Auswirkungen auf die Geführten. Sie zeigen Vertrauen in die Ideologie der Führungskraft. Sie glauben an eine Ähnlichkeit zwischen Leader und Geführten und identifizieren sich mit ihm. Es gibt eine ungefragte Akzeptanz, sodass auch wenig in Frage gestellt wird. Oft ist eine gewisse Zuneigung zur Führungskraft zu finden. Es bildet

253 *Weber* 1980.
254 *House* 1977.

sich oft Unterwerfung und manchmal auch blinder Gehorsam heraus, da die Geführten emotional in die gesteigerten Ziele involviert sind. Aus all diesem ziehen auch die Geführten ein erhöhtes Selbstbewusstsein.

Man sieht also, dass es sowohl vorteilhaft sein kann, charismatisch zu führen, weil es unhinterfragte Akzeptanz gibt. Allerdings sind einige Elemente charismatischer Führung auch negativ konnotiert, sodass man auch auf die Gefahren durch charismatische Führung hinweisen muss. Dazu zählen die unkritische Haltung gegenüber Ideen der charismatischen Führungskraft, extremes Vertrauen, sodass reale Gefahren ausgeblendet werden, Fokus auf riskante, „großartige“ Projekte mit höherer Wahrscheinlichkeit des Scheiterns, impulsives und unübliches Führungsverhalten, das sowohl Feinde als auch Anhänger schafft und somit die Organisation spalten kann, fehlende Entwicklung von Nachfolgern, die zu Führungskrisen führen kann, sowie keine oder unzureichende Thematisierung von Fehlern, was organisationales Lernen verhindert. Diese negative Ausrichtung von charismatischer Führung wird auch als destruktive Führung bezeichnet.[255]

Emotionale Intelligenz

Emotionale Intelligenz wurde durch *Daniel Goleman* in den 1990er Jahren bekannt gemacht. Sie ist eine Unterkategorie der sozialen Intelligenz, die die Fähigkeit beinhaltet, die eigenen Emotionen und die von anderen zu erkennen, sie zu unterscheiden und diese zu verwenden, um eigene Überlegungen und Verhaltensweisen zu beeinflussen.

Zu den Bausteinen der emotionalen Intelligenz gehört (1) die Selbstwahrnehmung. Hier ist es als Führungskraft wichtig, die eigenen Emotionen zu kennen. (2) Der zweite Baustein ist die Handhabung von Emotionen. Dabei sollen Gefühle angemessen zum Ausdruck gebracht werden. Hier wird bereits auf die Situation der Geführten eingegangen, da beispielsweise Wutausbrüche der Führungskraft zu negativen Auswirkungen bei den Geführten führen können. Deshalb ist es für Führungskräfte wichtig, mit den eigenen Emotionen angemessen umzugehen. (3) Um authentisch zu sein, müssen im dritten Baustein diese Emotionen in die Tat umgesetzt werden – aber mit Maß und Ziel. (4) Denn im vierten Baustein wird die Empathie ins Spiel gebracht, die sich auf die Geführten bezieht. Der Führungskraft muss bewusst sein, wie sich andere fühlen, und ihre Emotionen demensprechend handhaben. Gleichzeitig ist Führung aber nicht nur eine einseitige Beziehung, sondern eine Interaktion. (5) Deshalb kommt als fünfter Baustein der Umgang mit Beziehungen hinzu, in dem die Führungskraft auch mit den Emotionen anderer umgehen muss.[256]

Emotionale Intelligenz ist die Fähigkeit, eigene Gefühle und die Gefühle anderer zu erkennen und zu steuern. Die folgenden drei Fähigkeiten sind von Bedeutung:

- Emotionales Bewusstsein, einschließlich der Fähigkeit, eigene Gefühle und die Gefühle anderer zu erkennen. Eine höhere emotionale Intelligenz bringt klare Vorteile mit sich: Menschen mit höherer emotionaler Intelligenz fällt es leichter, zwischenmenschliche Beziehungen aufzubauen, zu erhalten und sich in Gruppen „anzupassen“.

255 *Harvey* et al. 2007.
256 *Goleman* 1995.

Außerdem verstehen sie ihren eigenen psychologischen Zustand besser; dazu gehört der bessere Umgang mit Stress und eine geringere Wahrscheinlichkeit, an Depressionen zu erkranken.

- Die Fähigkeit, Emotionen zu nutzen und sie bei Aufgaben, wie dem Überdenken und dem Lösen von Problemen, anzuwenden.
- Die Fähigkeit, Emotionen zu verwalten, einschließlich der Möglichkeit, eigene Emotionen zu regulieren, und die Fähigkeit, eine andere Person zu erheitern oder zu beruhigen. Damit kann eine emotional intelligente Person sowohl negative als auch positive Emotionen nutzen, um ihre Ziele zu erreichen.

9.3.2. Neue Leadership-Ansätze, die sich auf die Person der Geführten beziehen

Bereits in den neueren Ansätzen zur Führung, die sich mehr auf die Person der Führungskraft beziehen, hat sich gezeigt, dass die Geführten aus der Führungssituation nicht wegzudenken sind. So schreiben etwa bei der charismatischen Führung die Geführten ihren Führungskräften diese Eigenschaft zu oder eben nicht. Ansätze, die die Geführten miteinbeziehen, stellen Interaktionen zwischen Führungskraft und Geführten in den Vordergrund. Interaktionstheorien gehen von der Annahme aus, dass Führung ein interaktiver Prozess ist. Dieser Prozess wird von den Persönlichkeitsmerkmalen des Geführten und der Führungskraft sowie der relevanten Situation beeinflusst. Eine weit verbreitete Interaktionstheorie der Führung ist zum Beispiel das Konzept der transformationalen Führung. Zu den neueren Ansätzen zählt auch Shared Leadership.

Transformational vs. transactional Leadership

Seit den 1980er Jahren wird diese Unterscheidung zwischen zwei konträren Leadership Styles vorgenommen (*Bass*, 1985), um die Entwicklung von Führung auf Basis geänderter situativer Anforderungen aufzuzeigen. Während transactional Leadership dem klassischen Verständnis von Führung entspricht, das viele Jahrzehnte erfolgreich war, nimmt transformational Leadership die veränderten Bedingungen in Unternehmen wahr und reagiert darauf.

Bei **transactional Leadership** werden Mitarbeiterinnen und Mitarbeiter hauptsächlich durch den Austausch von bedingten Belohnungen (contingent-reward exchange) und Führung nach dem Ausnahmeprinzip (management-by-exception) motiviert. Das bedeutet, dass die Führungskraft klare Ziele vorgibt und exzellentes Verhalten, das zum Erreichen dieser Ziele führt, belohnt. Dazu kommunizieren transactional Leader explizite Rahmenbedingungen und geben Feedback, ob das gesetzte Ziel erreicht wurde.

Im Gegensatz dazu ist **transformational Leadership** charismatisch, inspirierend und intellektuell stimulierend. Wie der Name schon impliziert, will transformational Leadership etwas verändern. Die Mitarbeiterinnen und Mitarbeiter sollen befähigt werden, mit all ihren Emotionen, Wert- und Ethikvorstellungen, Standards und eigenen Zielen einen wertvollen Beitrag für das Unternehmen zu leisten. Dabei helfen Führungskräfte ihren Mitarbeiterinnen und Mitarbeitern, deren Eigeninteressen für das Wohl des gesamten Unternehmens zu überwinden. Transformational Leader inspirieren andere mit ihrer

Vision und motivieren durch Enthusiasmus. Sie lassen es zu, dass althergebrachte Annahmen durchbrochen werden und sich Mitarbeiterinnen und Mitarbeiter auf die Zukunft konzentrieren. Im Gegensatz zu transactional Leadership, das die kurzfristige Zielerreichung fokussiert, konzentriert sich transformational Leadership auf eine langfristige Zusammenarbeit mit den Mitarbeiterinnen und Mitarbeitern.[257]

Es gibt insgesamt **vier charakteristische Elemente der transformationalen Führung**: der idealisierte Einfluss, die inspirierende Motivation, die interkulturelle Stimulation und die individuelle Berücksichtigung.

- **Idealisierter Einfluss** beschreibt den Einfluss und Respekt, den die Führungskraft durch hohes moralisches und ethisches Verhalten bei ihren Mitarbeiterinnen und Mitarbeitern erlangt. Die Führungskraft ist darüber hinaus bereit, die Interessen der Gruppe über die persönlichen Interessen zu stellen.
- **Inspirierende Motivation** dagegen beschreibt die Entwicklung einer herausfordernden Vision und die Entwicklung gemeinsamer Ziele. Die Führungskraft sollte hierbei Enthusiasmus und Optimismus beitragen. Die Führungskraft motiviert und inspiriert die Gruppe. Die Arbeit und Aufgabe der Mitarbeiterinnen und Mitarbeiter erlangen durch die Visionen und gemeinsamen Ziele mehr Bedeutung und Sinn. Die Kommunikationsprozesse sind dementsprechend stark.
- **Intellektuelle Stimulation** erfolgt durch die Führungskraft, indem sie die Mitarbeiterinnen und Mitarbeiter zur Hinterfragung existierender Annahmen ermutigt und sie dain bestärkt, eigenverantwortlich neue Lösungen zu suchen. Die Führungskraft vertraut dabei auf die Innovationsfähigkeit und Kreativität der Geführten.
- **Individuellen Berücksichtigung** bedeutet, dass sich die Führungskraft als Coach und Mentor für die Mitarbeitenden versteht. Ziel ist es dabei, die individuellen Potenziale und Stärken der Mitarbeitenden zu fördern.

Shared Leadership

Durch neue Strukturen in Netzwerkorganisationen hat sich Shared Leadership (geteilte Führungsverantwortung) herausgebildet. Dabei geht es nicht mehr um eine zentrale Führungsfigur, sondern um geteilte Führungsverantwortung, die je nach Expertise der Beteiligten wechseln kann.

In Teams hat sich gezeigt, dass traditionelle, vertikale Führungskonzepte die immer komplexeren Aufgabenstellungen nicht mehr bewältigen können und es deshalb sinnvoll ist, wenn sich alle Mitglieder an der Führung beteiligen. Führungsarbeit wird in jedem Moment von jenen Personen ausgeübt, die über das entsprechende Expertenwissen und die aktuell notwendigen Fähigkeiten verfügen, unabhängig von ihrer formalen Position. Demnach ist Shared Leadership ein dynamischer, interaktiver Prozess unter Individuen in Gruppen, die das Ziel haben, sich gegenseitig zur Erreichung des Gruppenziels oder des organisationalen Ziels oder beidem zu führen. Dementsprechend kann es auch für Unternehmen sinnvoll sein, Mitarbeiterinnen und Mitarbeiter an der Unternehmensführung, z.B. der Formulierung von Wertvorstellungen und Zielen, zu be-

257 *Avolio* et al., 1999.

teiligen.[258] Das Ziel ist dann die Leadership Company, deren Kernkompetenz die Entwicklung der Leadership-Fähigkeiten der Führenden und Mitarbeiter auf allen Verantwortungsebenen ist.[259]

Voraussetzungen für Shared Leadership sind komplexe Aufgaben. Der Gesamtzusammenhang kann durch einzelne Personen nicht erfasst werden. Zur Aufgabenbewältigung bedarf es unterschiedlichen Expertenwissens. Ein steigender Vernetzungsgrad von Aufgaben im Netzwerk übersteigt die Fähigkeiten einzelner Individuen und macht es daher notwendig, Führung auf mehrere Schultern zu verteilen. Die aktive Einbeziehung aller Netzwerkmitglieder in Entscheidungs- und Führungsprozesse ermöglicht hohe Integration und den Interdependenzen der Aufgaben gerecht zu werden. Zusätzlich erlaubt dies die Steigerung der Leistungsfähigkeit des Netzwerks. Kreativität ist ausschlaggebend für Verteilung von Führungsverantwortung. Kreative Problemlösungen erfolgen durch den diversen Input aller Mitglieder.

Shared Leadership bedarf eines entsprechenden Anreiz- und Personalentwicklungssystems und der Kommunikation des Mehrwerts durch die Aufteilung der Führungsverantwortung für die Organisation. Führungsentscheidungen können überwachenden oder eingreifenden Charakter haben. Sie können aufgaben- oder beziehungsorientiert sein und können kategorisiert werden nach internem Führungseingreifen und externem Führungseingreifen. Internes Führungseingreifen bezieht sich auf die Aufgabe des Mitarbeiters oder auf die Beziehung zum Mitarbeiter. Betrifft es die Aufgabe, sind Zielfokussierung, Ergebnisstrukturierung, die Erleichterung der Entscheidungsfindung, das Training für bestimmte Aufgaben und das Beibehalten von Standards Bestandteile. Bezieht sich das Eingreifen auf die Beziehungsebene, umfasst es Coaching, Zusammenarbeit, Konfliktbewältigung, Engagement-Bildung, Bedürfnisbefriedigung und zuletzt die Prinzipienbestimmung.

Effekte, die auf der Gruppenebene zu finden sind, wenn Shared Leadership angewandt wird und Mitarbeiterinnen und Mitarbeiter dadurch die Möglichkeit haben, Einfluss auszuüben, sind in der Gruppenpsyche zu finden. Beispielsweise erhöht sich das Commitment, der Zusammenhalt innerhalb der Gruppe und die Zufriedenheit. Im Gruppenverhalten sieht man Verbesserungen, wie innerhalb der Gruppe umgegangen wird, z.B. mit verschiedenen Perspektiven, aber auch zu anderen Stakeholdergruppen nach außen. In der Gruppeneffektivität hat sich gezeigt, dass sowohl die Qualität als auch die Quantität des Outputs gesteigert werden können.

9.3.3. Leadership-Ansätze, die sich auf die Situation der Führung beziehen

Bereits in den neueren Ansätzen zur Führung, die sich mehr auf die Person der beteiligten Führungskraft und der Geführten beziehen, hat sich gezeigt, dass die Situation der Führung nicht ignoriert werden darf. So kann in Krisenzeiten nicht so geführt werden wie in Zeiten, die nicht durch eine Krise charakterisiert wird. In bestimmten Branchen

258 *Pearce & Conger*, 2003.
259 *Hinterhuber & Stadler*, 2006.

und Aufgabenbereichen werden auch unterschiedliche Führungsanforderungen gestellt. Deshalb wird im Folgenden speziell auf Ansätze eingegangen, die diese Situation mitberücksichtigen. Die Modelle, die in den 1960er und 1970er Jahren aufkamen, wurden weiterentwickelt. Allerdings wurden keine komplett neuen Modelle entwickelt.

Lebenszyklus-Theorie

Die bekanntesten Vertreter der Situationstheorien sind *Hersey* und *Blanchard* mit ihrer Lebenszyklus-Theorie.[260] Als Situationsvariable wird der sogenannte „Reifegrad“ der Mitarbeiterinnen und Mitarbeiter verwendet. Er wird in jeder Beziehung und zur jeweiligen Aufgabe definiert. Der Reifegrad setzt sich aus zwei Bestandteilen zusammen. Zum einen sind das die Fähigkeiten, also Wissen, Fertigkeiten und Erfahrungen. Zum anderen ist es die Leistungsbereitschaft, also der Wille zur Leistung, die Motivation des Mitarbeiters und sein Selbstvertrauen. Der Reifegrad wird von hoch bis niedrig eingeordnet, je nachdem ob Fähigkeiten und, oder Motivation vorhanden sind oder nicht.

Der Reifegrad bestimmt sich also durch das Vorhandensein der einzelnen Komponenten. Entweder sind beide vorhanden, keine von beiden vorhanden oder nur eine von beiden vorhanden. Daraus ergeben sich die vier differenzierten Reifegrade, die eine Mitarbeiterin oder einen Mitarbeiter beschreiben. Diese lassen sich mit vier Basis-Führungsstilen als Kombination von Mitarbeiter- und Aufgabenorientierung in Verbindung setzen:

- Der Stil **S1** steht dabei für Unterweisung (im Englischen „Telling“). Dies bedeutet, dass klare Anweisungen zur Erfüllung von Aufgaben gegeben werden. Mitarbeiterinnen und Mitarbeiter werden unterwiesen und ihnen wird detailliert erläutert, was wie gemacht werden soll. Sie haben kein Mitspracherecht.
- Der **S2** steht für Verkaufen (im Englischen „Selling“). Dieser Stil fokussiert sich darauf, die Aufgaben, die erledigt werden müssen, für die Mitarbeiterinnen und Mitarbeiter überzeugend zu kommunizieren, damit sie sie erfüllen. Die Annahme besteht, dass die Geführten einen gewissen Reifegrad benötigen, damit sie die Aufgaben ausführen können. Die Führungskraft appelliert in ihrer Kommunikation an die sozioemotionalen Bedürfnisse der Geführten und bezieht diese teilweise in die Entscheidungsfindung ein. Allerdings obliegt die letzte Entscheidung der Führungskraft.
- **S3**, im Englischen „Participating“, steht für Beteiligung. Hier werden die Mitarbeiterinnen und Mitarbeiter in die Entscheidungen miteinbezogen. Je nach Fähigkeiten und Skills der Mitarbeiterinnen und Mitarbeiter werden Ziele festgesetzt. Für den Leader ist es wichtig, Kompetenzen wie Zuhören, Loben und Feedbackgeben einzusetzen und so eine gewisse Gleichberechtigung zwischen Geführten und Führungskraft zu erreichen. Die Mitarbeiterinnen und Mitarbeiter sollen Kontrolle über ihre Tag-für-Tag-Entscheidungen haben. Für gutes Arbeiten muss der Leader Anerkennung geben.
- **S4** bedeutet Delegation (im Englischen „Delegating“). Hier werden Aufgaben und Zielsetzung selbstständig an die Mitarbeiterinnen und Mitarbeiter übertragen. Dafür benötigen sie einen hohen Reifegrad, denn die Führungskraft ist wenig bis gar nicht mehr in die Planung, Detailkontrolle und Zielpräzisierung involviert.

260 *Hersey* & *Blanchard* 1982.

Je nach Reifegrad der Mitarbeiterinnen und Mitarbeiter führen diese vier Führungsstile zum Erfolg. Dabei muss beachtet werden, dass sich Geführte entlang einer Entwicklungsfolge vor- und zurückbewegen, die die relative Kompetenz und Leistungsbereitschaft repräsentierten. Führungskräfte müssen um die individuelle Entwicklungsfolge ihrer Geführten wissen, insbesondere, wo diese in ihrer Entwicklung stehen. Dies finden Führungskräfte durch Analysieren der individuellen Entwicklungsfolge heraus. Das Ziel ist, idealerweise ihren Führungsstil so anzupassen, dass er mit dem Reifegrad übereinstimmt.

Kontingenztheorie und Kognitive Ressourcentheorie

Aufbauend auf der Lebenszyklustheorie ist die **Kontingenztheorie** entstanden. Wie der Begriff Kontingenz, der so viel bedeutet wie „Möglichkeit" oder „Zufall", schon sagt, geht es bei Kontingenztheorien darum, die Möglichkeit verschiedener Einflüsse zu berücksichtigen. Der führungstheoretische Ansatz der Kontingenztheorie stellt die Effektivität von Führung in den Mittelpunkt der Betrachtung. Durch die Einbeziehung von weiteren möglichen Faktoren geht es darum, situative Einflüsse, die auch als Kontingenzfaktoren bezeichnet werden, zu erfassen und auf ihre Bedeutung für den Führungserfolg zu untersuchen. Deshalb geht die Kontingenztheorie der Führung davon aus, dass unterschiedliche Führungsstile in unterschiedlichen Situationen zum Erfolg führen.

Dieser Ansatz geht auf *Fiedler*[261] in den 1960er Jahren zurück. Er unterscheidet zwischen aufgaben- und mitarbeiterorientierten Führungsstilen. Der Führungserfolg sowohl von mitarbeiter- als auch aufgabenorientierten Führungskräften wird nach *Fiedler* von der situativen Günstigkeit bestimmt. Die **situative Günstigkeit** umfasst folgende Faktoren:

- **Positionsmacht des Vorgesetzten:** Sie umfasst die Autorität der Führungskraft, die durch die Hierarchie zugeschriebene Macht. Sie kann entweder stark oder schwach sein und ist eine Eigenschaft, die von der Position in der Führungssituation abhängig ist. Diese Macht ist umso größer, je mehr Möglichkeiten zur Belohnung und Bestrafung (zum Beispiel disziplinarische Maßnahmen) die Führungskraft zur Verfügung hat.
- **Merkmale der Aufgabenstruktur:** Sie gibt an, wie klar Aufgaben abgegrenzt bzw. vorgegeben sind. Eine hoch strukturierte Aufgabe ist klar formuliert, sodass sie von allen verstanden wird und auch klar ist, wie die Aufgabenerreichung gemessen wird. Der Weg zur Erfüllung der Aufgabe ist eindeutig, die dazu notwendigen Regeln und Prozesse sind festgelegt.
- **Interpersonelle Beziehungen:** Zwischen Führungskraft und Geführten umfasst sie den Grad der gezeigten Gruppenkohäsion und Bewunderung für den Führenden. Sie kann als gut oder schlecht charakterisiert werden. Eine gute Beziehung ist auf Vertrauen und Loyalität aufgebaut, in der Gruppe herrscht eine gute Arbeitsatmosphäre. Dieser Faktor der situativen Günstigkeit wirkt sich am stärksten aus, die Positionsmacht am geringsten.

261 *Fiedler* 1967.

Als Führungserfolg wird die Leistung der geführten Gruppe definiert. Dementsprechend wirken sich diese Faktoren auf den Pfeil zwischen Führungsstil und Führungserfolg aus. Unzureichender Führungserfolg entsteht also dann, wenn der Führungsstil nicht zu den Kontingenzfaktoren der situativen Günstigkeit passt. *Fiedler* zufolge müssen deshalb entweder situative Bedingungen verändert werden oder Führungspersonen anders eingesetzt werden. Änderungen des individuellen Führungsstils erscheinen laut *Fiedler* hingegen nicht sinnvoll, da dieser eher als überdauerndes Persönlichkeitsmerkmal denn als kurzfristig veränderbares Verhaltensmuster interpretiert wird. Das bedeutet, dass der jeweilige Führungsstil Ausdruck dauerhafter, motivationaler Persönlichkeitsmerkmale ist. Aufbauend auf vielfältigen empirischen Untersuchungen prognostiziert *Fiedler*, dass aufgabenorientierte Führungskräfte in besonders günstigen und ungünstigen situativen Kontexten gute bis sehr gute Leistungen erbringen. Beziehungsorientierte Führungskräfte sind hingegen bei Situationen mittlerer Günstigkeit besonders leistungsfähig.

Die **Kognitive-Ressourcen-Theorie** wurde von *Fiedler* und *Garcia* 198[262] als Rekonzeptionalisierung von *Fiedlers* Kontingenztheorie der Führung entwickelt. Der Fokus wird hierbei auf den Einfluss der Intelligenz der Führungskraft und ihrer Reaktion auf Stress gelegt. Die Annahme ist, dass Stress als Gegenpol zur Rationalität gesehen wird. Wenn eine Führungskraft in einer Situation viel Stress empfindet, beeinflusst dies ihr logisches und analytisches Denkvermögen. Allerdings kann Erfahrung Gelassenheit in stressigen Situationen mit sich bringen, die den negativen Einfluss von Stress minimiert.

In stressigen Situationen wird die Erfahrung als wichtiger Faktor gesehen, in weniger stressigen Situationen wird die Intelligenz der Führungskraft wichtiger. Demnach wird je nach Situation, die durch ihr jeweiliges Stresslevel, durch die Situationskontrolle, die die Führungskraft hat, und die Aufgabenstruktur gekennzeichnet wird, unterschiedliches Führungsverhalten verlangt. Trainings können die Führungskräfte in die Lage versetzen, das Stresslevel zu senken und ihre Intelligenz einzusetzen, sodass weniger anweisendes Führungsverhalten benötigt wird.

Diese Beispiele für neuere Ansätzen der Führung zeigen, dass auch Leadership ständigem Wandel unterworfen ist. Genauso wie sich die Methoden, Tools und Konzepte des strategischen Managements immer weiter an veränderte Unternehmensrealitäten anpassen und kurz- und mittelfristig auf den Unternehmenserfolg abzielen, braucht es Führungskräfte, die langfristig denken und planen und die Einheit zwischen kurz- und langfristiger Ausgestaltung der Prozesse erreichen.

262 *Fielder* & *Garcia* 1987.

Stichwortverzeichnis